国家可持续发展议程创新示范区建设

——郴州市的实践探索与经验

湖南省科学技术事务中心 编著

编 著 组 组 长：徐峥勇
编著组副组长：曹姣
编 著 组 成 员：贾美莹 周勤 陈雯岚 刘婕丝

中南大学出版社
www.csupress.com.cn
·长 沙·

图书在版编目(CIP)数据

国家可持续发展议程创新示范区建设：郴州市的实践探索与经验／湖南省科学技术事务中心编著．—长沙：中南大学出版社，2022.7

ISBN 978-7-5487-4798-7

Ⅰ．①国… Ⅱ．①湖… Ⅲ．①可持续性发展—研究—郴州 Ⅳ．①X22

中国版本图书馆 CIP 数据核字(2022)第 004893 号

国家可持续发展议程创新示范区建设

——郴州市的实践探索与经验

GUOJIA KECHIXU FAZHAN YICHENG CHUANGXIN SHIFANQU JIANSHE

——CHENZHOUSHI DE SHIJIAN TANSUO YU JINGYAN

湖南省科学技术事务中心　编著

编著组组长：徐峥勇

□出 版 人　吴湘华
□责任编辑　刘锦伟
□封面设计　李芳丽
□责任印制　李月腾
□出版发行　中南大学出版社
　　社址：长沙市麓山南路　　邮编：410083
　　发行科电话：0731-88876770　　传真：0731-88710482
□印　　装　湖南省众鑫印务有限公司

□开　　本　787 mm×1092 mm 1/16　□印张 11.75　□字数 283 千字
□版　　次　2022 年 7 月第 1 版　□印次 2022 年 7 月第 1 次印刷
□书　　号　ISBN 978-7-5487-4798-7
□定　　价　76.00 元

徐峥勇，湖南现代环境科技有限公司总经理。2011 年博士毕业于湖南大学环境科学与工程学院，历任湖南省长沙市长沙县环保局副局长、湖南省科技厅主任科员、湖南省科技事务中心综合部部长。主要从事生活垃圾处理处置、渗滤液处理处置、固危废处理处置和土壤修复。在国内外学术期刊、国际会议上发表论文 20 余篇，获授权国家发明专利 5 项，实用新型专利 7 项。主持和参与国家自然科学基金项目、湖南省市科技计划项目等 10 余项。

前言

2015年9月，联合国可持续发展峰会正式通过了《变革我们的世界：2030年可持续发展议程》，提出了17项可持续发展目标，这些目标兼顾了经济、社会和环境的可持续发展，成为继千年发展目标到期后全球可持续发展新的指引，为此后15年全球各国的可持续发展与合作指明了方向。作为世界上最大的发展中国家，中国高度重视2030年可持续发展议程的落实工作。国家可持续发展议程创新示范区是为破解新时代社会主要矛盾、落实新时代发展任务作出示范并发挥带动作用，为全球可持续发展提供中国经验而作出的重要决策部署。2018年3月，国务院正式批复，同意广东省深圳市、山西省太原市、广西壮族自治区桂林市建设国家可持续发展议程创新示范区；2019年5月，国务院分别批复同意湖南省郴州市、云南省临沧市、河北省承德市建设国家可持续发展议程创新示范区。

郴州处于“东部沿海地区和中西部地区过渡带”“长江经济带”“珠三角经济圈”多重辐射地区，享有“世界有色金属博物馆”“中国有色金属之乡”“中国银都”“华南之肺”“湖南绿色宝库”等美誉。2019年5月6日，国务院批复同意郴州市以水资源可持续利用与绿色发展为主题，围绕四水(治水、护水、节水、用水)联动、产业转型、科技支撑、绿色发展的主线建设国家可持续发展议程创新示范区。获批国家可持续发展议程创新示范区以来，郴州按照《中国落实2030年可持续发展议程国别方案》和《中国落实2030年可持续发展议程创新示范区建设方案》要求，结合郴州实际，编制了示范区建设规划和方案，并指出要坚持“绿水青山就是金山银山”理念，以建设国家可持续发展议程创新示范区为抓手，扎实开展矿山绿色转型、生活方式绿色低碳、生态环境质量提升、山水林田湖草系统保护等“四大生态文明行动”，大力提升生态系统质量和稳定性，全面提高资源利用效率，建设绿色转型示范城市，取得了一系列成果。目前，尚未有图书针对郴州国家可持续发展议程创新示范区建设的尝试与经验作出分析与阐述。

本书从可持续发展的理论概述、中国可持续发展的提出与探索、国家可持续发展议程创新示范区建设背景、郴州市建设国家可持续发展议程创新示范区的背景、郴州市可持续发展能力评估、建设国家可持续发展议程创新示范区的借鉴与分析、郴州市建设国家可持续发展议程创新示范区的定位分析、郴州市建设国家可持续发展议程创新示范区的重点行动、郴州市建设国家可持续发展议程创新示范区的经验九个方面对国家可持续发展议程创新示范区建设进行阐述，重点介绍郴州市落实2030年可持续发展议程创新示范区建设的实践探索与经验，为中国尤其是长江经济带地区以及世界水资源丰富、生态地位显著、经济快速发展类型城市实现可持续发展提供参考与借鉴。

本书共分为九个章节，第三、四章由徐峥勇编著并对全书进行统筹；第六、八章由曹姣编著；第五、七章(部分)由贾美莹编著；第一、九章由周勤编著；第二、七章(部分)由陈雯岚编著；刘婕丝参与了资料的收集和整理以及全文的统稿和修改。

本书是郴州国家可持续发展议程创新示范区建设专项(2019SFQ06)的阶段性研究成果，当然，也包括了本书作者近几年在国家可持续发展议程创新示范区方面的研究与积累。本书能够顺利完成编写，首先要感谢湖南大学杨朝晖教授及其团队为本书作者提供了良好的学术环境和学习氛围，每次就相关问题进行研讨时，作者都受益匪浅。同时，也要感谢本书的责任编辑以及中南大学出版社的各位领导，感谢他们在书稿编著和出版过程中提供的各种形式的帮助和支持。

由于作者的学术水平和理论功底有限，内容难免有纰漏和缺陷，祈盼同行给予批评和指正。

编著者

2022年3月

目 录

第 1 章　可持续发展的理论概述

1.1　可持续发展的定义与内涵

1.1.1　可持续发展的定义

20 世纪中叶，科学技术的进步使全球经济飞速增长，社会不断发展，人们的生活水平、消费水平不断提高。人们在享受科学技术所带来的丰富物质生活的同时，也面临着越来越严重的环境危机。人口剧增、资源短缺、气候变暖、生态退化等各类环境危机，以及失业、贫困、疾病、社会公平等各类社会问题，都导致人们对人类发展、地球存亡等产生极大担忧，因此，保护环境的呼声越来越高。在保护环境的过程中，人们逐渐认识到社会的发展不应是孤立的、单一向度的改变，而应是整个社会全方位的共同进步，由此，"可持续发展概念"应运而生。可持续发展概念自被提出以来，人们对它进行的学术探讨不断深入，目前已有上百个关于可持续发展的定义。有关研究发现，可持续发展问题具有系统性、复杂性等特点，有人称之为复杂的系统工程问题。目前，国际社会公认最经典的、学界认知度较高的、人们更愿意引用的是 1987 年世界环境与发展委员会发表的《我们共同的未来》中对可持续发展概念的定义。

《我们共同的未来》不仅提出了可持续发展的概念，即"既满足当代人的需求，又不危害后代人满足其需求的发展"，更重要的是它强调了一种理念，即"经济、社会、文化、技术和自然环境相互关联"，也就是说，只有在经济增长的同时充分顾及其他相关因素，才有可能使发展持续下去。这是人们第一次把环境与发展作为一个不可分割的整体加以考虑，为人类未来的可持续发展指明了方向，也标志着经过近半个世纪的探索，人类正式形成了可持续发展观。

1989 年，联合国环境规划署(UNEP)第 15 届理事会发布了《关于可持续发展的声明》，进一步丰富和完善了可持续发展理论：可持续发展是指满足当前需要，而又不削弱子孙后代满足其需要之能力的发展，而且绝不包含侵犯国家主权的含义。可持续发展意味着国家和国际的公平，意味着要有一种支援性的国际经济环境……可持续发展意味着维护、合理使用并且提高自然资源基础，这种基础支撑着生态环境的良性循环及经济持续增长。此外，可持续发展还要在发展计划和政策中纳入对环境的关注与考虑，并且不在援助或发展资助方面添加附加条件。由于联合国环境规划署定义的可持续发展强调了国际合作的重要性，充分考虑了发展中国家的利益，这一理念受到发展中国家的普遍支持和欢迎。

1.1.2 可持续发展的内涵

可持续发展的众多定义反映了其具有极为丰富的内涵。下面从不同的可持续发展概念的定义中探讨其丰富的内涵。

1. 可持续发展以自然资源的可持续利用为基础

世界自然保护联盟对可持续性的定义是“可持续地使用，是指在其可再生能力范围内使用一种有机生态系统或其他可再生资源”。国际生态学联合会和国际生物科学联合会进一步将可持续发展解释为“保护和加强环境系统的生产更新能力”，即可持续发展是不超越环境系统再生能力的发展，也就是在地球承载力范围内使用自然资源。经济学家将可持续地利用自然资源描述为自然资本存量的“世代非减”，世界银行经济学家赫尔曼·戴利将其概括为可持续发展的三原则：(1)所有再生性资源的收获水平小于或等于种群生产力；(2)所有可降解污染物的排放低于生态系统的净化能力；(3)来自不可再生资源开发利用的收益应足以补偿替代性资源的开发。

2. 可持续发展以人类福利最大化为根本目标

可持续发展是当代发展观，其核心思想是发展。发展是人类共同和普遍的权利。不论是发达国家还是发展中国家，都应享有平等的发展权利。而且对发展中国家来说，发展显得更为重要。发展中国家受到来自贫穷和生态恶化的双重压力，贫穷导致生态恶化，生态恶化又加剧了贫穷。因此，可持续发展对发展中国家来说，发展是第一位的。但可持续发展不同于以往的单纯追求经济增长的数量增长型发展观，它追求发展的质量——这是通过人们的生活质量与对生活的满意程度来体现的，因此它应是人类福利追求的目标。根据经济学家戴维·皮尔斯和杰瑞米·沃福德在《世界无末日——经济学·环境与可持续发展》中对可持续发展的定义：“可持续发展是指发展能够保证当代人的福利增长，也不应使后代人的福利减少。”赫尔曼·戴利认为，可持续发展是生态、社会、经济三方面的优化集成，其中心原则是“应该为足够的人均福利而奋斗，使能够获得这种生活状态的人数随着时间达到最大化”。赫尔曼·戴利在其《超越增长　可持续发展的经济学》中描述：“可持续发展是一种超越增长的发展，它意味着一场离开增长经济的激烈变革，并引向一种稳定状态的经济。”“稳态经济的一个关键特征在于，经济流量的恒定水平必须是生态可持续性的，能在长久的未来保证人类生活在一个足以有优裕的、标准的或人均资源使用水平。”这种基于人类福利最大化的可持续发展目标代表了人类共同的利益与愿望。

3. 可持续发展追求世代公平与社会公正

可持续发展观直接挑战传统伦理观，提出了代际公平的伦理价值观。传统伦理观的伦理意识只限于当代人，而可持续发展观将伦理意识扩展到后代人，它不仅能满足当代人发展的需要，而且不对后代人满足其需要的能力构成危害。这种代际均等思想是可持续发展观区别于以往发展观的一个重要特征。当人们追求世代公平目标时，同代人的社会公正自然成为一个隐含目标，可持续发展更需要解决当代人的社会公正问题，这也是发展目标所努力的方向。当代人的社会公正包括一国之内的社会公正与区域公正，也包括国家之间的国际公正与区域公正，这一点在联合国环境规划署的可持续发展定义中已得到了充分体现。可持续发展追求的社会公正，其实质是对20世纪70年代以来联合国提出的“发展目

标社会化”这一“新发展观”思想的继承和发扬。

1.2　可持续发展的全球进程

1.2.1　可持续发展思想的历史渊源

1. 中国古代的可持续发展思想

尽管可持续发展的概念直到20世纪才被明确提出，但是可持续发展思想在中国可谓源远流长。夏代的“禹之禁”规定：“春三月，山林不登斧，以成草木之长；夏三月，川泽不入网罟，以成鱼鳖之长。”据《韩非子》记载，“殷之法，弃灰于公道者，断其手”，秦国商鞅变法后将这一条文更改为“弃灰于道者被刑”。西汉刘安在《淮南子》中主张要想获得更多更好的自然资源，人类就要优化环境，即“欲致鱼者先通水，欲致鸟者先树木。水积则鱼聚，木茂则鸟集”。北宋天文学家苏颂在《本草图经》中忧心忡忡地谈到了丹砂对水体的污染：“春州、融州皆有砂，故其水尽赤。每烟雾郁蒸之气，亦赤黄色，士人谓之朱砂气，尤能作瘴疠，深为人患也。”（中国历代统治阶级也相当重视环境和自然资源的保护工作，提出了关于“尊重自然规律，按照自然规律办事，保护环境和资源，适度利用自然资源，维护自然资源”的政策或主张），以上思想的提出，除富国强民的需要外，与当时诸子百家的思想言论是分不开的，尤其是道家和儒家的“天人合一”思想对统治者的政策制定具有较大的影响。

道教作为一种以人为本、追求人类自身价值的宗教，其“贵人重生”思想与现代可持续发展的人本思想非常一致。道教的“贵人重生”思想并未赋予人凌驾于自然之上的地位，而是要求人在“天人合一”“道法自然”的观念下与自然和谐相处。这种“贵人重生”与“天人合一”的辩证关系对今天的可持续发展有着十分重要的指导意义。在“天人合一”的思想观念下，老子提出宇宙的平衡、和谐思想，指出和谐是事物运动存在和发展的根本规律，是由阴阳二气交合而成的平衡状态，即“万物负阴而抱阳，冲气以为和”。

“天人合一”也是儒家思想的重要组成部分，其强调人与自然的和谐相处，尊重自然发展的客观规律，以达到保护、节约自然资源，促进自然生态健康、和谐、可持续发展的目的。儒家认为，人是大自然的一部分，因此强调人与自然环境息息相通，和谐一体，并主张通过仁爱之心的推广，把人的精神提高到超脱寻常的人与我、物与我之分别的“天人合一”之境，这种思想表达了一种共生共存的意识。孔子有言：“天何言哉？四时行焉，百物生焉。”他认为自然之天的功效就是合四时以生百物。孟子也提出了“尽心、知性、知天”“存心、养性、事天”等类似“天人合一”的逻辑观点。

这些思想集中体现了古代思想家在人与自然的关系问题上的认识，古人把节约资源和保护环境视为美德，强调人与自然的和谐性、整体性和公平性。这种认识为人们当前实施可持续发展战略提供了伦理和道义上的支持。

2. 西方早期的可持续发展思想

西方古典经济学家的相关论著中也对可持续发展进行了论述。在西方，与中国古代思想家的“道”相对应的是“自然法”。一般认为，古希腊思想家奠定了自然法的基础，确定了其基本精神，为后人提供了一种从人与自然、个人与社会的关系中思考法律的方法。古希腊哲学家赫拉克利特在其著作中曾几次提到“永恒地存在着”“人人共有”和“指导一切”的“逻各斯”，并且说智慧就是“按照自然行事，听自然的话”。亚里士多德是最早提出自然法思想的西方学者之一，虽然他并未系统地阐述自然法，但他认为人是自然的一部分，人在其活动中具有显示自然秩序和自然规律的自然本性。

被当代经济学家认为是古典经济学理论体系的创立者亚当·斯密生前却是以“道德哲学教授”的身份出现的。他一生撰写了两部著作，第一部著作《道德情操论》谈的是道德问题，第二部著作才是《国民财富的性质和原因的研究》。与他的经济学观点不同，在《道德情操论》中，他认为道德人所有的活动是为了他人的幸福和社会的整体利益。马尔萨斯最早对亚当·斯密的《国民财富的性质和原因的研究》中的“斯密设定”提出了疑问，在其《人口原理》中对资源稀缺问题进行了系统的论述，认为人口的指数增长速度与自然资源的数量不相称，人口数量将超过自然资源的承载能力，如果人类不认识到自然资源的有限性，不仅自然环境与资源将遭到破坏，而且人口数量将以灾难性的形式减少。

马克思和恩格斯总结了历代关于人与自然环境关系的思想，把这个问题的理论阐述提高到了一个新的高度，提出了人与社会、人与自然全面发展的科学社会主义理论。马克思主义关于人与自然环境的思想是马克思主义的重要内容之一。马克思主义认为，人与自然的关系是人类社会永恒存在的、不断发展的、对立统一的辩证关系。马克思主义强调人与自然和谐相处，提出了“人的自然的本质”和“自然的人的本质”观点，把人拟物化，把自然拟人化，强调“人的自然的本质”与“自然的人的本质”的统一和“人的自然主义 ”与“自然的人道主义”的统一，认为“社会是人同自然界的完成了的本质的统一，是自然界的真正复活，是人的实现了的自然主义和自然界的实现了的人道主义”。

1.2.2 现代可持续发展理论的形成

1.“环境意识”的觉醒

作为一种当代的发展观，可持续发展是20世纪工业文明走向成熟并在世界范围内迅速扩散的直接结果，是人们对工业文明带来的“环境问题”与“发展方式”的反思结果。20世纪30年代至60年代，随着工业文明带来的环境污染日趋严重，震惊世界的环境污染事件频发，不断出现人类非正常患病、残疾或者死亡的案例，尤其是轰动世界的“八大公害事件”发生后，环境问题逐渐受到人们的关注。1962年，美国海洋生物学家蕾切尔·卡逊在其著作《寂静的春天》中，通过对有机氯类杀虫剂（DDT）在生态系统内的迁移、转化与生物富集等过程的描述，解释了人类与生态环境、动植物之间的密切关系，初步揭示了人类活动对生态系统的影响，唤起了公众的环境危机意识。卡逊的著作引起了美国等西方社会对环境问题的广泛关注，揭开了西方环境保护运动的序幕。

1972年，以梅多斯为首的罗马俱乐部的一批科学家发表了《增长的极限》研究报告。报告深刻阐明了环境的重要性以及资源和人口之间的基本联系，提出“由于世界人口增长、粮食生产、工业发展、资源消耗和环境污染这五项基本因素的运行方式是指数增长而非线性增长，全球的增长将会因为粮食短缺和环境破坏于下世纪某个时段内达到极限”。该报告发表后，在国际社会引起了强烈的反响。它在促使人们关注人口、资源、环境问题的同时，也引起了学术界关于“增长观”的一场持久争论。尽管梅多斯等人的研究报告存在着一些明显的技术缺陷，并因此遭到许多尖锐的批评，但其中对在西方盛行的“增长观”这一主流发展模式提出的质疑却是一次严肃的挑战，它引发了一系列关于可持续发展观的深刻思考。

2. 可持续发展思想的萌芽

面对人类环境问题与发展问题的困惑，1972 年，联合国在斯德哥尔摩召开了第一次人类环境会议。会上发表的《人类环境宣言》指出：“为了当代人和后代人，保护和改善人类环境已成为人类紧迫的目标，它必须同争取和平及全世界的社会与经济发展这两个目标共同和循环地发展。”这次会议不仅使公众的环保意识开始觉醒，还正式提出了关于环境与社会经济协调发展的观点，从而奠定了可持续发展的思想基础。

1980 年，世界自然保护联盟(IUCN)、世界野生生物基金会(WWF)和联合国环境规划署(UNEP)联合出版了《世界自然保护战略：为了可持续发展的生存资源保护》一书，初步提出可持续发展思想，强调“人类利用对生物圈的管理，使得生物圈既能满足当代人的最大需求，又能保持其满足后代人的需求的能力”，但并没有引起国际社会的广泛关注。1981 年，美国学者布朗出版了《建设一个可持续发展的社会》，提出以控制人口增长、保护资源基础和开发再生能源来实现可持续发展。1983 年，联合国批准成立世界环境与发展委员会。1987 年，世界环境与发展委员会公布了题为《我们共同的未来》的研究报告，发表了“东京宣言”，呼吁各国将可持续发展纳入其发展目标。研究报告在揭示了人类社会面临的一系列重大经济、社会与环境问题之后，系统地阐述了可持续发展战略，并提出了明确的可持续发展目标。由于可持续发展战略探讨的相关问题涉及人类生存与发展的基本道路及世界各国人民的生活方式等问题，在国际社会与学术界引发了关于可持续发展问题的广泛而深入的探讨。

3. 持续发展的共识

1990 年，联合国组织起草《21 世纪议程》。1992 年，由联合国主持的全球国家首脑高峰会议——联合国环境与发展大会在巴西里约热内卢召开，178 个国家的代表团出席会议，其中有 100 多位国家元首和政府首脑与会发言。会议签署了两个标志性的文件——《里约宣言》和《21 世纪议程》，提出“人类要生存，地球要拯救，环境与发展必须协调”“全球新型伙伴关系”等，为今后在环境与发展领域开展国际合作确立了指导原则和行动纲领。议会上达成的核心共识是要以公平的原则，通过全球伙伴关系促进全球可持续发展，以解决全球环境危机。这一点在《里约宣言》中以“共同但有区别的责任”原则被清楚地阐明。也就是说，发达国家应承认对目前环境恶化状况负有主要责任；发达国家应该援助发展中国家在改善环境问题上进行努力；发展中国家正面临消除贫困和保护环境的双重压力，迫切需要来自发达国家的援助。《里约宣言》代表了世界各国政府对环境与发展问题的国际合作的政治承诺，它推动了可持续发展从理论探讨走向全球实践。此次会议成为全面形成可持续发展观的一个重要里程碑。1994 年 3 月，我国政府编制发布了《中国 21 世纪议程——中国 21 世纪人口、资源、环境和发展白皮书》，首次把可持续发展列入中国经济和社会发展的长远规划。

2002 年，联合国可持续发展世界首脑会议在南非约翰内斯堡召开，此次可持续发展会议是自里约会议以来最重要的一次大会。大会通过了《约翰内斯堡可持续发展宣言》和《可持续发展问题世界首脑会议执行计划》，并就全球可持续发展现状、问题与解决办法进行了广泛的讨论，它要求各国采取具体措施，并更好地执行《里约宣言》和《21 世纪议程》的量化指标。大会围绕健康、生物多样性、农业、水、能源这五个主题，形成面向行动的战略与措施，积极推进全球的可持续发展。2012 年，在巴西里约热内卢召开的联合国环境与发展大会 20 周年纪念会议，回顾了 20 年来世界各国的发展历程，总结了可持续发展战略的成功经验和失败教训，为全世界的健康发展勾画了明晰的路线图。

1.3 可持续发展的理论分析

1.3.1 可持续发展的基础

1. 哲学基础

可持续发展是一种怎样的发展？对于这个问题，要从哲学层面进行探究。可持续发展的哲学问题是由既相互区别又相互联系的两个方面的关系——人与自然的关系和人与人的关系所构成的。人与自然的关系和人与人的关系的协调发展理论是可持续发展理论的哲学基础。

任何基于某种或某几种不可再生的基础资源的社会发展都是不可持续的，或者说这种类型的持续是有极限的，因为这种发展的最终结果将导致人与自然的关系和人与人的关系的不可协调。从本质上说，可持续发展是一种辩证发展。如果说人类社会的发展是可持续的，那么当且仅当其发展建立在不同形式的发展基础之上才是可能的。人类社会要实现真正意义上的可持续发展，必须不失时机地实现其发展基础系统的转换。比如，任何社会的运行都离不开推动该社会运行的能源系统，当前的社会建立在以石油、煤炭等为主的能源基础之上，如果将来不进行能源基础的转换，那么这种可持续发展注定是不可能的。人类发展至今，已经进行了多次成功的能源基础转换，事实表明，人类实现转换的能力是逐渐增强的。

任何发展都是建立在一定的资源消耗基础之上的。没有消耗的发展或者说没有代价的发展是不可能的，也是不现实的。没有消耗，就没有发展。社会的发展需要能源，以不可再生能源为基础的社会发展是不可持续的。要实现社会的持续发展就必须进行能源革命，实现能源消耗方式的转换。

2. 科学技术基础

纵观人类社会与科学技术的发展史，在科学技术与人类社会之间发生着同化和异化两种形式的运动，其中同化是主要过程。科学技术与人类社会间的同化和异化贯穿于人类社会的始终。人们对科学技术应持乐观且谨慎的态度，即这种乐观是建立在科学基础之上的，而不是盲目乐观的。同时，因为科学技术异化的后果关系到人类的前途和命运，且常常造成意想不到的影响，所以人们必须对科学保持谨慎。科学技术作为一种人类社会的内在本质力量，始终伴随人类社会存在，它使人类社会能够成为真正意义上的文明社会。从本质上说，人类社会的可持续发展离不开科学技术的推动，人类社会的任何可持续发展都

离不开科学技术。

无论是自然和社会的可持续发展，还是人类自身的可持续发展，都与科学技术的进步密不可分。人类身处的自然生态环境要保持良性有序的发展，仅靠自然环境本身抑或是缺乏改变实质能力的环境保护是不可能实现的。只有在依靠科学技术的基础上充分运用自然规律，才能使生态环境朝着有利于万物生存和发展的方向转化。生态学原理表明：当某一限制因素达到临界值时，其他因素再适宜也不起作用。比如，对农业生产来说，如果缺水到一定程度，即便土壤、温度等其他条件经过改良后都很优越，增产效果也不会明显。水资源的时空分布不均以及沙漠化，尽管人类也起了推波助澜的作用，但其根源还在于局部自然条件本身的退化。要改变这种现实，必须依靠科学技术的力量，当然，更要遵循自然规律。

3. 文化基础

可持续发展是人类社会实现经济、社会、环境和人口协调发展的必然选择。为了实现这一发展目标，必须构建可持续发展的文化基础，赋予可持续发展新的文化内涵，以其作为可持续发展长期有效的文化支撑。

第一，树立人与环境相和谐的环境文化观。这种新型环境文化观是人类思想观念领域深刻变革的结果，是对传统工业文明的“摒弃”，是在更高层次上对自然法则的尊重与回归。人与环境相和谐的文化理念已广泛渗透到人类经济、科技、法律、伦理以及政治领域，预示着人类文明已从传统工业文明逐步转向生态工业文明，并将以自然法则为标准来改变人类的生产方式和生活方式。生态环境的保护和建设，一方面取决于资源利用方式和防治污染的成本，另一方面还取决于人们对清洁环境的偏好和对污染引发环境外部性费用的敏感程度，即对生态环境质量的需求。在不同的社会发展阶段，人们对环境质量的消费有着不同的要求和选择，对环境的偏好和为污染所付出的代价随着时间、收入、价值观念等而发生变化。在发展的初级阶段，人们选择通过发展生产来满足各项基本消费需求，对生态环境没有给予足够的关注。由于环境对污染物的容量是有限的，因此随着人类活动范围的扩大和能力的增强，人类活动会给周围环境带来越来越多的污染物，于是环境质量便开始从一种免费提供的物品转变为稀缺物品。

第二，树立环境主体间性观。主体间性属于交往理论的核心范畴，为了构建可持续发展的文化基础，把它引入环境伦理学中，称之为“环境主体间性”，并赋予它新的内涵。基于哲学家对“主体间性”的认识，结合可持续发展理论，所谓环境主体间性是指在社会生产和生活过程中，社会成员、家庭、机构、群体、民族、国家在面对生存与发展问题时本着可持续发展的基本原则所形成的文化共识。这种文化共识可以影响一代又一代人，可以塑造具有可持续发展理念与价值取向的世界公民标准形象，从而形成只有具备这样素质的公民才是和谐社会的合格公民的共识，以此来规范公民的行为。比如，社会经济活动的外部效应以及生态环境质量的公共物品性，常常使环境容量和生态资源没能作为稀缺物品被合理配置，导致人们不受限制地获取公共资源，使个体利益与集体利益、短期利益与长期利益之间出现两难选择。而出于对个人利益或短期利益的考虑，造成环境污染和生态破坏，是生态环境问题产生与发展的经济学原因。如果社会成员具有良好的环境主体间性，就会自觉地约束和限制自己的行为以维护人类的共同利益，共同实现美好愿景。生态平衡的维护和环境质量的改善需要全社会共同行动。为了达到这一目的，就要树立全球意识，培养具有全球意识的世界公民，需要地球上的全体公民改变不利于生态环境的生产方式和生活方式，实现生产方式和生活方式的转换。

1.3.2 可持续发展的理论

1. 经济学理论

可持续发展的基础理论中涉及具体的经济学理论较多，这里主要介绍再生产理论和成本—收益分析。

(1)再生产理论。用再生产理论研究三种再生产的相互关系。社会再生产过程由经济再生产、自然再生产和人口再生产组成。这三种再生产间存在着相互物质循环和能量流动，只有人口、社会、经济、自然和谐发展，三种再生产才能顺利实现，从而实现社会再生产的不断循环并周而复始地进行。

(2)成本—收益分析。在经济发展过程中，经济系统与生态环境系统在一定程度上相互影响，人类的生产与生活必须不断地同自然界进行物质、能量、信息的交换，人类的选择会对自然的选择产生干预行为，这种干预行为会造成生态环境的破坏，也就是说经济发展必然会带来负面效应，这种负面效应便是经济发展的成本。在传统的经济发展模式中，经济发展的目标是单纯地追求 GDP 的增长，为了实现这一目标，人们往往以牺牲环境为代价，使经济发展成本过高，甚至超过了发展的收益，从而形成不可持续性发展。可持续发展模式的提出，并不能完全消除经济发展成本，而只能将经济发展成本降低到一定范围。在这个范围内，一方面生态系统自身能得到恢复，另一方面发展的收益大于发展的成本，符合成本—收益法则。因此，经济发展成本是可持续发展的基本问题，经济发展成本—收益分析是可持续发展的理论基础。

2. 生态学理论

所谓可持续发展的生态学理论，是指根据生态系统的可持续性要求，人类的经济社会发展要遵循生态学三个定律：一是高效原理，即能源的高效利用和废弃物的循环再生产；二是和谐原理，即系统中各个组成部分之间的和睦共生，协同进化；三是自我调节原理，即协同的演化着眼于其内部各组织的自我调节功能的完善和持续性，而非外部的控制或结构的单纯增长。

3. 人口承载力理论

所谓人口承载力理论，是指地球系统的资源与环境由于自身组织与自我恢复能力存在一个阈值，在特定技术水平和发展阶段下，对人口的承载能力是有限的。人口数量以及特定数量人口的社会经济活动对地球系统的影响必须控制在这个限度之内，否则就会影响甚至危及人类的持续生存与发展。这一理论被誉为 20 世纪人类最重要的三大发现之一。

4. 人地系统理论

所谓人地系统理论，是指人类社会是地球系统的一个组成部分，是生物圈的重要组成，是地球系统的主要子系统。它是由地球系统所产生的，同时又与地球系统的各个子系统之间存在相互联系、相互制约、相互影响的密切关系。人类社会的一切活动，包括经济活动，都受到地球系统的气候(大气圈)、水文与海洋(水圈)、土地与矿产资源(岩石圈)及生物资源(生物圈)的影响，地球系统是人类赖以生存和社会经济可持续发展的物质基础和必要条件；而人类的社会活动和经济活动，又直接或间接地影响了大气圈(大气污染、温室效应、臭氧洞)、水圈(水污染、水资源枯竭、湿地退化)、岩石圈(矿产资源枯竭、沙漠化、土壤退化)及生物圈(森林减少、物种灭绝)的状态。人地系统理论是地球系统科学理论的核心，是陆地系统科学理论的重要组成部分，是可持续发展的理论基础。

1.3.3　可持续发展的原则

1. 公平性原则

可持续发展强调："人类需求和欲望的满足是发展的主要目标。"经济学上的公平是指机会选择的平等性，而可持续发展所追求的公平性原则包含三个方面的意思。一是当代人的代内公平，即同代人之间的横向公平。可持续发展要满足全体人民的基本需求而给全体人民机会，以满足他们对较好生活的愿望，要给世界以公平的分配和公平的发展权，要把消除贫困作为可持续发展进程中特别优先考虑的问题。二是代际间的公平，即世代人之间的纵向公平。人类赖以生存的自然资源是有限的，当代人不能因为自己的发展与需求而损害人类世世代代满足需求的条件——自然资源与环境，要给世世代代以公平利用自然资源的权利。三是公平分配有限资源。目前占全球人口26%的发达国家消耗的能源、钢铁和纸张等资源，占全球总量的80%。美国总统可持续发展理事会(PCSD)在一份报告中也承认："富国在利用地球资源上有优势，这一由来已久的优势抢占了发展中国家利用地球资源的合理部分来实现他们自己经济增长的机会。"联合国环境与发展大会通过的《里约宣言》已把这一公平原则上升为国家间的主权原则："各国拥有着按其本国的环境与发展政策开发本国自然资源的主权，并负有确保在其管辖范围内或在其控制下的活动不致损害其他国家或在各国管辖范围以外地区环境的责任。"公平性在传统发展模式中没有得到足够的重视，传统经济理论与模式往往是为增加经济产出(在经济增长不足情况下)或经济利润最大化而思考与设计的，没有考虑或者很少考虑未来各代人的利益。从伦理上来讲，未来各代人应与当代人有同样的权利来提出他们对资源与环境的需求。可持续发展要求当代人在考虑自己的需求与消费的同时，也要对未来各代人的需求与消费担当历史的道义与责任，因为同后代人相比，当代人在资源开发和利用方面处于一种类似于"垄断"的无竞争的主宰地位。各代人之间的公平，要求任何一代都不能处于支配地位，即各代人都应有同样的机会来选择发展。可持续发展不仅要实现当代人之间的公平，而且也要实现当代人与未来各代人之间的公平，向当代人和未来各代人提供实现美好生活愿望的机会。这是可持续发展与传统发展模式的根本区别之一。

2. 可持续性原则

可持续性是指人类的经济活动和社会的发展不能超过自然资源与生态环境的承载力。可持续发展要求人们根据可持续性的条件调整自己的生活方式，在生态可承受的范围内确定自己的消耗标准。过高消耗标准式发展一旦破坏了人类生态的物质基础，发展本身也就不可持续了。可持续性原则的核心是人类的经济和社会发展不能超过资源与环境的承载能力。

3. 共同性原则

可持续发展作为全球发展的总目标，所体现的公平性和可持续性原则是共同的。为了实现这一总目标，人类必须采取全球共同的联合行动。《里约宣言》中提到："致力于达成既尊重所有各方的利益，又保护全球环境与发展体系的国际协定，认识到我们的家园——地球的整体性和相互依存性。"可见，从广义上说，可持续发展的战略就是要促进人类之间及人类与自然之间的和谐。如果每个人在考虑和安排自己的行动时，都能考虑到这一行动对其他人(包括后代人)及生态环境的影响，并能真诚地按共同性原则办事，那么人类内部及人类与自然之间就能保持一种互惠共生的关系，也只有这样，可持续发展才能够实现。

4. 质量性原则

可持续发展更强调经济发展的质，而不是经济发展的量。因为经济增长并不完全代表经济的发展，更不代表社会的进步。经济增长是指社会财富即社会总产品量的增加，它一般用 GDP(国内生产总值)的增长率来表示；而人均 GDP 通常是被用来衡量一国国民收入水平高低的综合指标，也是常被用作评价和比较经济增长绩效的代表性指标。经济发展当然包括经济增长，但它还包括经济结构的变化，而经济结构的变化又包括投入结构的变化、产出结构的变化、产品构成的变化和质量的改进、人民生活水平的提高、分配状况的改善等。由此可见，经济发展比经济增长的内容要丰富得多。

经济学家丹尼斯·古雷特认为，发展包括三个核心内容——生存、自尊、自由，这是从个体角度而言的。至于群体及群体组成的社会的发展则不仅包括了经济发展的所有内容，还包括生态环境、政治制度和社会结构的改善，教育科技的进步，文化的良性融合与交流，社会成员工作机会的增加和收入的提高等。因此，如果说经济学家提出绿色 GDP 是一大进步(充分考虑了经济增长中的环境问题)，那么可持续发展则站得更高，它充分考虑了经济增长中环境质量乃至整个人类物质和精神生活质量的提高。

5. 系统性原则

可持续发展是把人类及其赖以生存的地球看成一个以人为中心、以自然环境为基础的系统，系统内自然、经济、社会和政治因素是相互联系的。系统的可持续发展有赖于人口的控制能力、资源的承载能力、环境的自净能力、经济的增长能力、社会的需求能力、管理的调控能力的提高，以及各种能力建设的相互协调。评价这个系统的运行状况时，应以系统的整体利益和长远利益为衡量标准，使局部利益与整体利益，短期利益与长期利益，合理的发展目标与适当的环境目标相统一，不能任意片面地强调系统的一个因素，而忽视其他因素的作用。同时，可持续发展又是一个动态过程，并不要求系统内的各个目标齐头并进。系统性的发展应将各因素及目标置于宏观分析、调控的框架内，寻求整体的协调发展。

6. 需求性原则

首先，人类需求是一种系统，这一系统是人类的各种需求相互联系、相互作用而形成的一个统一整体；其次，人类需求是一个动态变化过程，在不同的时期和不同的发展阶段，需求系统也不相同。传统发展模式以传统经济学为支柱，所追求的目标是经济的增长(主要通过 GDP 来反映)，它忽视了资源的代际配置，根据市场信息来刺激当代人的生产活动。这种发展模式不仅使世界资源环境承受着前所未有的压力并不断恶化，而且使人类的一些基本物质需要仍然不能得到满足。而可持续发展则坚持公平性和长期的可持续性，要满足所有人的基本需求，向所有人提供实现美好生活愿望的机会。

第 2 章　中国可持续发展的提出与探索

2.1　中国可持续发展观的演变

新中国成立 70 多年来，中国经济社会的发展在曲折的历程中取得了辉煌的成就。在实现中华民族伟大复兴的过程中，党和政府对可持续发展模式的认识也经历了一个从局部到整体、从零散到系统、从模糊到清晰的过程。

2.1.1　起步萌芽阶段

以毛泽东同志为核心的第一代党中央领导集体虽然并没有明确提出“可持续发展”的战略模式，但他们在人口增长与经济的平衡发展、环境保护问题上的探索和实践，都包含着“可持续发展”的思想成分和朴素认识，主要体现在人口、水利建设及林业建设等方面。

在人口问题上，党和国家领导人提出了控制人口增长的思想。20 世纪 50 年代初，面对中国人口快速增长给人民生活和生产发展带来的巨大压力，党和国家领导人开始提出要控制人口增长，这也为后来实行计划生育政策奠定了基础。1956 年制定的《1956 年到 1967 年全国农业发展纲要(草案)》首次提出计划生育，并在部分地区进行了生育控制政策的试点。1964 年的第二次全国人口普查显示，中国大陆总人口接近 7 亿，人口的迅速增长引起了党和政府对人口问题的重视。毛泽东在最高国务会议上提出“要提倡节育，要有计划地生育”。国务院还正式成立计划生育委员会，逐步开展以城市为重点的计划生育工作。“文革”期间在政府管理松弛状态下，中国人口迅速增长，使得一系列经济社会问题日益严重，控制人口的快速增长成为国家的一项紧迫任务。1974 年底，毛泽东作出“人口非控制不可”的重要指示，进一步推动了全国城乡计划生育工作。20 世纪 70 年代，由于计划生育的实施，中国人口大幅减少，开始向低出生、低死亡、低增长的现代人口再生产类型过渡。

在水利建设方面，江河治水取得重大突破。中华人民共和国成立时，水利基础薄弱，水旱灾害频繁，有计划、有步骤地整治河道、兴修水利、恢复灌区，发展防洪排涝、疏浚河流、修建水库和水利枢纽等水利事业，成为当时十分重要和紧迫的任务。我国投入了大量的人力、物力和财力，取得了重大突破，成效显著。

在林业建设方面，毛泽东发出了“绿化祖国”的伟大号召，也形成了一系列至今仍然高瞻远瞩、行之有效的毛泽东林业思想。《毛泽东论林业》收录了毛泽东同志从 1954 年到 1967 年发表的 40 多篇文章、谈话、按语和批示等，其论述观点非常精辟和科学，充分体现了以毛泽东同志为代表的中国共产党人的远见卓识。

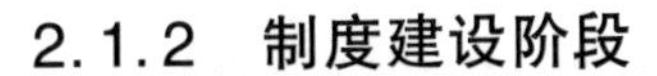

2.1.2　制度建设阶段

改革开放之初，国家战略重心转向以经济建设为中心，稳定的法制环境是经济社会发展的制度保障。在国民经济调整转型时期，国家提出经济建设与环境保护并举，既要注重经济规律，又要遵循自然规律。以邓小平同志为核心的第二代党中央领导集体，更加注重林业建设和法制建设，把环境保护作为中国的基本国策，更加注重组织机构建设，为环境保护法制化奠定了基础。邓小平同志把毛泽东同志“绿化祖国”的号召丰富和拓展为“植树造林，绿化祖国，造福后代”的新举措、新目标和新使命，第一次为一项事业提出了“坚持100年，坚持1000年，要一代一代永远干下去”的新要求。

重视制度建设，强调制度问题是根本性、全局性、稳定性、长期性的。推进新设林业部、城乡建设环境保护部，把绿化法制化、制度化作为重要制度保障。一是着力制定重要法律，着力推进林业建设制度化。1978年12月，邓小平同志在中央工作会议上强调要加强社会主义法制建设，明确指出要抓紧制定关于林业、绿化和生态环境保护的法律。此后，《中华人民共和国森林法(试行)》《国务院关于坚决制止乱砍滥伐森林的紧急通知》《中共中央、国务院关于保护森林和发展林业若干问题的决定》《中华人民共和国草原法》《中华人民共和国自然保护区条例》等法律法规相继颁布。1979年9月，《中华人民共和国环境保护法(试行)》颁布，第一次规定国家在制定经济社会发展规划时，要把环境保护纳入全局，要求所有企事业单位从设计到生产经营，都要防止对环境的污染和破坏。1984年5月，《中华人民共和国水污染防治法》颁布实施，要求国家和地方各级人民政府将水环境保护纳入工作计划之中，制定水环境质量标准和污染物排放标准，对水污染防治实行统一监督管理，特别提出“维护水体的自然净化能力”。随后，1987年9月和1988年1月，又先后制定颁布了《中华人民共和国大气污染防治法》《中华人民共和国水法》等环境保护单行法律法规。1989年12月《中华人民共和国环境保护法》正式实施并成为中国环境保护的基本法。二是成立城乡建设环境保护部，推进环境保护立法体系化。1982年5月，中国成立了城乡建设环境保护部，内部设立环境保护局。1984年，国务院环境保护委员会成立，城乡发展环境保护部环境保护局更名为国家环境保护局。1988年，国务院决定独立设置国家环境保护局为国务院直属机构。

2.1.3　实践发展阶段

以江泽民同志为核心的第三代党中央领导集体，顺应历史趋势和人类社会的发展趋势，明确中国的经济社会发展应该遵循可持续发展的基本原则，必须加强环境的保护，必须始终把实施可持续发展战略作为工作重点。我们要坚定不移地走生产发展、生活富裕和生态良好的文明发展道路。同时，我国实施西部大开发战略，大力推进退耕还林工程。

可持续发展是现代化建设中的一项重大举措。以江泽民同志为核心的第三代党中央领导集体，推动可持续发展战略成为指导我国经济社会发展的重大战略。江泽民同志指出：可持续发展是人类社会发展的必然要求，已成为世界许多国家关注的一个重大问题。我国作为世界上人口最多的发展中国家，这个问题更加紧迫。必须把控制人口、节约资源、保护环境摆在突出位置，使人口增长与社会生产力发展相适应，使经济发展与资源环境相协调，实现良性循环。围绕可持续发展实施以下战略措施。

（1）《中国21世纪议程》首次将可持续发展战略纳入国民经济和社会发展的长期规划。1994年3月，我国向世界首次发表了《中国21世纪议程——中国21世纪人口、环境与发展白皮书》，系统阐述了中国21世纪经济社会发展与资源生态环境的关系。可持续发展是加快我国经济发展，解决环境问题的正确选择，并根据系统工程的思想，提出了全面、长期、渐进地实施可持续发展战略的规划。由此，中国成为世界上第一个制定21世纪国家议程的国家。

（2）"实现经济社会可持续发展"被写入党的重大战略文件。1995年9月，党的十四届五中全会通过《中共中央关于制定国民经济和社会发展"九五"计划和2010年远景目标的建议》，将"可持续发展"战略纳入其中，提出了"必须把社会全面发展放在重要战略地位，实现经济与社会相互协调和可持续发展"。江泽民在《正确处理社会主义现代化建设中的若干重大关系》的讲话中强调"在现代化建设中，必须把可持续发展作为一个重大战略"，提出了经济、社会、自然可持续发展的新战略。

（3）党的十五大确认"可持续发展战略"是我国现代化建设必须实施的重大战略。1997年召开的党的十五大，将可持续发展作为战略思想首次写入报告，要求必须坚持保护环境的基本国策，处理好经济发展与人口、资源、环境的关系。

（4）"可持续发展能力不断增强"成为全面建设小康社会的目标之一。2002年11月，党的十六大提出全面建设小康社会，正式将"可持续发展能力不断增强"作为全面建设小康社会的重要目标之一。

2.1.4 科学发展阶段

进入新世纪新阶段，以胡锦涛同志为总书记的党中央领导集体更加重视可持续发展。在此期间，社会主义生态文明观的理念经历了由自然孕育到写入党代会报告的过程。2003年10月，在中国共产党第十六届中央委员会第三次全体会议上，以胡锦涛为总书记的党中央领导集体明确提出了"科学发展观"，这是关于发展模式的新执政理念，反映了中国共产党对发展问题的新认识。胡锦涛同志指出，树立和落实全面、协调、可持续的科学发展观，必须在经济发展的基础上促进社会全面进步和人的全面发展；坚持在合理开发利用自然的同时实现人与自然的和谐相处；必须处理好增长数量与质量、速度与效益的关系。

2004年3月，胡锦涛同志在中央人口资源环境工作座谈会上讲话指出，要"深刻认识科学发展观对做好人口资源环境工作的重要指导意义"。"经济发展需要数量的增长，但不能把经济发展简单地等同于数量的增长"，"发展又必须是可持续的"，因此要在"推进发展中充分考虑资源和环境的承受力，统筹考虑当前发展和未来发展的需要"，"实现自然生态系统和社会经济系统的良性循环"，"要彻底改变以牺牲环境、破坏资源为代价的粗放型增长方式，不能以牺牲环境为代价去换取一时的经济增长，不能以眼前发展损害长远利益，不能用局部发展损害全局利益"等。在2007年10月举行的党的十七大会议上，胡锦涛同志强调，"科学发展观，第一要义是发展，核心是以人为本，基本要求是全面协调可持续，根本方法是统筹兼顾"。这为我们指出：（1）全面发展，就是经济全面发展，社会全面进步。这与党的十八大以来强调的全面发展社会主义，全面推进社会主义经济建设、政治建设、文化建设、生态文明建设和社会建设，坚持“五位一体”总体布局相一致。(2)协调发展，就是统筹城乡发展、区域发展、经济社会发展、人与自然和谐发展、国内发展和对外开放。(3)可持续发展，就是促进人与自然和谐发展，实现经济发展与人口、资源、环境相协调，走生产发展、生活富裕、生态良好的文明发展道路，实现人与自然的永续发展。在新时代，我们所说的可持续发展，就是要以可持续发展和人类长远利益为标准来衡量经济社会发展。任何急功近利的短期行为，任何为了今天牺牲明天的行为，任何“吃祖宗饭，断子孙路”的行为，都是极其不道德的行为。统筹兼顾是科学发展观的基本方法，人与自然和谐发展是科学发展观“五个统筹”的重要组成部分。它要求我们树立科学的人与自然观，视人与自然为相互依存、相互联系的整体，从整体上把握人与自然的关系，并以此作为认识和改造自然的基础。

2.1.5 生态文明新时代阶段

党的十八大以来，以习近平同志为核心的党中央领导集体，谱就了中国特色社会主义生态文明新时代崭新的时代篇章，形成了习近平生态文明思想。习近平生态文明思想是迄今为止中国共产党人关于人与自然关系最为系统、最为全面、最为深邃、最为开放的理论体系和话语体系，是马克思主义人与自然关系思想史上具有里程碑意义的最大成就，为21世纪马克思主义生态文明学说的创立作出了历史性的贡献。习近平生态文明思想以中国特色社会主义进入新时代为时代总依据，紧扣新时代我国社会主要矛盾变化，把生态文明建设纳入中国特色社会主义“五位一体”总体布局和“四个全面”战略布局，坚持生态文明建设是关系中华民族永续发展的千年大计、根本大计的历史地位；以创新协调开放绿色共享的新发展理念为引领，将绿色发展、绿色化、产业生态化、生态产业化内化为生态文明建设融入经济建设、政治建设、文化建设和社会建设的全过程，全方位全过程立体化建设生态文明；以绿水青山就是金山银山为核心理念，不仅把绿水青山就是金山银山的理念写入党的十九大报告，而且在《中国共产党章程(修正案)》总纲中明确写入“中国共产党领导人民建设社会主义生态文明”。树立尊重自然、顺应自然、保护自然的生态文明理念，增强“绿水青山就是金山银山”的意识；以着力推进供给侧结构性改革为主线，以建设高质量、现代化经济体系为目标，坚持绿色发展、低碳发展、循环发展的实践论，旨在实现党的十九大确立的“人与自然和谐共生的现代化”，为富强民主文明和谐美丽的社会主义现代化强国奠定生态产业基础；以生态文明体制改革、制度建设和法治建设为生态文明提供根本保障，坚持党政同责、一岗双责利剑高悬，全面启动和完成生态环境保护督察，坚决打赢环境污染防治攻坚战，使我国环境保护和生态文明建设事业发展发生历史性、根本性和长远性转变；以强烈的问题意识、改革意识、人民意识和辩证意识，开辟了马克思主义人与自然观新境界，开辟了中国特色社会主义生态文明建设的世界观、价值观、方法论、认识论和实践论。

“绿水青山就是金山银山”的“两山论”从根本上提供了新的绿色发展观。习近平生态文明思想内涵丰富，立意高远，对深刻认识生态文明建设的战略地位，坚持和贯彻新发展理念，正确处理好经济发展同环境保护的关系，坚定不移走生产发展、生态良好、生活幸福的文明发展之路，坚持绿色发展、低碳发展、循环发展，推动形成绿色发展方式和生活方式，建设美丽中国，共建人类命运共同体都具有十分重要的时代意义和历史意义。21世纪，习近平新时代中国特色社会主义思想的指导地位更加鲜明，习近平生态文明思想广泛传播、持续繁荣和蓬勃兴起。同时，作为习近平生态文明思想核心理念的“绿水青山就是金山银山”的“两山论”，其实质是绿色发展理论的创新，体现了马克思主义理论发展的新高度，极大地丰富和拓展了马克思主义发展观，是中国特色社会主义生态文明价值观的重大创新。

以生态文明建设积极构建人类命运共同体。2019 年是新中国成立 70 周年，也是改革开放 40 周年后新的历史元年。新时代，中国人民到了有实力、有条件、有信心、有坦诚开展全方位、多层次、立体化生态文明国际合作的窗口期。习近平新时代中国特色社会主义外交思想也为习近平生态文明思想走向国际舞台提供了新理念新思想新战略支撑。我国举办“一带一路”国际合作高峰论坛、亚太经合组织领导人非正式会议、二十国集团领导人杭州峰会、金砖国家领导人厦门会晤、亚信峰会、世界园艺博览会，都显示出中国作为发展中大国的全球责任意识的觉醒和推动生态文明建设全球治理的责任担当。

2.2 中国实行可持续发展战略的必要性

中华人民共和国成立后特别是改革开放 40 多年来，我国的经济实力、科技实力、综合国力都跃上了新的大台阶。人均国内生产总值突破 1 万美元，国内生产总值突破 100 万亿元人民币，经济总量稳居世界第二位，连续多年对世界经济增长的贡献率在 30%左右；研发经费投入强度达到中等发达国家水平，在一些基础和前沿领域取得一大批标志性成果，若干领域实现从“跟跑”到“并跑”再到“领跑”的跃升；脱贫攻坚战取得全面胜利，区域性整体贫困得到解决，完成了消除绝对贫困的艰巨任务，创造了又一个彪炳史册的人间奇迹，中等收入群体超过 4 亿，建成世界上规模最大的社会保障体系……全面建成小康社会取得的伟大历史性成就，为开启全面建设社会主义现代化国家新征程积蓄了强大势能，为我国朝着第二个百年奋斗目标进军奠定了坚实基础。

经济的快速增长也使其与人口、资源、环境方面的矛盾日益显现。我国以往的粗放型增长方式造成了资源、能源过快消耗和生态环境严重破坏，迫切需要转型到依靠知识、技术来提高治理效率和支撑增长的发展阶段。我国加强应对气候变化、尽快实现向绿色低碳发展转型、走可持续发展道路是符合自身发展利益的，更是与世界各国一起构建人类命运共同体的良性互动。

党的十九大报告把“坚持人与自然和谐共生”作为新时代坚持和发展中国特色社会主义的基本方略之一；全国生态环境保护大会将其作为新时代推进生态文明建设必须坚持的重要原则；党的十九届五中全会进一步对“推动绿色发展，促进人与自然和谐共生”作出战略安排；中共中央政治局就新形势下加强我国生态文明建设进行第二十九次集体学习。这充分说明以习近平同志为核心的党中央领导集体对建设人与自然和谐共生的现代化的高度重视，充分表明建设人与自然和谐共生的现代化对于推动我国经济社会发展、建设社会主义现代化国家具有重大意义。

《中华人民共和国国民经济和社会发展第十四个五年规划和 2035 年远景目标纲要》将“坚定不移贯彻创新、协调、绿色、开放、共享的新发展理念”作为“十四五”时期经济社会发展指导思想的重要内容，并围绕“推动绿色发展 促进人与自然和谐共生”作出部署，对

“加快发展方式绿色转型”提出要求。党的十九届五中全会将“广泛形成绿色生产生活方式”作为到2035年基本实现社会主义现代化远景目标的重要内容。这些都表明：立足新发展阶段，我国经济社会发展全面绿色转型的目标指向和价值取向更加明晰，生态文明建设在经济社会发展全局中的基础性、战略性地位将进一步凸显。

可持续发展是推动经济社会高质量发展的必然要求。建设生态文明、推动绿色低碳循环发展，不仅可以满足人民日益增长的优美生态环境需要，而且可以推动实现更高质量、更有效率、更加公平、更可持续、更为安全的发展。“十四五”时期，我国经济社会发展的主题是推动更高质量发展。这要求我们把发展质量问题摆在更为突出的位置，着力提升发展质量和效益；必须坚持质量第一、效益优先，切实转变发展方式，推动质量变革、效率变革、动力变革，使发展成果更好惠及全体人民，不断实现人民对美好生活的向往。推动经济社会高质量发展，其中很重要的一个方面就是要深入打好污染防治攻坚战，集中攻克老百姓身边的突出生态环境问题，让老百姓实实在在感受到生态环境质量改善。从1972年北京官厅水库发生水污染事件后实施我国第一项治污工程，到20世纪90年代全面开展“三河”(淮河、海河、辽河)、“三湖”(太湖、巢湖、滇池)水污染防治，到21世纪初大力推进主要污染物总量减排，再到党的十八大以来全面推进蓝天、碧水、净土保卫战，我国污染防治力度不断加大，解决了一大批事关民生的突出环境问题。统筹污染治理、生态保护、应对气候变化，深入打好污染防治攻坚战，提供更多优质生态产品，让人民群众在天蓝、地绿、水清的优美生态环境中生产、生活。

可持续发展是推动以人为核心的新型城镇化战略新理念的升华。建设人与自然和谐共生的现代化，必须把保护城市生态环境摆在更加突出的位置，科学合理规划城市的生产空间、生活空间和生态空间，处理好城市生产生活和生态环境保护的关系，既提高经济发展质量，又提高人民生活品质。城镇是现代化的重要载体，城镇发展需要大量的资源、能源，必须守住资源节约的底线。建设人与自然和谐共生的现代化，我国吸取了其他国家城镇化发展的经验教训，总结了推进以人为核心的新型城镇化建设的成功经验，要求我们把生态文明理念和原则融入城镇化全过程，走集约、智能、绿色、低碳的新型城镇化道路，促进经济社会发展格局、城镇空间布局、产业结构调整与资源环境承载能力相适应；强化国土空间规划和用途管控，落实生态保护、基本农田、城镇开发等空间管控边界，实施主体功能区战略，划定并严守生态保护红线。“绿水青山就是金山银山”很好地诠释了经济发展和生态环境保护的关系，指明了实现发展和保护协同共生的路径。从以绿水青山换金山银山，到既要金山银山也要保住绿水青山，再到绿水青山就是金山银山；从不计后果地索取资源换取发展，到环境问题与发展矛盾的调和，再到将生态优势转化为经济优势。这是经济增长方式转变的过程，也是发展观念不断进步的过程。

可持续发展是推动生态文明建设新进步战略举措的实施。生态文明建设实现新进步，是“十四五”时期经济社会发展的主要目标之一。习近平总书记指出：“‘十四五’时期，我国生态文明建设进入了以降碳为重点战略方向、推动减污降碳协同增效、促进经济社会发展全面绿色转型、实现生态环境质量改善由量变到质变的关键时期。”在新发展阶段，我们要完整、准确、全面贯彻新发展理念，保持战略定力，站在人与自然和谐共生的高度来谋划经济社会发展，坚持节约资源和保护环境的基本国策，坚持节约优先、保护优先、自然恢复为主的方针，形成节约资源和保护环境的空间格局、产业结构、生产方式、生活方式，统筹污染治理、生态保护、应对气候变化，促进生态环境持续改善，努力建设人与自然和谐共生的现代化。

2.3 中国可持续发展战略的主要成效

2.3.1 经济发展方面

绿色发展成效逐步显现。推进重点行业绿色化改造，推动煤炭等化石能源清洁高效利用，加大货物运输结构调整力度，壮大节能环保等产业，建立健全绿色低碳循环发展经济体系，增强绿色低碳的新动能。制定实施2030年前碳排放达峰行动方案，支持有条件的地方和重点行业、重点企业率先达峰，严控高耗能、高排放项目的建设。

坚决贯彻新发展理念，大力推动产业结构、能源结构、交通运输结构、农业投入结构调整。截至2020年底，清洁能源占能源消费比重达24.3%，光伏、风电装机容量、发电量均居世界首位。资源能源利用效率大幅提升，碳排放强度持续下降。全国实现超低排放的煤电机组累计约9.5亿千瓦，6.2亿吨左右粗钢产能生产线完成或正在实施超低排放改造。京津冀及周边地区、汾渭平原农村累计完成散煤治理2500万户左右。2020年煤炭消费量占能源消费总量的56.8%，比2015年下降7.2个百分点，单位国内生产总值二氧化碳排放较2005年降低约48.4%。2020年全国地级及以上城市空气质量优良天数比率为87%，比2015年上升5.8个百分点。

2.3.2 制度建设方面

在“五位一体”总体布局中，生态文明建设是其中一位；在新时代坚持和发展中国特色社会主义基本方略中，坚持人与自然和谐共生是其中一条；在新发展理念中，绿色发展是其中一项；在三大攻坚战中，污染防治是其中一战；在到本世纪中叶建成社会主义现代化强国目标中，“美丽”是其中一个目标。党的十九大修改通过的党章增加“增强绿水青山就是金山银山的意识”等内容，2018年3月通过的宪法修正案将生态文明写入宪法，实现了党的主张、国家意志、人民意愿的高度统一。

推动完善生态文明领域统筹协调机制、中央生态环境保护督察制度，建立地上地下、陆海统筹的生态环境治理制度。全面提高资源利用效率，健全自然资源有偿使用制度。完善绿色低碳政策和市场体系，严格落实能源消费总量和强度双控政策，大力发展绿色金融，推进排污权、用能权、用水权市场化交易，加快推进全国碳排放权交易市场建设。

加快生态文明体制改革，出台数十项生态文明建设相关具体改革方案，生态文明四梁八柱性质的制度体系基本形成。制定修订近30部生态环境与资源保护相关法律，生态环境法律体系日趋完善。中央生态环境保护督察工作深入推进，已成为推动落实生态环境保护责任的硬招、实招。

2.3.3 生态建设方面

着力打好碧水保卫战。2020年，全国地表水优良水质断面比例提高到83.4%，相比

2015 年提高 17.4 个百分点；劣Ⅴ类水体比例由 9.7%下降到 0.6%，降低 9.1 个百分点。全国地级及以上城市集中式饮用水水源水质优良比例达到 96.2%，地级及以上城市建成区黑臭水体消除比例达到 98.2%。长江流域和渤海入海河流劣Ⅴ类国控断面全部消劣，长江干流水质历史性达到全Ⅱ类及以上。“十三五”期间，累计完成 15 万个建制村环境整治，浙江“千村示范、万村整治”工程获得联合国地球卫士奖。

扎实推进净土保卫战。完成农用地土壤污染状况详查，开展重点行业企业用地土壤污染状况调查。受污染耕地安全利用率达到 90%左右，污染地块安全利用率达到 93%以上。组织开展危险废物专项排查整治行动，共排查 4.7 万家企业和 200 余个化工园区。实施长江经济带打击固体废物环境违法行为专项行动。开展“无废城市”建设试点，形成一批可复制、可推广的模式。坚决禁止“洋垃圾”入境，基本实现固体废物零进口，“洋垃圾”被彻底挡在国门之外。

持续开展生态保护修复。初步划定的生态保护红线面积约占我国陆域国土面积的 25%，各级各类自然保护地总数达到 1.18 万处。积极推进大规模国土绿化行动，2000 年到 2017 年，全球新增的绿化面积中约 1/4 来自中国，中国贡献比例居全球首位。持续开展“绿盾”自然保护地强化监督。扎实推动生物多样性保护重大工程，稳步推进 25 个山水林田湖草生态保护修复试点工程建设，先后组织冠名 4 批共 262 个国家生态文明建设示范市县、87 个“绿水青山就是金山银山”实践创新基地。

2.3.4 能力建设方面

坚持精准、科学、依法治污，深入打好污染防治攻坚战。以细颗粒物和臭氧协同控制为主线，进一步提升空气环境质量。统筹水环境治理、水生态保护、水资源利用，增强水生态系统服务功能。持续实施土壤污染防治行动，有效管控土壤污染环境风险。继续开展农村环境综合整治，建设美丽宜居乡村。

坚持山水林田湖草系统治理，强化国土空间规划和用途管控，实施重要生态系统保护和修复重大工程，开展大规模国土绿化行动。实施生物多样性保护重大工程，构建以国家公园为主体的自然保护地体系，完善自然保护地、生态保护红线监管制度，开展生态系统保护成效监测评估。健全生态保护补偿机制，建立生态产品价值实现机制。

坚持践行绿色低碳生活方式，打造绿色低碳行为理念。加强宣传教育引导，提升全社会绿色低碳意识，倡导简约适度、绿色低碳的生活方式，反对奢侈浪费和不合理消费。开展创建节约型机关、绿色家庭、绿色学校、绿色社区和绿色出行等行动。完善绿色产品推广机制，扩大低碳绿色产品供需。倡导人人爱绿植绿护绿的文明风尚，促进全社会形成自觉行动，共同建设人与自然和谐共生的现代化社会。

坚持贯彻大国环境生态文明建设的政策方针，切实为全球环境治理作出卓越贡献。作为全球生态文明建设的重要参与者、贡献者、引领者，引领全球气候变化谈判进程，中国推动《巴黎协定》的达成、签署、生效和实施，提出碳达峰、碳中和目标愿景，展现大国的担当。深入开展绿色“一带一路”建设。成功申请举办《生物多样性公约》第十五次缔约方大会。至此，我国生态文明建设成就得到国际社会高度认可。

第3章　国家可持续发展议程创新示范区建设背景

3.1　2030年可持续发展议程主要内容及进展

《2030年可持续发展议程》(A/RES/70/1)于2015年在联合国大会第七十届会议上通过，包括17项可持续发展目标和169项具体目标。新议程是为人类、地球与繁荣制订的行动计划，旨在加强世界和平与自由，这些目标述及发达国家和发展中国家人民的需求并强调不会落下任何一个人。17项可持续发展目标的主要内容为：

(1)在全世界消除一切形式的贫困。

(2)消除饥饿，实现粮食安全，改善营养状况和促进可持续农业。

(3)确保健康的生活方式，促进各年龄段人群的福祉。

(4)确保包容和公平的优质教育，让全民终身享有学习机会。

(5)实现性别平等，增强所有妇女和女童的权能。

(6)为所有人提供水和环境卫生并对其进行可持续管理。

(7)确保人人获得负担得起的、可靠和可持续的现代能源。

(8)促进持久、包容和可持续的经济增长，促进充分的生产性就业和人人获得体面工作。

(9)建造具备抵御灾害能力的基础设施，促进具有包容性的可持续工业化，推动创新。

(10)减少国家内部和国家之间的不平等。

(11)建设包容、安全、有抵御灾害能力和可持续的城市和人类住区。

(12)采用可持续的消费和生产模式。

(13)采取紧急行动应对气候变化及其影响。

(14)保护和可持续利用海洋和海洋资源以促进可持续发展。

(15)保护、恢复和促进可持续利用陆地生态系统，可持续管理森林，防治荒漠化，制止和扭转土地退化，遏制生物多样性的丧失。

(16)创建和平、包容的社会以促进可持续发展，让所有人都能诉诸司法，在各级建立有效、负责和包容的机构。

(17)加强执行手段，重振可持续发展全球伙伴关系。

会议展示了各国追求合作共赢、实现共同发展的美好愿景，通过了2030年可持续发展议程，为未来15年各国发展和国际发展合作指明了方向，成为全球发展进程中的里程碑事件。

3.1.1　2030 年可持续发展议程背景

2000 年 9 月，在联合国首脑会议上由 189 个国家共同签署《联合国千年宣言》，旨在将全球贫困水平在 2015 年之前降低一半(以 1990 年的水平为标准)，也称为千年发展目标(millennium development goals，MDGs)。千年发展目标分为八项目标：消灭极端贫穷和饥饿；普及小学教育；促进男女平等并赋予妇女权利；降低儿童死亡率；改善产妇保健；与艾滋病毒/艾滋病、疟疾和其他疾病作斗争；确保环境的可持续能力；全球合作促进发展。2015 年 7 月 6 日，联合国秘书长潘基文在“千年发展目标”进展情况的最终报告称：“千年发展目标产生了有史以来最为成功的脱贫运动，将成为拟于今年通过的新的可持续发展议程的起点。”

2030 年可持续发展议程也源于人类关于环境与可持续发展的思考。1972 年，联合国人类环境会议通过了著名的《人类环境宣言》；1992 年，联合国在巴西里约热内卢召开环境与发展大会，通过以可持续发展为核心的《里约宣言》和《21 世纪议程》等重要成果文件；2002 年，联合国在南非约翰内斯堡召开第一届可持续发展问题世界首脑会议，通过了《可持续发展问题世界首脑会议执行计划》等重要文件；2012 年 6 月，联合国再次在巴西里约热内卢召开联合国可持续发展大会(又名“里约+20”峰会)，通过了《我们憧憬的未来》成果文件，同时会议决定将 2015 年后的联合国发展议程与可持续发展关联在一起，并成立专门工作小组，为制定新的议程提供指导。

3.1.2　2030 年可持续发展议程发展进程

2015 年 7 月 15 日，在埃塞俄比亚首都亚的斯亚贝巴召开了联合国第三次发展筹资问题国际会议，大会成果文件《亚的斯亚贝巴行动议程》(*Addis Ababa Action Agenda*)包含支持《2030 年可持续发展议程》执行的具体政策和措施，且在科技、基础设施、社会保障、卫生、微型及中小型企业、外国援助、税收、气候变化以及针对最贫困国家的援助措施方面均提出了新的举措。2016 年 1 月 1 日正式启动《2030 年可持续发展议程》，其中的 17 个目标建立在千年发展目标所取得的成就之上，包括应对不平等、经济增长、体面工作、城市和人类住区、工业化、海洋、生态系统、能源、气候变化、可持续消费和生产、和平与正义、等方面的宏伟目标，且新的目标认识到应对气候变化对可持续发展和消除贫穷至关重要。同时，发达国家重申了将其国民生产总值的 0.7%用于官方发展援助的承诺，包括将国民总收入的 0.15%~0.2%作为对最不发达国家的官方发展援助；发达国家还承诺扭转向最不发达国家提供援助下降的趋势，欧盟承诺到 2030 年将向最不发达国家提供的援助增加到其国民总收入的 0.2%。行动议程呼吁发达国家落实承诺，在 2020 年前通过广泛渠道联合调集 1000 亿美元，以满足发展中国家在适应和减缓气候变化影响方面的需求。

气候变化对公众健康、粮食和水安全、移徙以及和平与安全产生了重要影响，如不对气候变化加以控制，过去几十年中取得的进展将停滞甚至发生倒退。应对气候变化和促进可持续发展息息相关且相辅相成。对可持续发展的投资将降低温室气体排放和增强气候适应能力，从而有助于应对气候变化。而应对气候变化的行动将促进可持续发展。因此，气候变化是一项全球性挑战，应对气候变化需要全球各国家和地区进行合作和协调，从而实现向低碳世界的转型。为应对气候变化，2015 年 12 月 12 日，197 个国家在巴黎召开的缔约方会议第二十一届会议上通过了《巴黎协定》。协定在 2016 年 11 月 4 日正式生效，旨在大幅减少全球温室气体排放，将 21 世纪全球气温升幅限制在 2℃以内，同时寻求将气温升幅进一步限制在 1.5℃以内的措施。协定为发达国家提供了协助发展中国家减缓和适应气候变化的方法，同时建立了透明监测和报告各国气候目标的框架。目前，共有近 200 个国家加入了《巴黎协定》。《巴黎协定》提供了持久的框架，为未来几十年的全球努力指明了方向，即逐渐提高各国的气候目标，每五年审查一次各国对减排的贡献。《巴黎协定》的实施对实现可持续发展目标至关重要，该协定为推动减排和建设气候适应能力的气候行动提供了路线图。通过提供气候融资，帮助发展中国家适应气候变化并改用可再生能源。

碳达峰(peak carbon dioxide emissions)指二氧化碳排放总量在某一个时间点达到历史峰值，然后开始平缓波动再逐渐稳步回落。碳中和(carbon neutrality)指企业、团体或个人测算在一定时间内，直接或间接产生的温室气体排放总量，然后通过植树造林、节能减排等形式抵消自身产生的二氧化碳排放，实现二氧化碳的“零排放”。2018 年下半年，在波兰卡托维兹召开联合国气候变化框架公约缔约方会议第二十四届会议(COP24)，会议完善了《巴黎协定》的细则，确保《巴黎协定》的全面实施。2019 年 12 月，欧盟委员会发布了应对气候变化的新政“欧洲绿色协议”，并于 2021 年 6 月 28 日最终通过了《欧洲气候法案》，为成员国在 2050 年实现有效碳中和的目标铺平了道路。2020 年 10 月，日本和韩国也宣布到 2050 年实现碳中和的目标。2021 年 4 月 22 日，拜登在领导人气候峰会开幕式中承诺到 2030 年将美国的温室气体排放量较 2005 年减少 50%，到 2050 年实现碳中和目标。

3.1.3 2030 年可持续发展议程发展现状

2015 年以来，全球努力通过在 2030 年前实现 17 项可持续发展目标来改善世界各地人民的生活，但这一努力在 2019 年底已偏离正确轨道。根据联合国经济和社会事务部日前发布的一份新报告；目前，仅在短时间内，2019 年新型冠状病毒肺炎(COVID-19)疫情就已引发了前所未有的危机，破坏了实现可持续发展目标的行动进展，对世界上最贫困和最脆弱的社会群体造成了最严重的影响。2020 年，联合国秘书长呼吁社会各界在三个层面上开展十年行动：在全球层面，采取全球行动，为实现可持续发展目标提供更强的领导力、更多的资源和更明智的解决方案；在地方层面，政府、城市和地方当局的政策、预算、制度和监管框架应进行必要的转型；在个人层面，青年、民间社会、媒体、私营部门、联盟、学术界和其他利益攸关方应发起一场不可阻挡的运动，推动必要的变革。2020 年 5 月 19 日，国际可持续发展研究院(IISD)发布题为《联合国秘书长发布〈2020 年可持续发展目标进展报告〉》(*UN Secretary-General Releases 2020 SDG Progress Report*)的报道，总结了联合国秘书长关于 17 个可持续发展目标(SDG)的年度报告，报告利用了 2020 年 4 月之前 SDG 指标框架所包含的最新可用数据，列举了 COVID-19 疫情对 SDG 进展的影响。针对 17 项可持续发展目标，进展如下：

目标 1：在全世界消除一切形式的贫困。COVID-19 疫情之前，全球减排的步伐就在减缓，预计到 2030 年消除贫困的全球目标将无法实现。COVID-19 疫情导致数千万人重新陷入极端贫困，使多年的发展处于危机之中。尽管 COVID-19 疫情期间着重强调需要加强社会保护和应急准备与响应，但这些措施还不足以保护最需要保护的穷人和弱势群体。

目标2：消除饥饿，实现粮食安全，改善营养状况和促进可持续农业。自2015年以来，遭受严重粮食不安全困扰的人数总量不断增加，全球至今仍有数百万营养不良的儿童。疫情造成的经济减速和粮食价值链中断加剧了饥饿和粮食不安全。此外，东非和也门的沙漠蝗虫激增令人震惊，那里已有3500万人遭遇严重的粮食不安全危机。受COVID-19疫情的影响，约有3.7亿名小学生失去了他们赖以生存的免费学校餐，因此必须立即采取措施加强粮食生产和合理分配，以减轻或尽量减少疫情的影响。

目标3：确保健康的生活方式，促进各年龄段人群的福祉。许多卫生领域的进展仍在继续实现，但其改善速度已经放慢，不足以实现大多数目标。COVID-19疫情正在破坏全球卫生系统，并威胁到已经取得的健康成果。大多数国家，特别是贫困国家，没有足够的卫生设施、医疗用品和医护人员来应对激增的需求。各国需要综合的卫生战略并增加卫生系统支出，以满足紧急需要和保护卫生工作者，同时需要全球协调努力来支持有需要的国家。

目标4：确保包容和公平的优质教育，让全民终身享有学习机会。截至2019年底，仍有数百万儿童和青年失学，其中一半以上的儿童没有达到最低阅读和计算能力标准。关闭学校以阻止COVID-19疫情扩散，这对儿童和青年的学习成绩及其社会和行为发展产生了不利影响，影响了全球90%以上的学生。即使向许多学生提供了远程学习，但生活在偏远地区、赤贫、脆弱国家和难民营等弱势环境中的儿童和青年却没有同样的机会。数字化鸿沟将扩大现有的教育平等差距。

目标5：实现性别平等，增强所有妇女和女童的权能。促进两性平等的承诺在一些领域带来了改善，但是，每个妇女和女童都享有充分的性别平等，消除赋予她们权利的所有法律、社会和经济障碍这一承诺仍然没有实现。受COVID-19疫情影响，给妇女和女童带来沉重打击。全球范围内，医生和护理人员人数的3/4为女性，妇女在家从事无偿照料工作的时间是男性的3倍。关闭学校和日托所需要父母，特别是妇女，更多地照顾孩子并督促他们在家学习。一些国家的报告表明，全球封锁期间，针对妇女和儿童的家庭暴力也在增加。

目标6：为所有人提供水和环境卫生并对其进行可持续管理。全球仍有数十亿人无法获得安全管理的水和卫生服务以及家中使用的基本洗手设施(WASH)，而这对防止COVID-19疫情传播至关重要。因此立即采取行动改善WASH服务对预防感染和遏制COVID-19疫情传播非常关键。

目标7：确保人人获得负担得起的、可靠和可持续的现代能源。世界在增加电力供应和提高能源利用效率方面取得了良好进展，然而，全球仍有数百万人无法获得电力，清洁烹饪燃料和技术的发展也很慢。COVID-19疫情凸显了对医疗中心提供可靠和负担得起的电力的需要。然而，在某些发展中国家进行的一项调查显示，被调查的卫生设施中有1/4没有通电，还有1/4的计划外停电影响了他们提供基本卫生服务的能力。

目标8：促进持久、包容和可持续的经济增长，促进充分的生产性就业和人人获得体面工作。尽管在COVID-19疫情之前，劳动生产率已得到提高，失业率也有所降低，但全球经济增长速度仍低于前几年。而COVID-19疫情更是破坏了全球经济，全球劳动力市场受到前所未有的冲击，导致2020年第二季度总工作时间减少约10.5%，相当于减少了3.05亿名全职工人。中小型企业、非正规就业工人、自营职业者、日薪工人以及处于风险最高部门的工人受到的影响最大。

目标9：建造具备抵御灾害能力的基础设施，促进具有包容性的可持续工业化，推动创新。在COVID-19疫情之前，全球制造业增长就已经稳步下降，疫情更是对制造业造成沉重打击，并导致全球价值链和产品供应中断。

目标10：减少国家内部和国家之间的不平等。尽管在某些方面出现了一些减少不平等现象的积极迹象，比如一些国家减少了相对收入不平等现象，优惠贸易地位使低收入国家受益，但不平等现象仍然以各种形式存在。COVID-19疫情正对最贫穷和最脆弱的人造成最严重打击，并有可能对最贫困的国家产生严重影响。这暴露了国家内部和国家之间存在的严重不平等，且这些不平等还在加剧。

目标11：建设包容、安全、有抵御灾害能力和可持续的城市和人类住区。快速城市化正在导致贫民窟居民数量增加、基础设施和服务不足或负担过重以及空气污染恶化。COVID-19疫情将对全球10亿以上的贫民窟居民造成最严重打击，这些人缺乏适当的住房、家中没有自来水、共用厕所、废物管理系统很少或根本没有、公共交通拥挤、无法获得正规卫生设施。其中许多人没有正规部门工作，随着城市限行，他们很有可能失去生计。

目标12：采用可持续的消费和生产模式。全球消费和生产取决于自然环境和资源的利用，其模式继续对地球造成破坏性影响。COVID-19疫情为各国提供了制定恢复计划的机会，该计划将扭转当前趋势并改变我们的消费和生产方式，使其走向可持续的未来。

目标13：采取紧急行动应对气候变化及其影响。2019年是有记录以来第二热的年份，也是最热十年（2010—2019年）的结束。由于全球平均气温比工业化前估计的水平高出1.1℃，所以全球社会无法实现《巴黎协定》所要求的1.5℃或2℃目标。尽管预计到2020年温室气体排放量将下降6%，而且由于旅行禁令和COVID-19疫情导致的经济放缓，空气质量有所改善，但这种改善只是暂时的。各国政府和企业应吸取经验教训，以加快实现《巴黎协定》所需的转型，重新定义与环境的关系，并向低温室气体排放和具有气候适应力的经济体和社会进行系统性转型。

目标14：保护和可持续利用海洋与海洋资源以促进可持续发展。海洋和渔业继续支持着全球人口的经济、社会和环境需求，同时承受着不可持续的消耗、环境恶化以及二氧化碳饱和与酸化。目前，保护关键海洋环境、小型渔民和海洋科学投资的努力尚未满足保护这一庞大而脆弱的资源的迫切需求。

目标15：保护、恢复和促进可持续利用陆地生态系统，可持续管理森林，防治荒漠化，制止和扭转土地退化，遏制生物多样性的丧失。森林面积继续减少，保护区没有集中在关键的生物多样性地区，物种仍然面临灭绝的威胁。然而，仍有一些努力正在引起人们的注意并产生积极的影响，有助于扭转这些结果，如在可持续森林管理方面，在陆地、淡水和山区保护区覆盖率方面以及在实施保护生物多样性和生态系统的方案、立法和会计原则方面都取得了进展。

目标16：促进和平、包容的社会以促进可持续发展，让所有人都能诉诸司法，在各级建立有效、负责和包容的机构。冲突、不安全、体制薄弱和司法渠道有限仍然是对可持续发展的巨大威胁，数百万人被剥夺了安全、人权和伸张正义的机会。COVID-19 疫情可能导致社会动荡和暴力的增加，这将极大地削弱我们实现可持续发展目标的能力。

目标 17：加强执行手段，重振可持续发展全球伙伴关系。由于资金短缺、贸易紧张、技术障碍和数据缺乏，加强全球伙伴关系和加强落实可持续发展目标的手段仍然具有挑战性。COVID-19 疫情继续蔓延给可持续发展目标的实施增加了更多困难，导致全球金融市场出现重大损失和震荡，超过 1000 亿美元的资本流出新兴市场，是有记录以来流出资金最多的一次。预计到 2020 年，全球贸易将暴跌 13%~32%。此时，加强多边主义和全球伙伴关系比以往任何时候都更加重要。

2021 年 7 月 6 日，联合国经济与社会事务部发布了《2021 年可持续发展目标报告》，为全球落实可持续发展目标的努力提供全面评估，越来越多的国家和社区认识到需要继续努力以实现可持续发展目标。根据这份追踪全球为实现可持续发展目标所做努力的报告，COVID-19 疫情对人们的生活和工作造成了重大破坏。尽管在 COVID-19 疫情来袭之前实现可持续发展目标的进展缓慢，但 2020 年又有 1.19 亿人到 1.24 亿人重新陷入贫困，2.55 亿个全职工作岗位流失，饥饿人数可能进一步增加至 8300 万人到 1.32 亿人，全球极端贫困率从 2019 年的 8.4%上升到 2020 年的 9.5%；疫情暴露并加剧了国家内部和国家之间的不平等，截至 2021 年 6 月 17 日，欧洲和北美每百人新冠疫苗接种量为 68 剂次，而撒哈拉以南的非洲地区不到 2 剂次；未来十年，由于 COVID-19 疫情影响，将有多达 1000 万名女孩面临童婚风险，针对妇女和女童的暴力行为将会加剧，妇女失业和在家从事护理工作的比例将会增加；未能达到最低阅读熟练水平的儿童和青年人数增加了 1.01 亿人，使过去 20 年取得的教育成果化为乌有；国际旅游业的崩溃对小岛屿发展中国家产生了不同比例的影响；2020 年的经济放缓并没有减缓气候危机，主要温室气体的浓度继续增加，而全球平均温度比工业化前水平高出约 1.2℃，接近《巴黎协定》规定的 1.5℃的限制；与 2019 年相比，2020 年全球外国直接投资流动下降了 40%，发展中国家债务困境显著上升；生物多样性丧失没有停止，2015—2020 年间，全球平均每年损失 10 万平方千米森林；虽然 2020 年官方发展援助净额增至 1610 亿美元，但这仍远低于应对 COVID-19 疫情和实现占国民总收入 0.7%的长期目标所需的资金。

以中国和美国为首的经济复苏正在进行中，但对许多其他国家而言，预计经济增长在 2022 年或 2023 年之前不会恢复到 COVID-19 疫情前的水平。根据《2021 年可持续发展目标报告》，为了使可持续发展目标重回正轨，政府、城市、企业和行业必须利用复苏的机会，采用低碳、有弹性和包容性的发展道路，以减少碳排放、保护自然资源、创造更好的就业机会、促进性别平等，并解决日益严重的不平等问题。抗击 COVID-19 疫情的努力也显示出巨大的社区韧性、政府的果断行动、社会保障的迅速扩大、数字化转型的加速，以及在创纪录的时间内开发挽救生命的疫苗和治疗方法的独特合作。根据该报告，这些是加速实现可持续发展目标的坚实基础。

3.2 中国落实2030年可持续发展议程国别方案

落实2030年可持续发展议程是发展领域的核心工作。当前世界经济复苏乏力，南北发展差距拉大，国际发展合作动力不足，难民危机、恐怖主义、公共卫生、气候变化等问题困扰国际社会。各国要携手将政府和领导人的承诺转化为实际行动，认真推进落实2030年可持续发展议程。通过发展，应对各种全球性挑战，助力各国经济转型升级，携手走上公平、开放、全面、创新的可持续发展之路，共同增进全人类的福祉。中国是世界上最大的发展中国家，始终坚持发展是第一要务。2016年4月，中华人民共和国外交部发布了《落实2030年可持续发展议程中方立场文件》，文件表明中国始终秉持开放、包容的态度推进落实工作，愿同各方加强沟通协调，携手加快全球落实进程。中国作为一个负责任的发展中大国，在做好自身发展工作的同时，继续积极参与全球发展合作，并作出力所能及的贡献。中国向120多个发展中国家落实千年发展目标提供了支持和帮助，为推动全球发展发挥了重要作用。未来，中国将不断深化南南合作，帮助其他发展中国家做好2030年可持续发展议程的落实工作。

3.2.1 中国积极推进全球可持续发展进程

从国际层面看，和平与发展始终是时代的主题，各国相互联系、相互依存的关系日益紧密，休戚与共的人类命运共同体意识不断增强。世界新一轮科技革命和产业变革孕育兴起，一大批引领性、颠覆性新技术、新工具、新材料的涌现，有力推动着新经济增长和传统产业升级。南北合作和南南合作进入新阶段，以中国等新兴市场国家为代表的发展中国家整体实力不断增强，对国际事务的影响力显著提升，全面参与全球治理和国际发展合作面临新机遇。与此同时，国际关系更加复杂，地缘政治因素日益凸显，难民危机、恐怖主义、公共卫生等非传统安全挑战频发，为国际社会落实可持续发展议程投下阴影。国际金融危机深层次影响仍在发酵，世界经济复苏缓慢，缺乏有力的新增长点。世界贸易组织主导的多边贸易自由化进程严重受阻，各种形式的贸易投资保护主义再一次抬头。全球治理体系仍需完善，发展中国家的代表性和话语权有待进一步提升。中国是最大的发展中国家，是新兴国家的代表，在国际上有着举足轻重的地位，中国经济和世界经济高度关联。

2013年9月和10月，习近平主席分别提出建设“新丝绸之路经济带”和“21世纪海上丝绸之路”的合作倡议，即“一带一路”(the belt and road，B&R)。“一带一路”倡议以开放为导向，冀望通过加强交通、能源和网络等基础设施的互联互通建设，促进经济要素有序自由流动、资源高效配置和市场深度融合，开展更大范围、更高水平、更深层次的区域合作，打造开放、包容、均衡、普惠的区域经济合作架构，以此来解决经济增长和平衡问题。共建“一带一路”符合国际社会的根本利益，彰显人类社会共同理想和美好追求，是国际合作以及全球治理新模式的积极探索，将为世界和平发展增添新的正能量。共建“一带一路”致力于亚欧非大陆及附近海洋的互联互通，建立和加强沿线各国互联互通伙伴关系，构建全方位、多层次、复合型的互联互通网络，实现沿线各国多元、自主、平衡、可持续的发展。“一带一路”的互联互通项目将推动沿线各国发展战略的对接与耦合，发掘区域内市场的潜力，促进投资和消费，创造需求和就业，增进沿线各国人民的人文交流与文明互鉴，让各国人民相逢相知、互信互敬，共享和谐、安宁、富裕的生活。

中国一以贯之地坚持对外开放的基本国策，构建全方位开放新格局，深度融入世界经济体系。推进“一带一路”建设既是中国扩大和深化对外开放的需要，也是加强和亚欧非及世界各国互利合作的需要。“一带一路”涵盖了发展中国家与发达国家，实现了“南南合作”与“南北合作”的统一，有助于推动全球均衡可持续发展。2016 年 10 月开通的非洲第一条电气化铁路——亚吉铁路（亚的斯亚贝巴至吉布提）和 2017 年 5 月开通的蒙内铁路（蒙巴萨至内罗毕），是中国在非洲大陆承建的两大极具影响力的世纪工程，被誉为“友谊合作之路”和“繁荣发展之路”。此外，“一带一路”还取得了诸多项目成果，比如巴基斯坦卡拉奇—拉合尔高速公路，巴基斯坦卡洛特水电站，印尼雅万高铁，德黑兰至马什哈德高铁，老挝铁路，中蒙俄、中巴等经济走廊建设等。2015 年 9 月 28 日，习近平主席在纽约联合国总部出席第七十届联合国大会一般性辩论，决定设立为期 10 年、总额 10 亿美元的中国—联合国和平与发展基金，支持联合国工作，促进多边合作事业，为世界和平与发展领域的相关项目提供资金支持。南南合作与发展学院于 2016 年 4 月 29 日正式挂牌成立，并启动招生工作，面向发展中国家提供博士、硕士学位教育和短期培训名额，交流和分享发展经验，为各国发展事业提供智力支持。2015 年 9 月 26 日，习近平主席在纽约联合国总部出席联合国发展峰会中宣布中国将设立“南南合作援助基金”，首期提供 20 亿美元，支持发展中国家落实 2015 年后发展议程。2017 年 5 月 14 日，习近平主席在北京出席“一带一路”国际合作高峰论坛开幕式，宣布将向“一带一路”沿线发展中国家提供 20 亿元人民币紧急粮食援助，向南南合作援助基金增资 10 亿美元，在沿线国家实施 100 个“幸福家园”、100 个“爱心助困”、100 个“康复助医”等项目。从项目成果可以看出，对参与“一带一路”建设的发展中国家来说，这是一次搭中国经济发展“快车”“便车”，实现自身工业化、现代化的历史性机遇，有力推动南南合作广泛展开，同时也有助于增进南北对话，促进南北合作的深度发展。

截至 2021 年 1 月 30 日，中国与 171 个国家和国际组织签署了 205 份共建“一带一路”合作文件。“一带一路”倡议的理念和方向同联合国《2030 年可持续发展议程》高度契合，完全能够加强对接，实现相互促进。联合国前秘书长古特雷斯表示，“一带一路”倡议与《2030 年可持续发展议程》都以可持续发展为目标，都试图提供机会、全球公共产品和双赢合作，都致力于深化国家和区域间的联系。他强调，为了让相关国家能够充分从增加联系产生的潜力中获益，加强“一带一路”倡议与《2030 年可持续发展议程》的联系至关重要。就此而言，“一带一路”建设还有助于联合国《2030 年可持续发展议程》的顺利实现。中国还将继续大力推进“一带一路”建设，推动亚洲基础设施投资银行和金砖国家新开发银行发挥更大作用，为全球发展作出应有的贡献。

2015 年 12 月 25 日，亚洲基础设施投资银行正式成立，旨在通过在基础设施及其他生产性领域的投资，促进亚洲经济可持续发展、创造财富，并改善基础设施互联互通；与其他多边和双边开发机构紧密合作，推进区域合作和伙伴关系，应对发展挑战。中国是亚投行的发起国，也是最大出资国。截至 2020 年 12 月 25 日，亚投行成员国由成立时的 57 个增至 103 个，覆盖亚洲、欧洲、北美洲、南美洲、非洲和大洋洲，成为仅次于世界银行的全球第二大多边开发机构。自成立以来，亚投行一直致力于促进发展中国家和地区基础设施和其他生产设施的发展建设，始终保持三大国际信用评级机构——标准普尔、穆迪和惠誉国际给予的最高信用评级及稳定的评级展望，被联合国大会授予永久观察员地位。2015—2020年，亚投行共批准108个项目，涉及28个经济体，投资总额超过220亿美元，在国际上展示了专业、高效、廉洁的新型多边开发银行的崭新形象。亚投行主要的获益者是印度，还有其他的一些亚洲国家，包括现在亚投行的100多个成员国。发达国家参与融资，甚至它的一些业务可能将来还会超越亚洲本身的基础设施范畴。2020年，亚投行迅速行动，成立了初始规模100亿美元的新冠肺炎疫情危机恢复基金，支持成员克服疫情带来的经济、财政和公共卫生压力，后提升至130亿美元，亚投行发挥了多边和区域开发银行在协调应对全球重大危机时的重要作用。2015年7月21日，金砖国家新开发银行开业，这是金砖国家为避免在下一轮金融危机中受到货币不稳定的影响，构筑的一个共同的金融安全网的重要举措，可以借助这个资金池兑换一部分外汇用来应急，从而减少对美元和欧元的依赖。2017年9月4日，中国向金砖国家新开发银行项目准备，基金捐赠仪式在厦门举行，财政部副部长史耀斌与新开发银行行长卡马特签署了中国捐赠400万美元的协议。2019年2月26日，金砖国家新开发银行宣布，银行在华成功发行以人民币计价的债券，规模为30亿元人民币。

2016年9月4日至5日，二十国集团(G20)领导人第十一次峰会在中国杭州举行，主要议题为：加强政策协调、创新增长方式；更高效的全球经济金融治理；强劲的国际贸易和投资；包容和联动式发展；影响世界经济的其他突出问题等，重点讨论落实2030年可持续发展议程等问题，首次将发展问题全面纳入领导人级别的全球宏观经济政策协调框架，并摆在突出位置。G20杭州峰会推动了“一带一路”建设的顺利进行和中国发起的亚投行开张，通过此次峰会，中国可以与更多国家进行良性互动，实现与其他国家的合作共赢。峰会制定了《二十国集团落实2030年可持续发展议程行动计划》，在推进全球发展合作方面迈出了新步伐。习近平主席建议二十国集团从以下几方面作出努力。第一，创新发展方式。各国要创新发展理念、政策、方式，特别是通过财税、金融、投资、竞争、贸易、就业等领域的结构性改革，通过宏观经济政策和社会政策的结合，让创造财富的活力竞相进发，让市场力量充分释放。我们要重视基础设施建设对经济的拉动效应。中方在主办亚太经合组织领导人非正式会议期间，便将互联互通作为核心议题之一。中国支持二十国集团成立全球基础设施中心，支持世界银行成立全球基础设施基金，并将通过建设丝绸之路经济带、21世纪海上丝绸之路、亚洲基础设施投资银行、丝路基金等，为全球基础设施投资作出贡献。第二，建设开放型世界经济。各国要维护多边贸易体制，构建互利共赢的全球价值链，培育全球大市场，反对贸易和投资保护主义，推动多回合谈判。第三，完善全球经济治理。各国要致力于建设公平公正、包容有序的国际金融体系，提高新兴市场国家和发展中国家代表性和发言权，确保各国在国际经济合作中权利平等、机会平等、规则平等。

中国倡导和平、发展、公平、正义、民主、自由的全人类共同价值观，秉持正确义利观，推动2030年议程全球落实。不断深化共建“一带一路”与2030年议程工作的对接，持续推进南南合作，利用中国—联合国和平与发展基金、南南合作援助基金等，为相关国家落实议程提供力所能及的帮助。面对新冠肺炎疫情的冲击，中国毫无保留地向全球180多个国家、10 多个国际组织和地区组织分享防控、诊疗方案和经验，向 30 多个国家派出医疗专家队，向 160 多个国家和国际组织提供抗疫援助，向 200 多个国家和地区提供和出口防疫物资。中国践行承诺，将中国疫苗作为全球公共产品，优先向发展中国家提供，加入世卫组织“新冠疫苗实施计划”，陆续向 80 多个有急需的发展中国家提供疫苗援助，向 50 多个国家出口疫苗，为全球抗疫作出了中国贡献。

3.2.2　中国努力落实本国可持续发展进程

1. 中国落实千年发展目标

1978 年 12 月，中国共产党第十一届三中全会召开，开启了中国改革开放的历史新时期。改革开放是决定当代中国命运的关键抉择，是国家发展进步的活力之源，也是坚持和发展中国特色社会主义、实现中华民族伟大复兴的必由之路。改革开放促使中国从高度集中的计划经济体制转向充满活力的社会主义市场经济体制，从封闭、半封闭转向全方位开放，综合国力迈上新台阶，人民生活总体上达到小康水平。在推进改革开放的伟大进程中，中国在 21 世纪的头十五年成功落实联合国千年发展目标，取得了令人瞩目的发展成就。

(1)经济快速发展，农业和减贫领域成就显著。国内生产总值从 2000 年的 10 万亿元人民币增加到 2015 年的 68.55 万亿元人民币，并从 2010 年起成为世界第二大经济体。农业综合生产能力稳步提升，粮食、蔬菜、肉类等主要农产品产量稳定增长。中国的贫困人口从 1990 年的 6.89 亿人下降到 2015 年的 0.57 亿人，为全球减贫事业作出了重大贡献。

(2)社会事业取得巨大进步。九年义务教育全面普及，文盲率由 2000 年的 6.7%下降到 2014 年的 4.1%。就业稳定增长，2003—2014 年全国城镇新增就业累计达 1.37 亿人。我国已逐步建立起政府主导、社会力量参与的较为健全的社会保障和救助制度体系，到 2015 年，城乡居民基本养老保险已覆盖超过 5 亿人。5 岁以下儿童死亡率从 1991 年的 6.10%降到 2015 年的 1.07%，孕产妇死亡率从 1990 年的 88.8/10 万人下降到 2015 年的 20.1/10 万人。在遏制艾滋病、肺结核等传染性疾病蔓延方面我国也取得积极进展。

(3)环境保护和应对气候变化工作取得成效。与 2005 年相比，2014 年中国单位国内生产总值(GDP)二氧化碳排放下降 33.8%，非化石能源占一次能源消费比重达到 11.2%，单位 GDP 主要资源性产品消耗如石油、煤炭、水资源等都有显著下降。森林面积增加 32.78 万平方千米，森林蓄积量比 2005 年增加 26.81 亿立方米，提前实现荒漠化土地“零增长”。

中国成功落实千年发展目标主要有以下几条经验：一是坚持发展是第一要务，不断创新发展思想和理念；二是制定并实施中长期国家发展战略规划，将千年发展目标全面融入其中；三是正确发挥市场机制作用，处理好政府和市场的关系；四是建立健全法律法规体系，调动社会各界的广泛参与；五是积极开展试点示范，循序渐进向全国推广；六是加强对外发展合作，促进发展经验互鉴。中国成功落实千年发展目标，推进了国内的各项发展事业，为全球加快落实千年发展目标、推进国际发展合作作出了重要贡献。中国的成功实践进一步坚定了中国政府和人民走中国特色社会主义道路的决心和信心，也为发展中国家立足本国国情、探索发展道路、加快全方位发展提供了宝贵的经验和借鉴，得到了国际社会特别是广大发展中国家的高度评价。

2. 中国落实本国2030年可持续发展议程

从国内层面看，中国政治稳定，国家治理能力不断提升。2016年3月，第十二届全国人民代表大会第四次会议审议通过了“十三五”规划纲要，明确提出以人民为中心的发展思想和创新、协调、绿色、开放、共享的发展理念，实现了2030年可持续发展议程与国家中长期发展规划的有机结合。中国经济保持中高速增长，新型工业化、信息化、城镇化、农业现代化深入发展，为落实可持续发展议程打下扎实基础。中国着力推进供给侧结构性改革，逐步加大重点领域和关键环节市场化改革力度，深化简政放权，放管结合，优化服务改革，由此带来的改革红利以及自主创新红利将为落实可持续发展议程提供强大动力。中国政府已将可持续发展议程与国家中长期发展规划有效对接，建立了国内落实工作的协调机制，将为落实可持续发展议程提供有力的制度保障。

2016年起，中国已经建立了充分的国内协调机制，43家政府部门各司其职，保障各项工作顺利推进。中国政府将从战略对接、制度保障、社会动员、资源投入、风险防控、国际合作、监督评估等七个方面入手，分步骤、分阶段推进落实2030年可持续发展议程。5年来，在习近平主席的坚强领导下，中国坚持以人民为中心，贯彻创新、协调、绿色、开放、共享的新发展理念，全面落实2030年可持续发展议程，取得了如下显著成效。

消除绝对贫困，保障粮食安全。2020年底，中国如期完成新时代脱贫攻坚目标任务，现行标准下9899万农村贫困人口全部脱贫，832个贫困县全部摘帽，12.8万个贫困村全部出列，提前10年实现2030年议程减贫目标，2015年底以来减贫5575万人。农村贫困家庭子女义务教育阶段辍学问题实现动态清零，贫困人口全部纳入基本医疗保险、大病保险、医疗救助保障范围，全面实现住房安全和饮水安全有保障。2020年，国家贫困县中，通动力电的行政村比重达99.3%，通信信号覆盖的行政村比重达99.9%；贫困村通光纤和4G的比例均超过98%；全部实现垃圾集中处理或清运的行政村比重达89.9%，有电子商务配送站点的行政村比重为62.7%；全国贫困地区自来水普及率提高到83%。贫困地区的教育、医疗、文化等公共服务水平大幅提升。贫困地区地方特色产业较快发展，贫困人口就业水平和劳动技能显著提高，贫困人口抵御灾害和各种风险能力显著增强。易地搬迁和贫困地区生态保护从根本上改善了近千万贫困人口的生存状况。社会保障制度的兜底作用不断增强，自2017年12月起，全国所有县的农村低保标准均达到或超过国家扶贫标准；中国各地已建立较为完善的数字化监测体系，致力于兜底保障“不漏一户、不落一人”。2020年，中国粮食总产量达到66949万吨，比2016年增长了1.4%，粮食产量连续6年稳定在6.5亿吨以上，人均占有量稳定高于人均400公斤的世界粮食安全标准线，口粮完全自给，谷物自给率超过95%。肉蛋奶水产品等“菜篮子”产品产量总体保持稳定增长。绿色优质农产品供给明显增加，种植业结构持续优化，粮经饲三元结构初步构建。

积极应对气候变化，推动全球绿色发展。中国坚持“绿水青山就是金山银山”的理念，打响蓝天、碧水、净土“三大战役”，统筹山水林田湖草沙系统治理取得显著成效。实施积极应对气候变化国家战略，推进减缓、适应气候变化各项行动，加快发展方式绿色转型，坚定落实气候变化《巴黎协定》，力争2030年前碳达峰，努力争取2060年前实现碳中和，为全球气候治理作出新的贡献。2015年年底到2020年，森林覆盖率从21.66%提高至

23.04%，森林蓄积量由151亿立方米提高到175亿立方米，草原综合植被盖度提高21%，全国地级及以上城市优良天数比率升至87%，主要污染物排放总量减少目标超额完成，水生态环境保护取得积极进展，全国近岸海域水质总体呈改善趋势，水土流失治理程度普遍提高10%~40%，碳强度累计下降18.8%，清洁能源占比增至24.3%。光伏和风能的装机容量、发电量居世界首位。2020年碳强度比2005年下降约48.4%，超额完成应对气候变化相关目标。生活饮用水供应和质量改善，截至2020年底，已建成较为完整的农村供水工程体系，农村自来水普及率达到83%，农村人口的饮水型氟超标、苦咸水问题得到解决。生活垃圾处理率提高，截至2019年，全国生活垃圾清运量达到24206万吨，无害化处理量共24012.8万吨，无害化处理能力达36.7万吨/日，生活垃圾无害化处理率达到99.2%。2015年至2018年，中国土地恢复净面积约占全球的1/5，位居世界首位。

克服疫情挑战，提高公共卫生水平。中国坚持人民至上、生命至上，采取最严格最彻底的防控措施，用3个月左右的时间取得疫情防控阻击战重大成果，坚持疫情常态化精准防控和局部应急处置有机结合，加强公共卫生设施建设，筑牢常态化社会大防线。截至2021年6月16日，全国累计报告疫苗接种94515.0万剂次，接种人数稳步增长。

有效地稳住就业保障民生，2020年中央财政安排就业补助资金预算547亿元，困难群众救助补助资金1664.53亿元，城镇新增就业1186万人，年末全国城镇调查失业率降到5.2%，居民消费价格上涨2.5%，新纳入低保、特困供养近600万人，实施临时救助超过800万人次。截至2020年，中国已建成世界上规模最大的社会保障体系，基本医疗保险覆盖超过13亿人，基本养老保险覆盖近10亿人。2020年全国孕产妇死亡率下降到16.9/10万人，婴儿死亡率下降到5.4‰，5岁以下儿童死亡率下降到7.5‰。教育、医疗、社会保障等公共服务水平持续提升，城乡差距不断缩小。

经济平稳增长，增强发展韧性。过去5年，中国经济运行总体平稳，国内生产总值从不到70万亿元增加到100万亿元，实现历史性突破，经济结构持续优化，第三产业增加值占GDP比重从51.6%增至54.5%，城镇新增就业超过6000万人。基础设施互联互通，可持续交通稳步推进，交通新业态新模式不断涌现。高速公路里程、万吨级码头泊位数量等保持世界第一；铁路、公路、水路、民航客货运输量和周转量等跻身世界前列。截至2019年底，全国城市道路总长度45.9万千米，人均道路面积17.36平方米。2020年底，全国县级行政区全部接入大电网，农村地区基本实现稳定可靠的供电服务全覆盖。面对COVID-19疫情挑战，中国统筹疫情防控和经济社会发展，全力推动复工复产，集中精力抓好“六稳”“六保”，2020年，中国全年国内生产总值1015986亿元，较上年增长2.3%，是唯一实现经济正增长的主要经济体，为全球复苏作出贡献。

3.3 国家可持续发展议程创新示范区的提出与实施

2015年9月，习近平主席出席联合国发展峰会，同各国领导人一道通过了《2030年可持续发展议程》，这是联合国继制定《千年发展目标》之后在可持续发展领域确定的又一全球性重要行动。《2030年可持续发展议程》设定了未来15年全球在减贫、健康、教育、环保等17个领域的发展目标。中国高度重视落实2030年可持续发展议程，并将议程确立的可持续发展目标全面融入《中华人民共和国国民经济与社会发展第十三个五年规划纲要》。2016 年 9 月，中国发布《中国落实 2030 年可持续发展议程国别方案》，对落实工作进行了全面部署。2016 年 12 月，国务院出台《中国落实 2030 年可持续发展议程创新示范区建设方案》，是中国扎实推进落实工作的具体体现。

3.3.1 国家可持续发展议程创新示范区提出背景

推动可持续发展的长期实践证明，创新是根本途径，这一点已经成为全球共识。2015 年 9 月召开的联合国发展峰会把加强科学、技术和创新作为落实 2030 年持续发展议程的重要执行手段。在 2015 年 6 月召开的联合国首届科学、技术与创新促进可持续发展多利益攸关方论坛和 7 月召开的联合国可持续发展高级别政治论坛上，与会各国一致强调了科技创新支撑和引领可持续发展的重要性和不可替代性，强调科学、技术和创新应贯穿所有可持续发展目标。G20 杭州峰会把创新增长方式设为核心议题，通过了《二十国集团创新增长蓝图》，这是二十国集团首次围绕创新驱动可持续发展采取协调一致的行动，具有里程碑意义。

党的十八大以来，我国提出了“五位一体”总体布局、“四个全面”战略布局以及创新、协调、绿色、开放、共享“五大发展理念”，是对可持续发展内涵的丰富和完善，我国已经进入全球可持续发展理念创新的前沿。同时，党的十八大报告指出，必须把科技创新摆在国家发展全局的核心位置，建设“中国落实 2030 年可持续发展议程创新示范区”也是我国贯彻落实全国科技创新大会精神和《国家创新驱动发展战略纲要》，充分发挥科技创新对可持续发展支撑引领作用的重要举措。事实上，经济发展与社会发展、环境保护互为支撑，社会发展和环境保护中孕育着新的经济增长点，健康、环保等领域正在成为新常态下支撑我国经济持续增长的重要力量。目前，世界上发达国家和主要发展中国家均围绕可持续发展加强科技创新布局，并把社会发展和环境保护列为创新战略实施的重点领域。建设国家可持续发展议程创新示范区，可以激发社会发展和环境保护领域创新活力，在促进社会事业发展和改善环境的同时，为经济发展带来新的动能和保障，促进经济、社会和环境的协调发展。

3.3.2 国家可持续发展议程创新示范区建设的战略意义

建设国家可持续发展议程创新示范区是积极响应党中央、国务院落实联合国《2030 年可持续发展议程》，参与全球治理的务实行动的重要举措。《2030 年可持续发展议程》是 2015 年 9 月习近平主席参加联合国峰会与世界 190 个国家的领导人共同达成的一项非常重要的协议，是联合国继制定《21 世纪议程》《千年发展目标》之后在可持续发展领域确定的又一全球性重要行动。2016 年 9 月，习近平主席在杭州 G20 峰会上向国际社会展示了中方与各国携手推进议程的意愿和决心，明确提出依靠创新驱动增长，提出我们“要做行动队”。9 月下旬，国务院发布《中国落实 2030 年可持续发展议程国别方案》，12 月初，国务院又出台《中国落实 2030 年可持续发展议程创新示范区建设方案》，对落实工作进行了全面部署，体现了中国作为负责任发展中大国的责任担当。

建设国家可持续发展议程创新示范区是落实“五位一体”总体布局、“四个全面”战略布局、践行"五大发展理念"的重要平台。党的十八大以来，以习近平同志为核心的党中央提出了"五位一体"总体布局、"四个全面"战略布局以及创新、协调、绿色、开放、共享"五大发展理念"。而《2030年可持续发展议程》设定的17个领域的发展目标，其核心就是推进经济发展、社会发展和环境保护的协调发展，与"五位一体"总体布局中经济建设、政治建设、文化建设、社会建设和生态文明建设的核心内涵高度一致。

建设国家可持续发展议程创新示范区是贯彻落实全国科技创新大会精神和《国家创新驱动发展战略纲要》，依靠科技创新推进经济社会协调发展的重要行动。2016年，我国召开了全国科技创新大会并发布了《国家创新驱动发展战略纲要》，明确提出要依靠更多更好的科技创新实现经济社会协调发展。建设创新示范区的总体构想是"结合落实2030年可持续发展议程，以实施创新驱动发展战略为主线，以推动科技创新与社会发展深度融合为目标，以破解制约可持续发展的关键瓶颈为着力点"，路径和目标与落实全国科技创新大会精神和《国家创新驱动发展战略纲要》基本一致。

3.3.3 国家可持续发展议程创新示范区建设的主要内容

国家可持续发展议程创新示范区是破解新时代社会主要矛盾、落实新时代发展任务作出示范并发挥带动作用，为全球可持续发展提供中国经验作出的重要决策部署。中国落实2030年可持续发展议程创新示范区建设并不是从零起步，它以现有的国家可持续发展实验区为基础进行创建。国家可持续发展实验区起始于1986年，是科技部、国家发展改革委、环保部等19个部门联合推动的一项地方试点工作。30多年来，国家可持续发展实验区工作以理念宣传、科技支撑、制度创新为手段，促进了可持续发展理念在全社会的普及，推动了节能减排、公共健康等领域一大批先进适用技术在地方的落地转化，在产业转型升级、城乡协调发展等领域探索了一批具有创新性的地域模式，为中国贯彻落实可持续发展战略发挥了积极的推进作用。目前，中国已经在全国31个省(区、市)建立了189个实验区。中国落实2030年可持续发展议程创新示范区是对国家可持续发展实验区建设成效较为突出的地区赋予新的、更为重要的使命，是国家可持续发展实验区工作的升级版，二者并行推动，互为支撑。

为了全面贯彻党的十八大和十八届三中、四中、五中、六中全会精神，深入贯彻习近平总书记系列重要讲话精神，认真落实党中央、国务院决策部署，按照"五位一体"总体布局和"四个全面"战略布局，牢固树立创新、协调、绿色、开放、共享的发展理念，紧密结合落实《2030年可持续发展议程》以实施创新驱动发展战略为主线，以推动科技创新与社会发展深度融合为目标，以破解制约我国可持续发展的关键瓶颈问题为着力点，集成各类创新资源，加强科技成果转化，探索完善体制机制，提供系统解决方案，促进经济建设与社会事业协调发展，打造一批可复制、可推广的可持续发展现实样板，国务院于2016年12月印发《中国落实2030年可持续发展议程创新示范区建设方案》，就示范区建设作出明确部署，对内为其他地区可持续发展发挥示范带动效应，对外为其他国家落实《2030年可持续发展议程》提供中国经验。

《中国落实2030年可持续发展议程创新示范区建设方案》遵循创新理念、问题导向、多元参与以及开放共享的基本原则，目标为在"十三五"期间创建10个左右国家可持续发展议程创新示范区，科技创新对社会事业发展的支撑引领作用不断增强，经济与社会协调发展程度明显提升，形成若干可持续发展创新示范的现实样板和典型模式，对国内其他地区可持续发展发挥示范带动效应，对外为其他国家落实《2030年可持续发展议程》提供中国经验。此外，还提出四项主要建设任务：一是参照《2030年可持续发展议程》，结合本地现实需求，制定可持续发展规划；二是围绕制约可持续发展的瓶颈问题，加强技术筛选，明确技术路线，形成成熟有效的系统化解决方案；三是增强整合汇聚创新资源、促进经济社会协调发展能力，探索科技创新与社会发展融合的新机制；四是积极分享科技创新服务可持续发展的经验，对其他地区形成辐射带动作用，向世界提供可持续发展中国方案。

3.3.4 国家可持续发展议程创新示范区建设的布局

建设国家可持续发展议程创新示范区是党中央、国务院统筹国内国际两个大局作出的重要决策部署，要探索出一条符合国际潮流、具有中国特色和地方特点的可持续发展之路。国家可持续发展议程创新示范区建设的总体定位为：以习近平新时代中国特色社会主义思想为指引，按照"创新理念、问题导向、多元参与、开放共享"的原则，以推动科技创新与社会发展深度融合为着力点，探索以科技为核心的可持续发展问题系统解决方案，为我国破解新时代社会主要矛盾、落实新时代发展任务作出示范并发挥带动作用，为全球可持续发展提供中国经验。

拟申请建设国家可持续发展议程创新示范区的地区须具备以下三个条件。一是有良好的工作基础。申报地区应具有国家可持续发展实验区的工作基础并取得显著成效，可持续发展意识较强。二是瓶颈问题具有典型性。制约当地可持续发展的问题清晰，在全国具有普遍性，形成的解决方案具有推广价值。三是地方高度重视。所在省(区、市)党委、政府坚持以可持续发展理念指导经济社会发展，将国家可持续发展议程创新示范区创建工作摆在重要工作议程。2018年3月，国务院正式批复，同意广东省深圳市、山西省太原市、广西壮族自治区桂林市建设国家可持续发展议程创新示范区。2019年5月14日，国务院分别批复同意湖南省郴州市、云南省临沧市、河北省承德市建设国家可持续发展议程创新示范区。

第4章　郴州市建设国家可持续发展议程创新示范区的背景

4.1　郴州市概况

4.1.1　区域概况

1. 区位条件优越，交通网络发达

郴州位于南岭山脉与罗霄山脉交错地带，东接江西赣州，南邻广东韶关、清远，西接湖南永州，北连湖南衡阳、株洲，素称湖南的“南大门”，是中国东部沿海与内陆地区交通联系的“桥头堡”，处于“东部沿海地区和中西部地区过渡带”“长江经济带”“珠三角经济圈”多重辐射地区。其南北向有京广铁路、京广高铁、107国道、106国道、京港澳高速公路、京珠复线、平汝高速公路，东西向有厦蓉高速公路和规划建设的桂永郴赣铁路、靖永郴铁路、桂宁高速公路，是中国南方重要的交通联系通道。

2. 资源禀赋独特，产业特色突出

郴州处于南岭多金属成矿带上，有色金属资源储量富足，郴州市享有“世界有色金属博物馆”“中国有色金属之乡”“中国银都”“华南之肺”“湖南绿色宝库”等美誉，是国务院《全国资源型城市可持续发展规划(2013—2020年)》确定的262个资源型城市之一。其中钨、铋探明储量均为全球第一，钼、石墨探明储量均为全国第一，是全国最大的白银、铋、微晶石墨生产基地和湖南最大的铅锌、新型干法水泥生产基地，矿产资源潜在价值达2600多亿元。境内湖、泉、瀑布众多，河流密布，水资源丰富，是长江流域湘江、赣江和珠江流域北江三大水系的重要源头，年均贡献超过160亿立方米的水量，其中东江湖是我国南方重要的饮用水源、生态补水、防洪调峰、保护生物多样性的战略性水资源，是长株潭地区的“第二水资源”。山地森林资源得天独厚，被誉为“华南之肺”“湖南绿色宝库”，入选“中国50大氧吧城市”。围绕丰富山水资源形成的旅游产业成为郴州市重点打造的千亿产业之一，成为湖南旅游发展的重要一极，以东江湖为主体旅游资源的东江湖风景旅游区是全省唯一同时拥有国家风景名胜区、国家生态旅游示范区、国家森林公园、国家湿地公园、国家5A级旅游景区、国家级水利风景区“六位一体”的旅游区。

3. 生态资源丰富，屏障作用凸显

郴州市处于湘、赣、粤三省节点处，地缘位置特殊，分布着国家许多重要的生态功能区，属于《全国生态功能区划(修编版)》确定的“罗霄山脉水源涵养与生物多样性保护重要区”“南岭山地水源涵养与生物多样性保护重要区”，是我国南部地区重要的生态系统服务功能区，是长江中下游重要的水源涵养、土壤保持区，拥有包括宜章莽山和桂东八面山 2 个国家级自然保护区在内的自然保护区 4 个，包括天鹅山森林公园、莽山森林公园、西瑶绿谷森林公园和九龙江森林公园等 8 个国家级森林公园，包括东江湖国家湿地公园、桂阳春陵江国家湿地公园(试点)、郴州西河国家湿地公园(试点)、安仁永乐江国家湿地公园(试点)、嘉禾钟水河国家湿地公园(试点)5 个国家湿地公园在内的湿地公园 12 个，目前全市共划定生态保护红线面积 3960.41 平方千米，占全市国土面积的 20.45%，属于《全国主体功能区规划》和《全国生态功能区划(修编版)》确定的国家重点生态功能区，是长江流域重要的生态安全屏障和我国生物多样性关键地区之一，生态区位十分重要。

4.1.2 基本特征

1. 城市定位举足轻重，可持续发展要求迫切

从国家层面来看，郴州市作为国家级湘南承接产业转移示范区，在国家战略转型、迈向可持续发展新目标中应发挥重要作用，全面建设可持续发展城市，早日在可持续发展示范工程建设局面中成为先进典型；从湖南省层面来看，郴州市作为湖南省“一核三极四带多点”区域发展新格局中的重要空间增长极，同时作为湖南开放发展的桥头堡，努力走出一条和谐美丽的可持续发展之路既符合湖南省发展的新形势和新要求，也是做强湖南开放发展“南大门”的必然举措。

2. 战略水源地建设任重道远，可持续发展核心明确

郴州是湖南省“两型社会”建设的重要战略水源地，水生态文明建设在全国具有较好的示范性。其中，资兴市在 1996 年就以水资源保护和开发为主题创建了湖南省社会发展综合实验区，1999 年获批国家级可持续发展实验区，2008 年又成为国家可持续发展先进示范区。基于资兴市可持续发展的优势，郴州市形成了以“水生态文明”为主题的全市可持续发展模式，在“河流、湖泊、水库”“水、土壤、植被”两个“三位一体”保护与发展上探索了经验，探索了一条“人水和谐、湖城共荣”的可持续发展之路。

3. 生态功能区建设成果显著，可持续发展基础雄厚

截至 2020 年底，郴州市城镇化率达到 58%、市域森林覆盖率达到 68.1%，拥有国家级重点生态功能区 5 个、生态示范区 1 个、自然保护区 4 个、森林公园 8 个、湿地公园 4 个。全市 13 个饮用水源地水质达标率为 100%，空气质量排在湖南省前三名；荣获国家森林城市、全国绿化模范城市、国家级休闲城市、全国交通管理模范城市、中国最佳管理城市等称号，成为全国生态文明示范工程试点市。把生态文明理念全面融入城镇化进程，目前全市已创建国家级生态乡镇 15 个、国家级生态村 1 个，省级生态乡镇 85 个、省级生态村 126 个，市级生态村 338 个。

4. 精准扶贫战略全面落实，可持续发展动力充足

郴州市汝城、桂东、安仁、宜章等 4 县是全国罗霄山脉扶贫开发的主阵地，11 个县(区)都是革命老区，是全省脱贫攻坚的主战场。郴州市全面落实精准扶贫战略，展开“精准扶贫五年行动计划”，通过易地扶贫搬迁帮扶、产业帮扶、教育帮扶、社会保障兜底帮扶、生态补偿帮扶等政策，贫困地区经济逐步活跃，村民收入稳步提升，全市贫困面由

4.3%下降到3%，小康实现程度由89.8%提高到93.2%，贫困群众生产生活条件得到显著改善。

5.循环经济发展卓有成效，可持续发展路径清晰

永兴县作为全国第二批循环经济示范试点单位，已成为发展循环经济的典型案例。资兴市被列为省循环经济试点示范县(市)，资兴经济开发区、桂阳工业园、郴州高新区被列为省循环经济试点示范园区。金旺铋业、雄风稀贵、金贵银业、宇腾有色、丰越环保、锐驰矿业6家企业被确定为全省第一批循环经济试点企业。永兴县于2012年以“循环经济发展为主题”成功创建国家可持续发展实验区。郴州大力发展循环经济，争创国家级循环经济示范区，积极探索可持续发展的新模式，可持续发展路径逐渐清晰。

6.典型资源型城市，可持续发展道路受阻

典型的资源型城市注定了郴州市产业结构不利于郴州市可持续发展——长期以高耗能、高污染的采掘工业和原材料工业为主导产业。由于矿产资源长期无序开采、生产方式粗放、生活方式落后等因素的影响，部分地区和流域水生态环境面临污染的现实压力大，水生态修复治理的历史包袱重。虽然近年来郴州市积极探索低碳循环发展，大力推进节能、降耗、减排，着力推进集约、循环、低碳发展，但是短时间内难以解决几十年形成的产业结构问题，只有实现郴州传统工业的绿色升级才能扫清可持续发展道路的阻力。

4.2 郴州市开展的可持续发展探索

郴州是湖南省最早开展可持续发展工作的地市之一，也是湖南省建成可持续发展实验区最多的地市，现有资兴市、永兴县两个国家级可持续发展实验区和苏仙区省级可持续发展实验区。其中，资兴市于1999年成为我省第一个国家级可持续发展实验区，2008年成为全国13个可持续发展先进示范区之一。经过近30年的不懈努力，可持续发展理念深入人心，可持续发展工作成效显著，走出了一条“政府组织、专家指导、企业支持、公众参与”的合作共建之路，成为国家可持续发展工作的一面旗帜，不断为可持续发展贡献郴州智慧。

1.探索水资源利用与保护的新途径

多年来，郴州围绕水环境保护优化国土空间布局，实施了水源地保护、东江湖保护、城乡绿化、森林生态提质等工程，加强对东江湖、饮用水水源地、生态湿地、自然保护区等水生态功能区保护，完成12个县级以上饮用水水源保护区划分，森林覆盖率由2008年的62.5%提升到2017年的67.7%，县级以上集中式饮用水水源地水质一直保持100%达标，境内湘江流域3个出境断面连续多年保持Ⅱ类水质。围绕水生态修复，实施三十六湾区域治理、“一湖两河三江”[①]治理、矿山复绿、农村环境整治等重大工程，完成重金属污染治理项目118个，苏仙金属矿区矿山、三十六湾大部分矿区重现绿水青山。围绕农业与生活面源污染治理，全市11个县(市、区)全部列入农村环境综合整治整县(市、区)推进项目，农村生活污水处理、农村生活垃圾收运及处置、畜禽养殖粪污治理和饮用水水源保护等工作

① “一湖两河三江”：“一湖”即东江湖，“两河”即东河、西河，“三江”即翠江、郴江和便江。

取得积极进展，农村生态环境得到明显改善。2017 年，市城区空气质量优良率达到 89.8%，地表水水质达标率由 2013 年的 89.4%提升到 97.4%。围绕提高水资源利用率，发展特色渔业，引导工业企业开展水循环利用，先后获得“国家节水型城市”“全国首批水生态文明城市”等称号。

2. 率先立法保护水资源

早在 2001 年，湖南省人大常委会通过《湖南省东江湖水环境保护条例》，东江湖成为全国最早单独立法保护的湖泊。郴州市专门组建了东江湖水环境保护局，成立了以市长为主任的东江湖流域水环境保护委员会，先后编制实施了《东江湖风景名胜区保护规划》《东江湖湿地公园保护规划》《东江湖渔业发展规划》《东江湖周边乡镇畜禽养殖规划》《东江湖流域水环境保护规划(2018—2028 年)》等规划，制定出台了《东江湖流域农村生活垃圾集中收集处理管理办法》《东江湖流域农村生活污水处理设施运行维护管理办法》等管理制度，构建了源头防治的长效机制。东江湖被列为五个国家重点流域和水资源生态补偿试点之一，被纳入国家良好湖泊生态环境保护试点和国家重点支持保护湖泊。为进一步建立东江湖流域生态补偿机制，推动东江湖水环境质量持续改善，郴州市政府探索出台了《郴州市东江湖流域水环境保护考核暂行办法》。

3. 可持续发展先行先试

资兴市国家可持续发展实验区围绕“水资源保护和利用”的主题，积极探索把绿水青山转化为金山银山的路径。实施“生态红线”制度，取消辖区乡镇 GDP 考核；关闭流域内采矿区 10 余个，否决超标污染项目 52 个。放大水优势，做活水文章，依托东江湖优质水资源，积极发展生态农业，形成了“东江湖蜜橘”“东江鱼”“狗脑贡茶”等一批地理标志保护产品和中国驰名商标。利用东江湖常年 8~13℃的冷水资源，建设东江湖大数据中心，PUE 值[①]长期在 1.2 以下，可达世界先进水平，具备容纳 20 万个机架、500 万台服务器的能力。适度开发东江湖生态旅游，东江湖成为国家风景名胜区、国家生态旅游示范区、国家森林公园、国家湿地公园、国家 5A 级旅游景区、国家级水利风景区“六位一体”旅游景区。永兴国家可持续发展实验区围绕“稀贵金属再生资源利用”的主题，构建企业内部循环、园区内企业间物质循环、园区间企业物质循环、基地内物质循环、县域范围企业物质循环等五大循环体系，支持企业将高浓度废水集中处置再利用，将废渣再利用做成微晶板材或砖厂制砖，最终把工业危废资源“吃干榨尽”、终极无害化处理，成为独具特色的“无矿开采”模式。

4.3 郴州市可持续发展面临的机遇与挑战

4.3.1 发展机遇

从国际层面来看，水的可持续利用是全球面临的共同挑战。国际社会长期以来致力于

① PUE 值：power usage effectiveness，电源使用效率，是指数据中心消耗的所有能源与 IT 负载消耗的能源之比。PUE 值已经成为国际上比较通行的数据中心电力使用效率的衡量指标。PUE 值越接近于 1，表示一个数据中心的绿色化程度越高。

解决因水资源需求上升而引起的全球性水危机。1992 年，联合国环境与发展大会明确提出“水不仅是为维护地球的一切生命所必需，而且对一切社会经济部门都有生死攸关的重要意义”；第四十七届联合国大会作出决议，确定每年的 3 月 22 日为“世界水日”；1996 年成立的世界水理事会每三年举办一次世界水资源论坛；联合国水机制每年发布《世界水发展报告》。水的可持续利用也是联合国《2030 年可持续发展议程》的重要内容，“为所有人提供水和环境卫生并对其进行可持续管理”是 17 个可持续发展目标之一。2016 年 12 月，联合国大会通过了 2018—2028 年“水促进可持续发展(water for sustainable development)”国际行动十年决议，明确提出要更加注重水资源可持续发展和统筹管理，在每个层面提高水资源利用率，以帮助实现包括《2030 年可持续发展议程》在内的与水有关的国际商定目标和具体目标，促进实现社会、经济和环境目标。2018 年的“世界水日”，联合国正式启动“水促进可持续发展”2018—2028 年国际行动十年计划。鉴于各国水资源领域面临的多重挑战以及科技合作的需求，亚欧各国围绕水资源管理和科技合作进行了一系列探索，并取得显著成效，为郴州推进以水资源可持续利用与绿色发展为主题的可持续发展拓展了空间、注入了动力。

从国内层面来看，我国历来是推动水资源保护与可持续利用的践行者。党的十八大以来，习近平总书记就生态文明建设提出了一系列新理念新思想新战略，明确了为什么建设生态文明、建设什么样的生态文明、怎样建设生态文明等重大实践和理论问题。习近平生态文明思想正在引领我国生态环境保护发生历史性、转折性、全局性变化。近几年来，中共中央、国务院出台了《关于加快推进生态文明建设的意见》《生态文明体制改革总体方案》等纲领性文件；国务院出台《全国水资源综合规划(2010—2030 年)》《水污染防治行动计划》等规划和计划；中共中央办公厅、国务院办公厅印发了《关于全面推行河长制的意见》；水利部出台《关于加强水资源用途管制的指导意见》《水功能区监督管理办法》等文件。党的十九大作出污染防治攻坚战部署，2018 年 6 月出台《关于全面加强生态环境保护坚决打好污染防治攻坚战的意见》。习近平总书记考察长江经济带时强调，要“共抓大保护、不搞大开发”“坚持绿水青山就是金山银山”“走生态优先、绿色发展之路”“守护好一江碧水”。同时，我国积极推动同世界各国开展水资源可持续发展合作，如在加强同亚欧各国的水资源管理和科技合作方面，通过了《亚欧会议水资源管理科技合作长沙宣言》，以及为促进亚欧水资源可持续利用长效合作机制建立的《长沙倡议》。由中国政府倡议建立的“亚欧水资源研究和利用中心”已于 2011 年 8 月落户湖南长沙，这是亚欧会议(ASEM)机制下第一家在华设立总部的实质性科技合作机构。我国的生态文明制度建设以及对水资源可持续利用的高度重视，为郴州推进以“水资源可持续利用与绿色发展”为主题的可持续发展提供了遵循、指明了方向。

从湖南省层面来看，2013 年湘江流域保护与治理被列为湖南省“一号重点工程”，成立了湘江保护协调委员会和湘江重金属污染治理委员会，分阶段推进湘江流域重金属污染治理，实施了我国第一部江河流域保护的综合性地方法规《湖南省湘江保护条例》。省委出台了《关于大力实施创新引领开放崛起战略的若干意见》《关于坚持生态优先绿色发展　深入实施长江经济带发展战略　大力推动湖南高质量发展的决议》，明确提出坚定不移走生态优先、绿色发展之路，深入开展洞庭湖生态环境专项整治，统筹推进“四水”联治，让“一湖四水”[①]的清流汇入长江，努力打造长江经济带“绿色长廊”。省政府出台的《统筹推进“一湖四水”生态环境综合整治总体方案(2018—2020年)》强调以“一湖四水”为主战场，持续推进湘江保护和治理以及洞庭湖生态环境专项整治，系统推进水污染防治、水生态修复、水资源管理和防洪能力提升，建设水清、河畅、岸绿的生态水网，切实守护好一江碧水，着力做活水文章。随着生态文明建设、高质量发展的纵深推进，郴州迎来了放大自身优势、解决突出和紧迫问题的战略机遇。湖南省水生态文明建设的实践，为郴州推进以“水资源可持续利用与绿色发展”为主题的可持续发展夯实了基础、创造了条件。

4.3.2 发展挑战

高标准约束下的水生态环境保护现实压力大。一方面，水环境面临污染风险。郴州属于《全国生态功能区划(修编版)》63个重要生态功能区中的罗霄山脉水源涵养与生物多样性保护重要区和南岭山地水源涵养与生物多样性保护重要区，也是长江中下游重要的水源涵养、土壤保持区，对水源涵养、水土保持、洪水调蓄、水环境保护、流域生态建设等水生态方面的要求较高。但受地形地貌、矿山开采、农业生产、居民生活等多种因素影响，部分区域山洪、山体滑坡、泥石流等自然灾害多发，水土流失较严重，农业面源污染、农村污水垃圾、畜禽养殖污染等对河流水质产生较大影响，水生态保护现实压力大。另一方面，局部水污染较重。历史上掠夺式开采遗留大量冶炼重金属废渣及尾砂，导致矿区及下游生态环境受到严重污染和破坏，陶家河、东河、西河等自然水体受到污染，生态系统服务功能受损。重金属总量超标较多，东江湖含磷时有超标，尤其武江流域重金属砷、镉、锑超标，呈现复合型污染。工业废水、生活污水处理能力有待提高，城镇污水处理厂建设滞后，地下管网“超龄”服役。水源与供水、供水与排水、排水与治污、治污与回水利用分割管理，流域治理的长效运行机制和流域生态补偿机制尚未建立。

矿山修复治理难度大。矿山地质环境破坏严重，恢复治理任务艰巨。全市发证的245家矿业企业，被列为矿山地质环境重点恢复治理区的有105家，点多面广、情况复杂。现阶段，国家资金投入主要针对大中型矿山和破坏严重地区，对数量众多、分布更广的小矿尚未覆盖，且由于绝大部分国有矿山企业已改制，地质环境治理任务落在地方政府，受地方政府财力有限、争取国家和省财政支持资金较少、银行贷款难度增大等因素影响，治理经费缺口较大，导致矿山修复进展较慢。同时，由于矿山修复治理项目前期程序繁杂，施工难度大，也直接影响到矿山修复进度。

资源型产业可持续发展任重道远。郴州属于典型资源型城市，受制于资源型经济结构，以及长期以来形成的资源路径依赖，发展质量和效益不高，主导产业结构不优、规模不大，转变发展方式、优化产业结构面临的问题多、挑战大。2017年，全市仅有1家年主营收入过100亿元的企业。电子信息、通用设备制造、医药、废弃资源综合利用等占全市工业的比重分别仅为7.5%、1.9%、0.9%、0.4%。高技术工业占规模以上工业增加值比重、服务业增加值占GDP比重低于全国平均水平。资源型产业长期投资的沉淀成本较大，创新动力不足，产业停留在开采、提炼和粗加工阶段，高科技含量、高附加值的优势产品

① “一湖四水”：“一湖”指洞庭湖，“四水”指湘江、资江、沅江和澧水。

较少，长期被动接受市场定价，无法取得价格、技术标准的话语权，资源型产业向高科技、高附加值、绿色可持续产业转型任重道远。

创新驱动能力不强。全市研发投入占 GDP 比重仅为 1.07%，低于全国、全省平均水平。创新型企业的总量不多，全市规模以上工业企业中开展科技创新活动的企业比重较低，万人发明专利拥有量(1.54 件)远低于全国、全省平均水平。高校、科研院所、省级以上创新研发平台数量偏少、质量不高，支撑资源产业转型升级和民生发展的关键共性技术研发、转化和推广应用能力较弱。全市科技人员总量不大，高层次领军人才和高技能人才严重缺乏，规模以上工业企业科研人数仅占规模以上工业企业从业人数的 4.8%。创新体制机制有待突破，政策服务体系急需完善。以市场为导向、企业为主体的技术创新体系还需完善，科技创新风险补偿和保障机制还不健全，鼓励创新、包容创新的社会和文化氛围尚未形成。

4.4　郴州市可持续发展面临的生态瓶颈

长期以来，郴州经济增长主要依赖以自然资源为主的要素投入，经济主体单一，导致资源约束紧张、生态功能退化、环境承载力降低等发展不协调、不可持续的问题日益突出。当前，郴州市经济社会已经进入中高速发展新常态，环境保护仍处于负重前行的关键期，环境污染历史存量削减难度增大，产业发展与生态环境之间的矛盾仍然突出。在诸多挑战面前，郴州国家可持续发展议程示范区的建设必须以维护区域生态系统完整性、保证生态过程连续性和改善生态系统服务功能为中心，突出山水特色，优化产业布局，调整产业结构，发展与水资源环境承载力相适应的特色产业和环境友好产业，推进水资源可持续利用和发展方式绿色转型。

生态环境是人类赖以生存和发展的基础，生态环境的日益脆弱和持续恶化直接制约经济社会可持续发展。郴州作为“有色金属之乡”，长期依赖矿产拉动经济发展，资源约束紧张、生态功能退化、环境承载力降低等发展不协调、不可持续的问题日益突出，特别是以东江湖水环境问题为突出表现的水污染问题和以矿区地质环境破坏为表征的生态空间问题，与人民的生活息息相关，这已经成为制约郴州市经济社会可持续发展的重大瓶颈。郴州市由于产业结构长期单一失衡、传统产业竞争力不强，煤炭这一自然资源已枯竭；近些年依托东江湖刚刚兴起的水果、生猪、网箱养鱼、休闲旅游等产业，因东江湖生态保护而严重受限，部分库区群众面临断崖式返贫。森林、东江湖水资源需要保护，土地、资金等要素制约仍然突出，新兴接续替代产业的培育和发展任务十分艰巨和紧迫。同时，这也影响了人民群众的身体健康。地表水污染严重，矿坑水与重金属工业废水排放致使梁家湾断面水质多年来一直为劣Ⅴ类。地表水污染会造成土壤和浅层地下水污染，影响人民群众饮水安全。另外，监测显示，重金属等有毒有害物质造成土壤环境污染，进而影响农业种植，对食品安全造成威胁。此外，东江湖流域水污染问题和矿区地质环境破坏，形成了城市形象和生态环境的硬约束，拉低了城市品位，削弱了城市竞争力，降低了对高新人才和新兴产业的吸引力。

4.4.1 废水中有机污染情况

1.废水中有机污染物排放总量

2017年郴州市废水污染物排放量情况见表4-1。废水污染物排放源包括工业源、农业源和集中式污水治理设施。化学需氧量排放总量为56083.93吨，氨氮排放总量为1384.12吨，总氮排放总量为8123.41吨，总磷排放总量为1305.44吨。农业源排放量所占比例最高，其中化学需氧量排放占比为97.40%，氨氮排放占比为93.09%，总氮排放占比为98.10%，总磷排放占比为99.28%。其次为工业源，四类污染物排放量占比分别为2.02%、3.65%、1.26%、0.63%。集中式污水治理设施中四类污染物排放量占比最低，分别为0.58%、3.25%、0.64%、0.10%(小于0.5%)。

表4-1　郴州市废水中有机污染物排放量汇总表

污染物名称	工业源	农业源	集中式	合计
化学需氧量/吨	1131.95	54625.08	326.90	56083.93
氨氮/吨	50.55	1288.52	45.05	1384.12
总氮/吨	102.71	7968.92	51.78	8123.41
总磷/吨	8.20	1295.98	1.26	1305.44

2.各县市区废水中有机污染物排放量排名

2017年各县市区废水中有机污染物排放量及排名情况见表4-2。各有机污染物排放量名次靠前的为苏仙区、桂阳县、永兴县。其中：苏仙区的氨氮排放量排名第一；桂阳县化学需氧量、总氮排放量排名第一，总磷排放量排名第二；永兴县总磷排放量排名第一，化学需氧量、氨氮、总氮排放量排名第二。

表4-2　各县市区废水中有机污染物排放量排名表

行政区	化学需氧量/吨	氨氮/吨	总氮/吨	总磷/吨
合计	56100	1384.1	8120	1305
苏仙区	5000	279.6	1060	188
桂阳县	10400	109.1	1420	224
宜章县	8000	207.8	1120	149
永兴县	9900	244.6	1260	240
嘉禾县	8100	128.2	720	141
临武县	3300	17.3	400	69
汝城县	700	87.8	410	43
桂东县	800	4.5	240	27

续表4-2

行政区	化学需氧量/吨	氨氮/吨	总氮/吨	总磷/吨
安仁县	4900	124.7	650	106
资兴市	3600	128.8	630	91

3. 各行业废水中有机污染物排放占比

2017年郴州市各工业行业废水污染物排放占比情况如图4-1和图4-2所示。排放化学需氧量、氨氮的主要行业为造纸和纸制品业、有色金属矿采选业、有色金属冶炼和压延加工业、农副食品加工业等；排放总氮的主要行业有水的生产和供应业、农副食品加工业、有色金属矿采选业、有色金属冶炼和压延加工业；排放总磷的主要行业有农副食品加工业、水的生产和供应业、酒、饮料和精制茶制造业；排放石油类的主要行业为煤炭开采和洗选业、非金属矿物制品业、有色金属冶炼和压延加工业、计算机、通信和其他电子设备制造业等。综上，郴州市各类工业废水污染物排放的主要行业为有色金属矿采选业、有色金属冶炼和压延加工业、煤炭开采和洗选业。

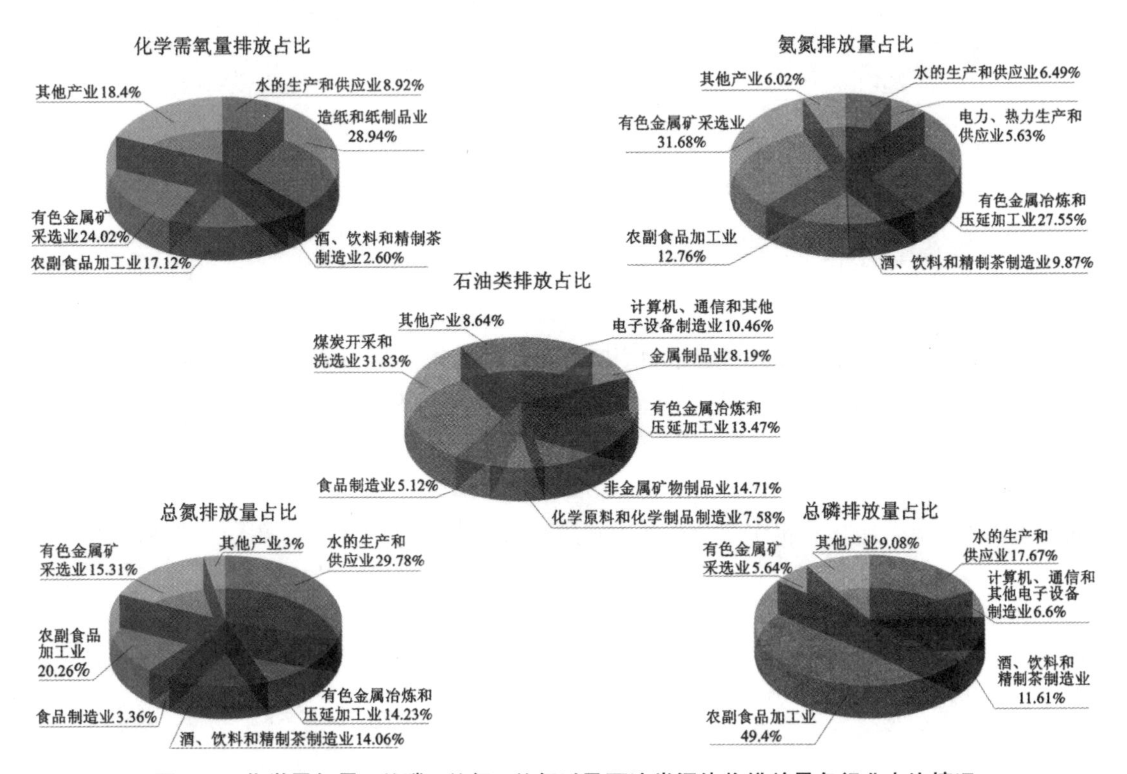

图4-1 化学需氧量、总磷、总氮、总氮以及石油类污染物排放量各行业占比情况

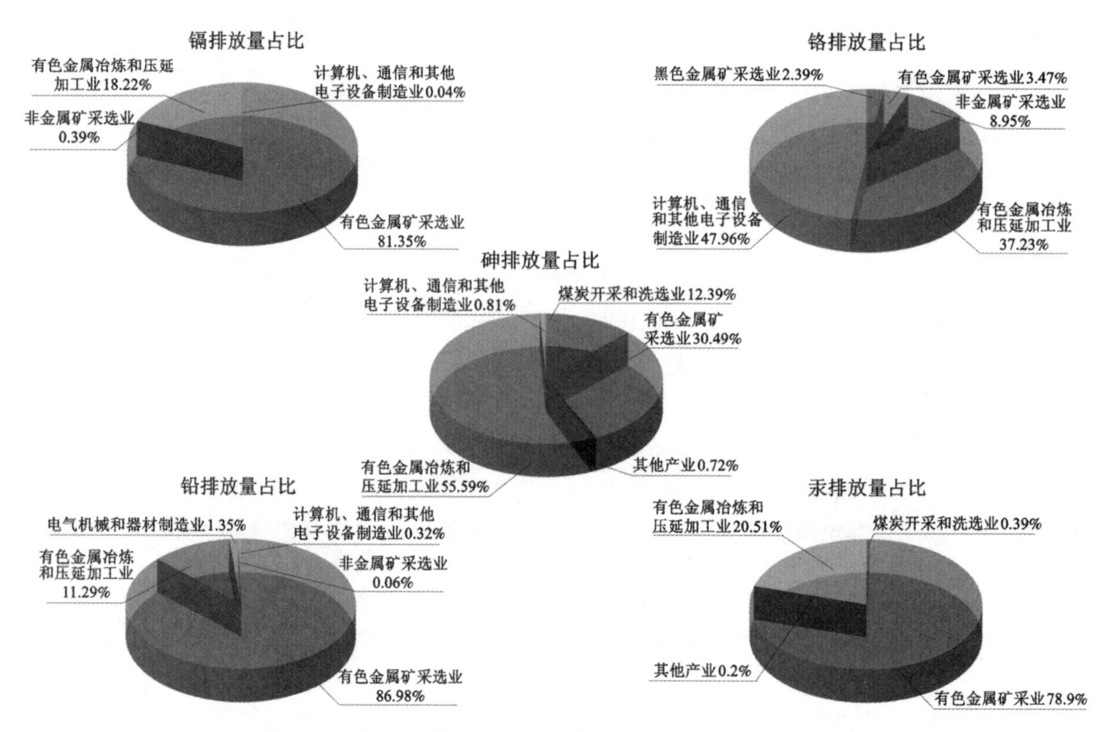

图 4-2　砷、铅、镉、铬、汞污染物排放量各行业占比情况

4.4.2　重金属污染

1. 重金属污染基本情况

2017 年郴州市废水中重金属污染物排放量情况见表 4-3。砷、铅、镉、铬、汞五类重金属污染物排放源为工业源和集中式污水处理设施。工业源排放占比为砷 94.88%、铅 60.17%、镉 88.60%、铬 0.27%、汞 97.08%；集中式污水处理设施排放占比为砷 5.12%、铅 39.83%、镉 11.40%、铬 99.73%、汞 2.92%。除铬以外，其他重金属污染物的主要排放源为工业源。各县市区废水中重金属排放量及排名情况见表 4-4。苏仙区的砷排放量排名第一，铅、镉、铬、汞排放量排名第二；桂阳县铅、镉、铬、汞排放量排名第一，砷排放量排名第二。2017 年郴州市各工业行业废水重金属排放占比情况如图 4-2 所示，排放砷、铅、镉、铬、汞等重金属污染物的行业为有色金属冶炼和压延加工业、有色金属矿采选业、煤炭开采和洗选业，计算机、通信和其他电子设备制造业。

表 4-3　郴州市废水中重金属排放量汇总表

污染物名称	工业源	集中式污水处理设施	合计
砷/吨	0.471441	0.025450	0.496891
铅/吨	1.555774	1.029960	2.585734

续表4-3

污染物名称	工业源	集中式污水处理设施	合计
镉/吨	0.202258	0.026020	0.228278
铬/吨	0.000838	0.315260	0.316098
汞/吨	0.025596	0.000770	0.026366

表 4-4　各县市区废水中重金属排放量排名表

行政区	砷/吨	铅/吨	镉/吨	铬/吨	汞/吨
合计	0.49689	2.586	0.2283	0.316098	0.02637
苏仙区	0.22426	0.283	0.0444	0.005064	0.00505
桂阳县	0.13608	1.778	0.1004	0.310800	0.00910
宜章县	0.02121	0.184	0.0235	0.000002	0.00406
永兴县	0.03637	0.036	0.0052	0.000000	0.00114
嘉禾县	0.00326	0.000	0.0000	0.000000	0.00000
临武县	0.00369	0.145	0.0219	0.000002	0.00321
汝城县	0.00976	0.028	0.0058	0.000000	0.00003
桂东县	0.00015	0.000	0.0000	0.000170	0.00000
安仁县	0.03354	0.061	0.0098	0.000000	0.00219
资兴市	0.02133	0.038	0.0103	0.000002	0.00157

2. 重金属污染形成原因

郴州市位于湖南省东南部，是湖南的“南大门”和对接粤港澳的“桥头堡”，境内水系发达，河网密布，全市90%以上流域面积汇入湘江，是湘江的主要发源地之一。武广高铁、京广铁路、京港澳高速公路、106国道和107国道纵贯南北，加之建设中的京港澳复线、厦蓉等6条高速公路，构成郴州与东南沿海最快捷的交通大通道。郴州市矿产资源丰富，是“中国有色金属之乡”“中国银都”，全市已探明各类矿产112种，占全省的93.3%，探明储量的矿产50种，钨、铋、锡、锌、石墨、萤石等储量在全国乃至全世界都具有优势，其中钨、铋储量居全国第一位，锡储量居全国前三位，锌储量居全国第四位。矿业在经济建设、社会发展中的基础性和支柱性作用显著，目前，矿产开发地遍布全市11个县市区，开发利用的矿产地总数达数百处，其中大中型开采规模矿产地20多处。长期以来，采掘业一直是郴州第一大主导产业和支柱产业，采掘业产值占全市工业总产值的比例多年稳定在40%以上，资源开发利用及其相关产业形成的产值和利税均占全市工业产值和利税的60%以上。特殊的地理位置、特色的支柱产业，形成了郴州采矿—选矿—冶炼的矿业经济发展模式，为郴州市经济发展提供了良好的条件，同时也给郴州环境保护工作特别是湘江流域重金属污染治理工作带来了巨大压力。特色矿业经济的大力发展，资源依赖型产业引起的污染依然严重，重点污染源治理进展缓慢，环保投入相对不足，加剧了相应的环境污染和破坏。其中环境的重金属污染尤其令人关注，主要有五个方面的突出问题。

（1）重金属污染物排放量大。据初步统计，全市有色矿山企业由2006年的747家整合为2010年的128家，形成有色选矿企业500余家，大小冶炼企业400多家。2010年全市排放工业废水1亿多吨，砷、铅、镉等3种污染物排放量居全市工业废水主要污染物排放量的前列，含砷、铅、镉等重金属污染物的工业废水排放源主要来自有色金属采选冶炼，其废水排放占工业废水排放量的20%以上。

（2）重点矿区生态破坏严重。20世纪八九十年代，在“有水快流”的政策引导下，片面强调优化经济发展环境，乡镇、个体采选矿企业发展迅猛，加上当时环保管理工作未跟上，环保措施滞后，临武县三十六湾香花岭矿区、汝城县小垣矿区、柿竹园玛瑙山矿区、北湖区新田岭矿区等重点区域由于众多民营企业长期的乱采滥挖，导致矿山开发呈现大面积开发、低水平重复建设、管理不到位现象，环境治理工作历史欠账较多，留下了积重难返的生态环境问题。目前，全市因矿山开采造成地表沉陷面积达210平方千米，占全市总面积的1.1%，相当数量的居民需要搬迁或异地安置；因矿业活动导致的水土流失面积已达1298平方千米，占全市总面积的6.7%。

（3）矿山采选、冶炼污染问题仍然突出。郴州有色金属矿藏丰富，矿山开采、有色金属选矿冶炼历史悠久、企业众多。矿山开采的生态影响一时难以治理，历史遗留的有色金属采选区域恢复需要大量的资金投入，一些热点地区的非法采选、冶炼企业随时存在反弹的可能。据不完全统计，郴州市现有大小规模不等的采选企业1000余家，规模50吨以上的选矿企业仅214家，仍存在部分选矿企业生产设备老化、环保设施不完善等问题，造成甘溪河、杨家河、东河、西河、郴江河等自然水体污染。由于长期用受污染的河水灌溉耕作，导致矿区周边土壤重金属超标，目前全市共有7.6万亩（1亩≈666.67平方米）基本农田不同程度受到重金属污染，同时因热点地区污染治理和生态恢复不能及时进行，对农村部分地区饮用水安全造成了威胁，保障环境安全的压力进一步加大。

（4）部分水体受到污染，生态功能丧失。“三废”污染长期积累的区域流域，各类重金属、放射性和砷元素严重污染地表水、地下水和饮用水，受污染的水在农业生产中逐渐污染土壤环境，严重影响农产品质量，危及广大群众的身心健康。一些河流污染严重，超出自净能力，生态功能基本丧失，其中三十六湾矿区的甘溪河、柿竹园矿区的东河和西河、小垣矿区的延寿河尤为严重。据中科院化学地球研究所2004年对沿河两岸耕地土壤的监测结果，土壤中重金属铅、镉、砷分别超出限定值6.2倍、127.3倍、1.1倍，河道沉积物镉、铜、铅、锌平均含量分别为长江水系的180倍、12.1倍、74.8倍、14.9倍。沿河两岸受重金属污染而永久破坏和无法耕种地达20837亩，近10万名群众因河流受到污染导致饮水困难。

（5）历史遗留包袱沉重。郴州市有色金属的采选、冶炼有几百年的历史。长期的开采遗留下了大量含重金属的废渣、尾矿、尾砂，大部分没有得到妥善处置，重金属经过淋溶源源不断地进入土壤、水体，环境安全隐患十分突出。据初步统计，全市各类有色尾矿、尾砂库达200余座，过去土法炼砷留下的砷废渣至少为200万吨，矿山废渣累计堆存量已达上百亿吨，约占工业废渣贮存总量的98%。大量的采矿废石、选矿尾砂造成河道淤塞问题严重。东西河河床平均淤砂达 1~2 m，下游大量的农田、鱼塘被尾砂淤积成为荒滩废地。香花岭、三十六湾地区的采选企业最多时每天以 2 万立方米尾砂、废石排入下游甘溪河(陶家河)，累积了近 1 亿立方米选矿尾矿，致使甘溪河(陶家河)河道严重淤塞，基本丧失调洪功能。

4.4.3 大气污染

1. 大气污染基本情况

2017 年郴州市各工业行业废气污染物排放占比情况如图 4-3 和图 4-4 所示。排放二氧化硫、氮氧化物占比大的行业为：有色金属冶炼和压延加工业，非金属矿物制品业，电力、热力生产和供应业。排放颗粒物占比大的行业为：有色金属采选业、非金属矿物制品业、非金属矿物采选业。排放挥发性有机物占比大的行业为：非金属矿物制品业，金属制品业，皮革、毛皮、羽毛及其制品和制鞋业。排放氨的行业有 3 个：有色金属冶炼和压延加工业，石油、煤炭及其他燃料加工业，化学原料和化学制品制造业。排放砷、铅、镉、铬等四类重金属污染物的行业为：有色金属冶炼和压延加工业、有色金属矿采选业。排放汞类重金属污染物的行业为：非金属矿物制品业，电力、热力生产和供应业，有色金属矿采选业。

2. 大气污染形成原因

根据《2017 年湖南省环境质量状况》，郴州市 2017 年的细颗粒物(PM2.5)年平均浓度为 38 微克/米^3，未满足环境空气质量二级标准要求(35 微克/米^3)。郴州市的大气污染问题是由自然因素与社会经济因素共同造成的。研究表明，影响郴州市空气质量的因素主要包括以下四点：

(1)郴州市东部和南部背靠南岭，受高山阻挡，北部输送的大气污染物容易在此积累，郴州市冬季的大气污染事件多与此有关；受地形影响，郴州市内风速较小，静风频率高，不利于大气污染物的扩散和稀释。

(2)郴州市的空气质量与气象条件关系密切。郴州市发生 PM2.5 污染，往往与偏北风有关。PM2.5 污染发生时，郴州市经常出现在大陆冷高压底部，地面属于气流辐合区，周边污染物迅速在此堆积，造成污染物浓度不断升高，并暴发颗粒物污染事件。郴州市的臭氧污染往往与较强的太阳辐射、较高的气温、较低的相对湿度等因素有关。从天气系统来看，郴州市臭氧污染主要出现在受台风外围气流控制的情况下。

(3)从 PM2.5 地区来源看，郴州市区的 PM2.5 受外界输送影响较大，特别是在污染严重的秋冬季，外界输送的贡献率甚至超过 50%。从 PM2.5 行业贡献来看，工业生产和机动车尾气为郴州市贡献最大的源类，两者贡献率分别为 38%和 17%。电力行业超低排放改造后，工业排放对市区 PM2.5 的贡献率将有所降低。

(4)郴州市的能源消费结构以煤为主导，郴州的支柱产业为有色金属、电子信息、新材料、矿物宝石、装备制造以及氟化工产业，部分行业的大气污染物排放强度高，对环境空气质量造成一定的压力。

郴州处于南岭多金属成矿带上，境内湖、泉、瀑布众多，河流密布，水资源丰富，是长江流域湘江、赣江和珠江流域北江三大水系的重要源头，年均贡献超过 160 亿立方米的水

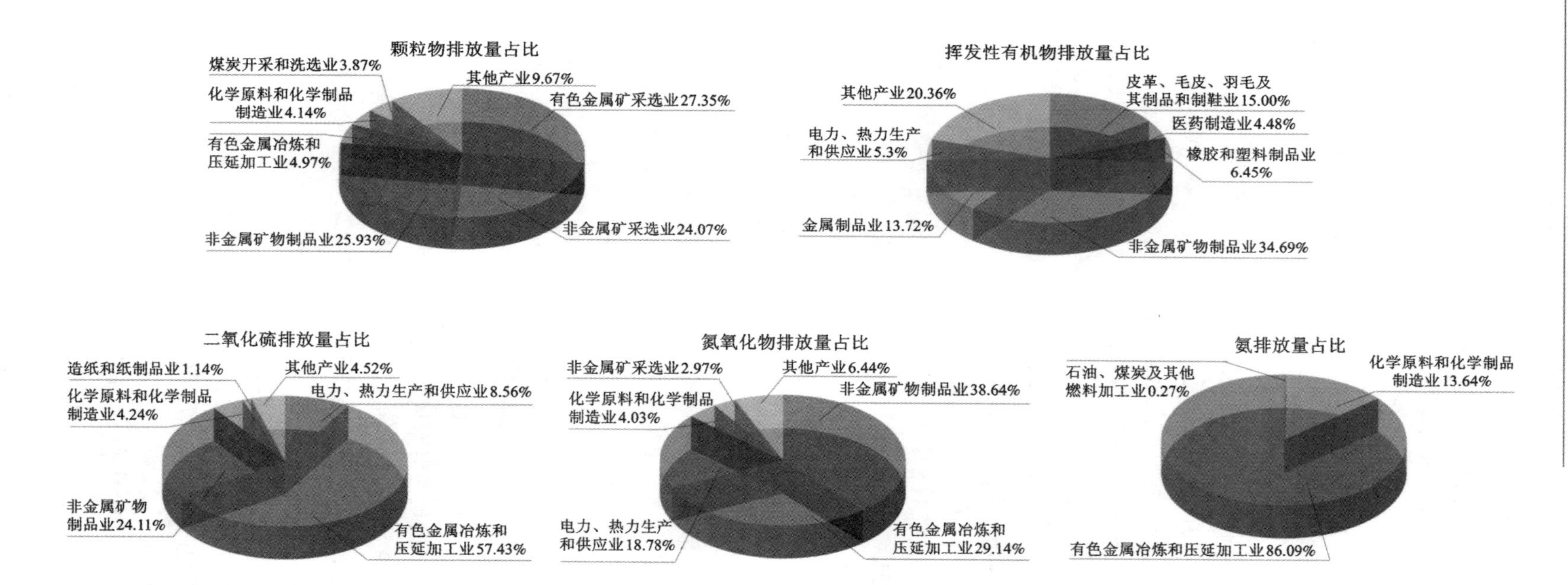

图4-3 郴州市大气污染物排放各行业占比情况（1）

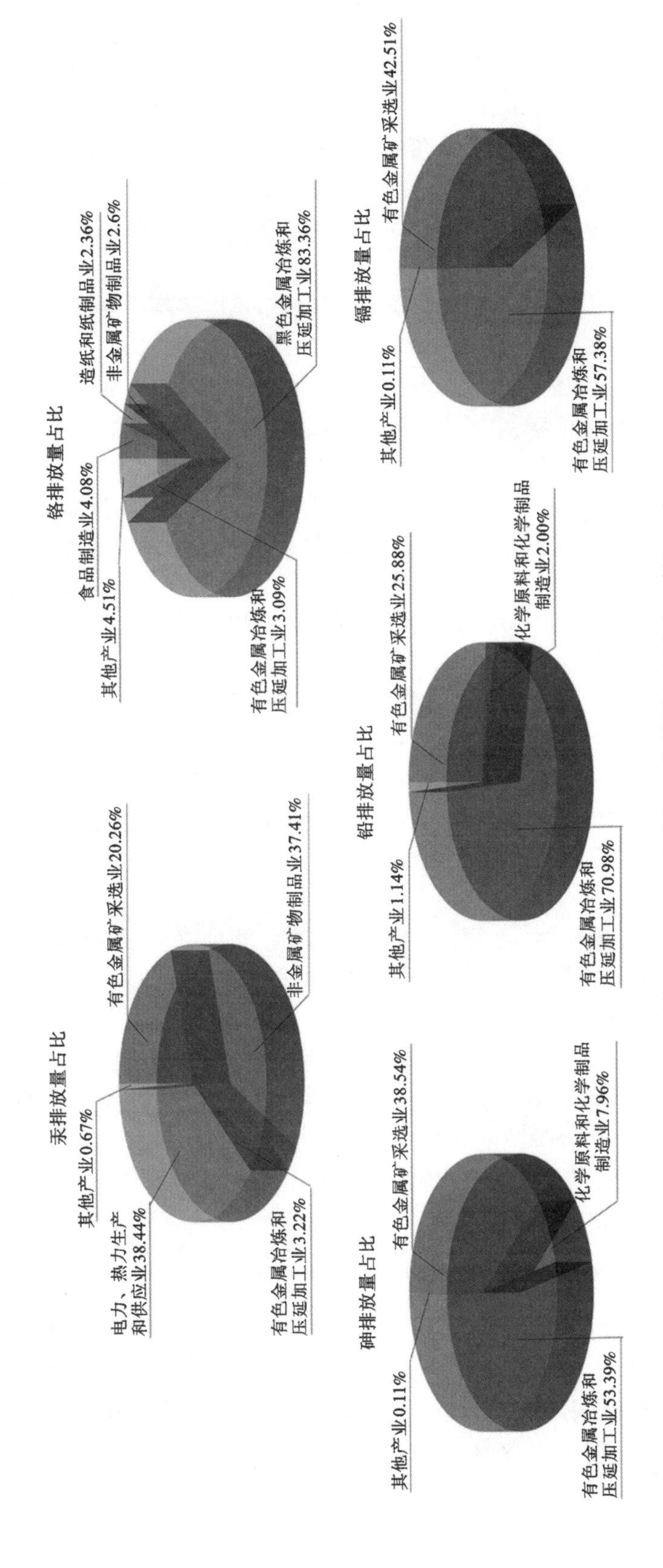

图4-4　郴州市大气污染物排放各行业占比情况（2）

量，其中东江湖被列为湖南省最大的饮用水水源地和长株潭城市群战略水源地；郴州是国家重点生态功能区，属于《全国生态功能区划(修编版)》确定的“罗霄山脉水源涵养与生物多样性保护重要区”“南岭山地水源涵养与生物多样性保护重要区”。受历史上矿产资源长期无序开采、生产方式粗放、生活方式落后等因素影响，部分地区和流域水生态环境面临污染的现实压力大，水生态修复治理的历史包袱重，水净与水污、水多与水少、水节约与水浪费的矛盾并存，成为制约郴州经济社会可持续发展的关键瓶颈。郴州水资源高效利用不足主要体现在以下三个方面：

(1)生产生活用水粗放，水资源浪费较多。郴州市境内多年平均降水量1523.8毫米，折合水量294.4亿立方米，多年平均水资源量164.4亿立方米，多年人均水资源量约3200立方米，比湖南全省、全国人均值分别多700立方米、900立方米。虽然郴州市水资源相对丰富，但一些地方和单位节水意识不强，节水制度和监控手段滞后，节水技术工艺和设备相对落后，超计划取水、超定额用水等现象时有发生。据统计，2016年全市年人均综合用水量为508.6立方米，较全国平均值438立方米高16.1%；万元GDP(2016年价)用水量为109.4立方米，万元工业增加值(2016年价)用水量为82.1立方米，较全国平均值(81立方米、52.8立方米)分别高35.1%、55.5%。

(2)水资源开发利用程度不高，水生态关联产业发展不足。由于引水、供水工程不配套，河系连通工程建设滞后，城区河流与周边水系没有实现水的整体开发和综合运用，制约了水资源的有效利用。据统计，水资源开发利用率为14.6%，较全国平均值18.6%低4个百分点，水资源开发利用程度较高的嘉禾县、北湖区、资兴市和苏仙区均在24.5%以下，较低的汝城县、桂东县等地不足7%。有色金属等传统产业发展与水生态保护矛盾日益激烈，“从地下到地上，从黑色到绿色”的经济发展转型倒逼机制已经形成，如何有效提高水资源利用率，加快发展与水生态相关联的生态绿色产业，已成为突破制约本地发展瓶颈的现实问题。

(3)“资源依赖”破解压力大，绿色发展基础薄弱。长期以来，郴州市经济增长过多依赖自然资源特别是矿产资源，创新引领的发展动力和开放崛起的发展方式尚未真正形成，资源、绿色和生态优势没有转化成经济优势，以有色金属无序开发和水资源粗放式利用为主的工业化进程造成了局部流域水环境污染和生态破坏。消费对经济增长的贡献率不高，2017年消费对经济增长的贡献率为50.1%，低于全国、湖南平均水平。开放型经济占比不高，在全国、湖南有影响的企业和品牌少，参与国际经济竞争与合作的能力不强，对外贸易结构不合理，净出口对经济增长的贡献率仅为0.1%，尚未深度融入全球产业链、价值链和物流链。

4.4.4 集中式污染治理设施基本情况

2017年底，郴州市共启用集中式污染防治设施672个，其中集中式污水处理厂636个，生活垃圾集中处置场35个，危险废物集中处置厂1个(表4-5)。汝城县和资兴市集中式污水处理厂数量较多，永兴县和嘉禾县无生活垃圾集中处置场(其中嘉禾县集中式污水处理厂仅1个)，郴州市仅苏仙区有危险废物集中处置厂。

表 4-5　郴州市集中式污染防治设施情况表

行政区	集中式污染防治设施/个	集中式污水处理厂/个	生活垃圾集中处置场/个	危险废物集中处置厂/个
合计	672	636	35	1
北湖区	40	31	9	0
苏仙区	42	38	3	1
桂阳县	87	78	9	0
宜章县	20	18	2	0
永兴县	47	47	0	0
嘉禾县	1	1	0	0
临武县	12	11	1	0
汝城县	204	196	8	0
桂东县	31	30	1	0
安仁县	25	24	1	0
资兴市	163	162	1	0

4.5　郴州市建设国家可持续发展议程创新示范区的战略意义

郴州建设国家可持续发展议程创新示范区，是立足新发展阶段，贯彻新发展理念，构建新发展格局，实现郴州高质量发展的重大机遇，是实行可持续发展的内生需求，也是应对国际国内外部形势的重要举措。

1. 积极落实《2030 年可持续发展议程》，参与全球治理的务实行动

郴州建设国家可持续发展议程创新示范区是积极响应党中央、国务院落实联合国《2030 年可持续发展议程》，参与全球治理的务实行动的重要举措。《2030 年可持续发展议程》是 2015 年 9 月习近平主席参加联合国峰会与世界 190 个国家和地区领导人共同达成的一项非常重要的协议，是联合国继制定《21 世纪议程》《千年发展目标》之后在可持续发展领域确定的又一全球性重要行动。2016 年 9 月，习近平主席在 G20 杭州峰会上向国际社会展示了中方与各国携手推进议程的意愿和决心，明确提出依靠创新驱动增长，我们“要做行动队”。2016 年 9 月下旬，国务院发布《中国落实 2030 年可持续发展议程国别方案》，12 月初，国务院又出台《中国落实 2030 年可持续发展议程创新示范区建设方案》，对落实工作进行了全面部署，体现了中国作为负责任发展中大国的责任担当。

2. 落实“五位一体”总体布局、“四个全面”战略布局、践行“五大发展理念”

郴州建设国家可持续发展议程创新示范区是落实“五位一体”总体布局、“四个全面”战略布局和践行“五大发展理念”的重要平台。党的十八大以来，中央提出了“五位一体”总体布局、“四个全面”战略布局以及创新、协调、绿色、开放、共享“五大发展理念”。创

建国家可持续发展议程创新示范区，就是通过在区域层面的探索和实践，在整体上落实“五位一体”“四个全面”以及新发展理念作出示范并发挥带动效应。《2030年可持续发展议程》设定的17个领域的发展目标，核心就是推进经济发展、社会发展和环境保护的协调发展，与“五位一体”总体布局中经济建设、政治建设、文化建设、社会建设和生态文明建设的核心内涵高度一致。

3. 贯彻《国家创新驱动发展战略纲要》，依靠科技创新推进经济社会协调发展

郴州建设国家可持续发展议程创新示范区是贯彻落实全国科技创新大会精神和《国家创新驱动发展战略纲要》，依靠科技创新推进经济社会协调发展的重要行动。2016年召开了全国科技创新大会并发布了《国家创新驱动发展战略纲要》，明确提出要依靠更多更好的科技创新实现经济社会协调发展。建设创新示范区的总体构想是结合落实2030年可持续发展议程，以实施创新驱动发展战略为主线，以推动科技创新与社会发展深度融合为目标，以破解制约可持续发展的关键瓶颈为着力点，与落实全国科技创新大会精神和《国家创新驱动发展战略纲要》的路径和目标基本一致。

4. 实施创新引领、开放崛起战略，聚集各类资源加快推进五个强省建设

郴州建设国家可持续发展议程创新示范区是湖南省实施创新引领、开放崛起战略，聚集各类资源加快推进五个强省建设的重要机遇。实施创新引领、开放崛起战略，落实到工作层面就是要突出“三个着力”“四大体系”“五大基地”这些抓手，而落实这些抓手的关键是集聚更多的创新资源。建设创新示范区是国务院主导，科技部、发改委、生态环境部等多部门协同推进的重要工作，并且国务院明确“十三五”期间只创建10个示范区，这将成为创建省份推进可持续发展的金字招牌，这既是一次向全国乃至全球展示实力的机会，也是一次向全国乃至全球聚集创新资源的重要机会。

5. 落实习近平总书记嘱托，打造“三个高地”[①]、践行“四新使命”[②]的重要举措

2020年9月，习近平总书记亲临湖南郴州考察，对湖南、郴州各项工作取得的成绩给予肯定，勉励湖南打造“三个高地”，践行“四新使命”，抓好五项重点任务；嘱托郴州要“用好红色资源，讲好红色故事，搞好红色教育，让红色基因代代相传”，“贯彻新发展理念，大力践行‘生态优先、绿色发展’‘绿水青山就是金山银山’理念”，“发挥优势，扬长避短，把郴州发展好”。要落实好习近平总书记的嘱托，郴州市必须继续当好“排头兵”，依托国家可持续发展议程创新示范区等国家级平台，探索一条具有示范性的可持续发展道路。

---

① “三个高地”：着力打造国家重要先进制造业高地、具有核心竞争力的科技创新高地、内陆地区改革开放高地。

② “四新使命”：在推动高质量发展上闯出新路子；在构建新发展格局中展现新作为；在推动中部地区崛起和长江经济带发展中彰显新担当；奋力谱写新时代坚持和发展中国特色社会主义的湖南新篇章。

第 5 章　郴州市可持续发展能力评估

2015 年，在《2030 年可持续发展议程》通过后，大部分国家都积极将议程与国家战略和计划进行整合，发展中国家也逐步开始将可持续发展目标(SDGs)纳入其国家发展计划和监测评估体系，越来越多的城市和地区将可持续发展目标列为发展计划的核心，推动建立基于 SDGs 本地化的可持续发展问题及评估机制，编制面向 SDGs 的行动计划。结合郴州市实际情况，建立 SDGs 框架下的郴州市可持续发展指标体系，并对郴州市可持续发展能力进行动态监测。

5.1　郴州市可持续发展能力指标体系

《21 世纪议程》号召各国、国际组织、政府组织、非政府组织建立合适的可持续发展指标体系以有效引导可持续发展进程。可持续发展能力分析依赖于全面可靠且适用的可持续发展指标体系。根据指标体系可对国家和地区可持续发展的决策做出重要指导，其作用主要体现在以下几个方面：一是对某一时期内各方面可持续发展的水平和状况进行初步定位；二是对某一时期内各方面可持续发展的改变和趋势进行评价和预测；三是对各方面资源进行全面评估并协调以促进整体可持续发展。在可持续发展全球指标框架的指导下，基于 2030 年可持续发展的目标愿景，结合郴州市国家可持续发展议程创新示范区的规划和建设方案，郴州市可持续发展评价体系的确定通过如下“三步走”阶段来完成。

首先，根据国家落实 2030 年可持续发展议程的实际行动和监测需求，综合考虑指标权威性、通用性等因素并适当替换不适用的 SDGs 指标后形成一套由 142 个指标组成的符合 SDGs 语境的中国本土化指标体系。该指标体系参考了《中国妇女发展纲要(2011—2020 年)》《大气污染防治行动计划》《国家应对气候变化规划(2014—2020 年)》《水污染防治行动计划》《中国制造 2025》《国家创新驱动发展战略纲要》《土壤污染防治行动计划》《“健康中国 2030”规划纲要》《能源生产和消费革命战略(2016—2030)》《国家人口发展规划(2016—2030 年)》《全国国土规划纲要(2016—2030 年)》《国民营养计划(2017—2030 年)》《中国教育现代化 2035》等中长期专项发展战略规划与行动计划。其次，参考联合国可持续发展解决方案网络(UNSDSN)发布的全球 SDGs 指示板及其对欧洲、美国城市的评估实践，以绿色低碳重点小城镇建设评价、国家生态文明建设试点示范区建设等相关评价指标为关注重点，融合郴州市可持续发展规划指标体系和示范区考核指标体系，构建郴州市可持续发展目标本地化指标体系。最后，结合郴州市实际情况与基线调查情况，根据数据反映的现状及各部门诉求，调整优化指标体系，最终确定基于 SDGs 的郴州市可持续发展目标评估指标体系。

郴州市可持续发展目标评估指标体系分为国际、城市、特色三个层面。每个层面具体指标的确定应遵循以下原则：一是普适性和关联性，所选指标应当与可持续发展目标紧密相关，且适用于中国绝大多数城市地区，以便于后续推广和参考；二是时效性，拟定指标的数据至少覆盖所选年份（2015—2019 年，共 5 年）的 40%（即所选指标至少有两年的数据可获取），以保证所选指标为最新且按合理计划适时公布的指标；三是转化性，对于没有衡量成果的数据的情况，应使用过程或产出指标来跟踪对结果有研究支持的政策或行动；四是有效性，有效的统计学方法有助于数据的收集与处理，定期更新的数据集由于具有可追踪性应被优先考虑作为评估指标，以便跟踪所有群体的进展；五是认可性，被用于参考以衡量指标的数据应保证其来源，一般应控制为国家或地方上的官方数据（比如国家、地方统计局），或其他国家相关知名数据库。

根据以上原则对指标体系中的国际、城市、特色三个层面进行如下划分：

（1）在国际指标方面，联合国可持续发展议程通过后，联合国特别成立了一个机构与专家咨询小组（IAEG-SDGs）制定用于国家层面上 SDGs 测量标准的指标框架，该框架于 2017 年 7 月由联合国大会通过。全球指标框架的一个核心要素是人口特定群体的数据分类和覆盖面，目的是实现 2030 年议程中绝不让任何人掉队这项主要原则。郴州市可持续发展指标体系拟选取的国际层面指标首先考虑国际上通用的 IAEG-SDGs 指标、由 UNSDSN 与贝塔斯曼基金会发布的全球 SDGs 指示板和城市评价体系（美国、欧洲、意大利）等，取适用于城市尺度评价的指标，在满足中国统计基础条件的同时将国际语言转化为符合中国国情的语言，用于与国际上其他城市进行比较分析。最终，郴州市可持续发展能力指标体系中城市尺度评价的指标包含 32 个，见表 5-1。

表 5-1　国际层面指标

目标	郴州本地化指标	指标数量
SDG 1	贫困发生率	1
SDG 2	粮食产量	2
	5 岁以下儿童低体重率	
SDG 3	孕产妇死亡率	9
	5 岁以下儿童死亡率	
	婴儿死亡率	
	因道路交通伤害所致死亡率	
	人均预期寿命	
	每 1000 名未感染者中艾滋病毒新感染病例数	
	每 10 万人中的结核病发生率	
	每 10 万人中的乙型肝炎发生率	
	自杀死亡率	

续表5-1

目标	郴州本地化指标	指标数量
SDG 4	学龄人口入学率	1
SDG 5	市人大代表和市政协委员中女性百分比	1
SDG 6	城镇污水处理率	1
SDG 7	用电覆盖率	2
	燃气普及率	
SDG 8	人均 GDP	4
	GDP 年均增长幅度	
	城镇登记失业率	
	每 10 万人安全生产事故死亡人数	
SDG 9	每万人研究与试验发展(R&D)人员全时当量	2
	每万人口发明专利拥有量	
SDG 10	基尼系数	1
SDG 11	公路密度	3
	臭氧日最大 8 小时平均浓度值	
	氮氧化物排放量	
SDG 12	工业固体废弃物综合利用率	1
SDG 13	每 10 万人当中因灾害死亡、失踪和直接受影响的人数	2
	人均二氧化碳排放量	
SDG 15	森林面积年变化率	1
SDG 17	互联网普及率	1
总计		32

(2)城市层面指标用于中国城市间的评价比较。在城市指标方面，根据中国城市统计年鉴、中国城乡建设统计年鉴、湖南省统计年鉴、郴州市统计年鉴、郴州市国民经济及社会发展统计公报、郴州市政府工作报告、郴州市水资源公报、郴州市年度环境状况公报、郴州市具备统计条件、美丽中国评价指标体系、发改委绿色发展评价指标体系、生态环境部生态示范区评价指标体系等选定用于评估的城市层面指标，该层面指标汇总见表 5-2。

(3)特色指标是基于并相对于《国家可持续发展议程创新示范区建设评估指标体系》而言的，该层面指标的确定在《国家可持续发展议程创新示范区建设评估指标体系》指标之外同时适合郴州市的发展诉求和优势凸显，既要从属于可持续发展规划中设定的已有考核指标，又要剔除国际、城市层面已经包含的指标。在特色指标方面，具体包括重要江河湖泊水功能区水质达标率、农田灌溉水有效利用系数、建成区达到海绵城市指标要求的面积占比、大数据产业电源使用效率/PUE、重点生态区域生态修复率、绿色矿山比例、林业无公害防治率、湿地保护率、活立木蓄积量增长率 9 个指标。

表 5-2　城市层面指标

目标	评估指标	指标数量
SDG 1	农村恩格尔系数	3
	城乡居民最低生活保障人数占城乡人口比例	
	社会保障卡持卡人口覆盖率①	
SDG 2	食用农产品抽检合格率	5
	农业劳动生产率	
	农村居民人均可支配收入	
	秸秆综合利用率	
	畜禽粪污综合利用率	
SDG 3	法定传染病发生率	4
	每千人口医疗卫生机构床位数	
	每千人口执业(助理)医师人数	
	适龄儿童免疫规划疫苗接种率	
SDG 4	小学生师比	5
	普惠性幼儿园在园幼儿人数占总在园幼儿人数的百分比	
	特殊教育学生入学率	
	劳动年龄人口平均受教育年限	
	15 岁以上人口文盲率	
SDG 5	小学女童入学率	2
	女性占公务员的百分比	
SDG 6	城市集中式饮用水水源地水质达标率	6
	村镇饮用水卫生合格率	
	农村卫生厕所普及率	
	地表水质量达到或好于Ⅲ类水体比例	
	万元国内生产总值用水量	
	水资源开发利用率②	

① 本项指标由于数据缺口，此次计算暂使用 Max{城乡居民基本养老保险参保率，城镇居民基本医疗保险覆盖率，失业保险参保率，工伤保险参保率，生育保险参保率}近似作为社会保障卡持卡人口覆盖率。

② 本项指标的计算方法为流域或区域用水量占水资源总量的比率。

续表5-2

目标	评估指标	指标数量
SDG 7	可再生能源发电量占全部发电量的百分比	5
	万元 GDP 能耗	
	单位 GDP 能耗下降率	
	能源消费弹性系数	
	非化石能源占一次能源消费比重	
SDG 8	城镇恩格尔系数	7
	全员劳动生产率	
	在岗职工平均工资	
	城镇居民人均可支配收入	
	旅游业增加值占地区生产总值的比重	
	第三产业生产总值占地区生产总值的百分比	
	存贷比	
SDG 9	单位 GDP 货物周转量	7
	单位 GDP 旅客周转量	
	研究与发展(R&D)经费支出占地区生产总值的比重	
	技术市场成交合同金额占地区 GDP 比重	
	科技进步贡献率	
	每 10 万人拥有高新技术企业数	
	战略性新兴产业增加值占地区生产总值比重	
SDG 10	城乡居民收入水平对比(农村居民=1)	2
	恩格尔系数比值	
SDG 11	城镇居民人均居住面积	11
	城市公交出行分担率	
	单位 GDP 建设用地占用面积	
	污染地块安全利用率	
	城市垃圾分类覆盖率	
	城市空气质量优良天数比例	
	PM2.5 年均浓度	
	PM10 年均浓度	
	建成区人均公园绿地面积	
	人均拥有公共文化体育设施用地面积	
	建成区绿化覆盖率	

续表5-2

目标	评估指标	指标数量
SDG 12	单位面积农药使用量	9
	单位面积农用化肥使用量	
	废气中烟(粉)尘排放量	
	废气中氮氧化物排放量	
	废气中二氧化硫排放量	
	废水中氨氮排放量	
	废水中化学需氧量(COD)排放量	
	农村生活垃圾收集处理率	
	危险废物处置利用率	
SDG 13	万元GDP温室气体排放强度	2
	面向中小学生开展气候变化减缓、适应、减少影响和早期预警等方面的教育和宣传活动覆盖率	
SDG 15	自然保护地与重点生态功能区面积比值	4
	水土流失治理率	
	可治理沙化土地治理率	
	生态环境状况指数(EI)	
SDG 16	刑事案件发案率	2
	乡镇(街道)公共法律服务工作站覆盖率	
SDG 17	地区税收占财政预算比例	4
	实际利用外商投资额占财政预算比例	
	货物进出口总额占生产总值比例	
	出口总额占地区生产总值比例	
总计		78

5.2 郴州市可持续发展能力评估结果

将郴州市可持续发展水平与上述评估指标体系对应后，得出郴州市16项可持续发展目标及特色指标的得分（国际与城市指标对应于SDG 1~SDG 17，由于郴州市没有海域，故不讨论SDG 14）。2015—2019年，郴州市16个SDG及特色指标得分变化情况如表5-3所示，其中80~100分代表与一系列城市相比郴州市表现相对较好，0~30分表示表现相对较差，30~60分表示表现一般，60~80分表示表现正常。根据表5-3，2015年以来郴州市绝

大部分 SDG 得分都有所提升，SDG 6 和 SDG 7 持续表现良好，SDG 9 和 SDG 17 表现稍弱，但呈提升趋势，SDG 1 和特色指标上升趋势较明显。为了更全面地对郴州市可持续发展进展评估情况进行展示，下文将对各 SDG 及特色指标得分情况展开讨论以评估郴州市可持续发展能力。

表 5-3　2015—2019 年郴州市 SDG 及特色指标得分

目标	2015 年	2016 年	2017 年	2018 年	2019 年
SDG 1	62.27	62.50	77.48	82.00	82.19
SDG 2	53.92	56.73	57.43	62.43	70.98
SDG 3	75.10	80.10	80.89	84.46	84.82
SDG 4	73.35	78.16	77.77	78.46	78.43
SDG 5	70.75	68.74	71.51	70.80	71.97
SDG 6	85.30	87.37	90.33	86.88	91.82
SDG 7	85.18	85.79	84.89	91.10	83.02
SDG 8	49.11	49.30	54.98	58.77	58.41
SDG 9	22.06	21.11	26.07	25.28	29.73
SDG 10	68.37	69.68	62.43	62.43	59.55
SDG 11	49.11	52.66	53.84	63.66	65.92
SDG 12	53.25	61.29	71.02	67.96	75.31
SDG 13	100.00	100.00	100.00	79.15	81.10
SDG 15	84.71	76.55	66.76	79.11	83.21
SDG 16	70.53	78.45	80.26	68.53	66.78
SDG 17	24.60	34.82	28.48	38.59	40.72
特色指标	57.15	60.23	73.29	73.06	67.53
总得分	63.81	66.09	68.08	68.98	70.09

（1）SDG 1——消除贫困。

根据表 5-3，郴州市 SDG 1 指标在 2015—2019 年的整体得分平稳增加，其中 2018 年已发展为相对其他城市较为优异的水平，根据平稳趋势预测，郴州市有望在 2030 年实现消除贫困。郴州市全力推进脱贫攻坚工作，大力实施托底保障行动，有效促进了全市脱贫攻坚的决定性进展。数据统计显示，截至 2019 年 12 月，全市累计 44.1 万人实现脱贫，442 个贫困村全部出列、4 个贫困县全部实现脱贫摘帽。数据直观地反映了党的十八大以来，郴州市对于中央和省委各项决策部署的认真贯彻，按照“五个一批”“六个精准”工作要求，不断夯实扶贫基础，不断充实帮扶措施，不断凝聚工作合力，不断强化扶贫作风，不断保障群众利益，带领全市人民摆脱贫困。

2015—2019 年郴州市 SDG 1 中具体的各指标变化如图 5-1 所示。SDG 1 包含贫困发生率、农村恩格尔系数、城乡居民最低生活保障人数占城乡人口比例、社会保障卡持卡人口覆盖率 4 项指标。其中，贫困发生率为国际层面指标，农村恩格尔系数、城乡居民最低生活保障人数占城乡人口比例、社会保障卡持卡人口覆盖率为城市层面指标。郴州市贫困发生率表现良好；农村恩格尔系数显示郴州市农村居民生活水平和质量处于中上游水平，可通过大力发展电子商务增加农产品附加值、加强旅游扶贫力度等举措促进农村居民增收；城乡居民最低生活保障人数占城乡人口比例这一指标表现一般，距离实现可持续发展目标仍存在一定的距离，应继续推进构建覆盖城乡低保法定受益人群的保障体系，切实保障好困难群众基本生活，筑牢郴州市社会保障体系中的“最后一道防线”；社会保障卡持卡人口覆盖率指标评估稳定且维持在较高水平，表明在国内现行标准下，郴州市社会民生保障相关工作取得了较好的成果。《人力资源和社会保障事业发展“十三五”规划纲要》中提出社会保障卡持卡人口覆盖率达到 90%，郴州该指标稳定在 92%及以上，已达到国家规划中相应的预期值。

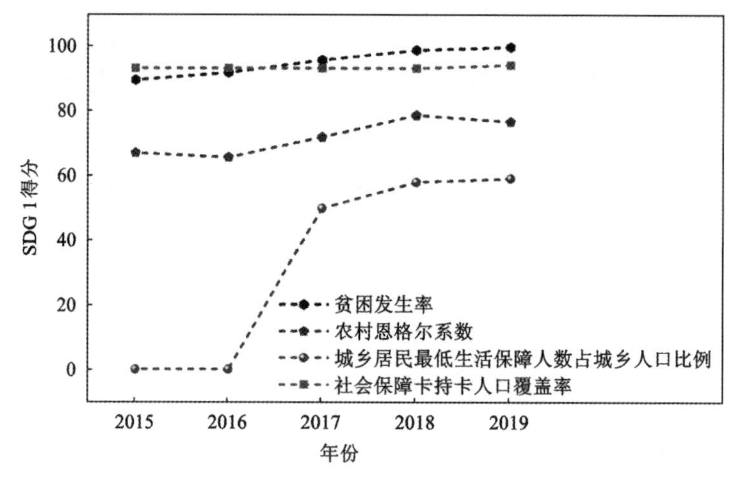

图 5-1　2015—2019 年 SDG 1 各指标变化

(2)SDG 2——消除饥饿。

根据表 5-3，郴州市 SDG 2 指标得分持续平稳增加，但整体仍表现欠佳。郴州市应从农村劳动力自身和农村产业格局两方面出发，首先通过对农村劳动力的输出和转移，积极引导和帮助农民搞好家庭副业促进农民增收。同时，加大农业废弃物综合利用相关设施投入和建设力度，积极探索秸秆、畜禽粪污、农膜等废弃物处理和资源化利用新模式，满足源头减量、过程控制、末端利用治理原则的同时，加快构建可持续农业发展格局。

2015—2019 年郴州市 SDG 2 中具体的各指标变化如图 5-2 所示，2019 年各项指标均高于往年(2015—2018 年)，表明郴州市的消除饥饿指标在可持续发展进程中稳步提升。SDG 2 包含粮食产量和 5 岁以下儿童低体重率两个国际层面指标。粮食产量是国际指标中“谷物产量”的本土化表达，本次评估将粮食产量近似看作谷物产量，数据显示郴州粮食产量在国际上处于领先水平，表明郴州大力推进农业供给侧结构性改革和气候适宜等先天优势有利于郴州市的可持续发展。5 岁以下儿童低体重率指标稳步提升且整体表现出色。《中国儿童发展纲要(2011—2020 年)》中提出的将 5 岁以下儿童低体重率控制在 5%以下，郴州近年来该指标维持在 3%以下，已达到国家标准。SDG 2 的城市层面指标包括食用农产品抽检合格率、农业劳动生产率、农村居民人均可支配收入、秸秆综合利用率和畜禽粪污综合利用率。其中，郴州市食用农产品抽检合格率在 2017—2019 年间一直稳定在 98%以上，符合《中共中央　国务院关于深化改革加强食品安全工作的意见》(中发〔2019〕17 号)中的到 2020 年，食品抽检合格率稳定在 98%以上的要求；农业劳动生产率和农村居民人均可支配收入相比于前三项指标表现较差，《国家质量兴农战略规划(2018—2022 年)》指出，到 2022 年，农业劳动生产率达到 5.5 万元/人，而 2019 年郴州市农业劳动生产率为 4.014 万元/人，想要在 2022 年达到国家规定目标需加紧提升该指标。郴州市农业劳动生产率指标得分较低的原因可能是农村年轻劳动力缺少，剩余农业劳动者生产技术水平较低等。未来可通过探索数字农业的创新思路，利用互联网深度整合农业产业链，实现农产品优质优价，解决农产品销路问题，促进农民增收。秸秆综合利用率指标得分处于中等水平，2015—2019 年该方面取得了一定的进步，但是进展较慢。畜禽粪污综合利用率指标表现较差，但 2015—2019 年该方面提升明显。《国家生态文明建设示范县、市指标(修订)》中提出的秸秆综合利用率的参考性指标为 90%，《生态县、生态市、生态省建设指标(修订稿)》中规定的畜禽粪污综合利用率的约束性数值为 95%，而郴州市均未达到这两个指标的规定值，因此，郴州市未来应积极探索农业废弃物综合利用技术路径，推进废弃物资源化利用。

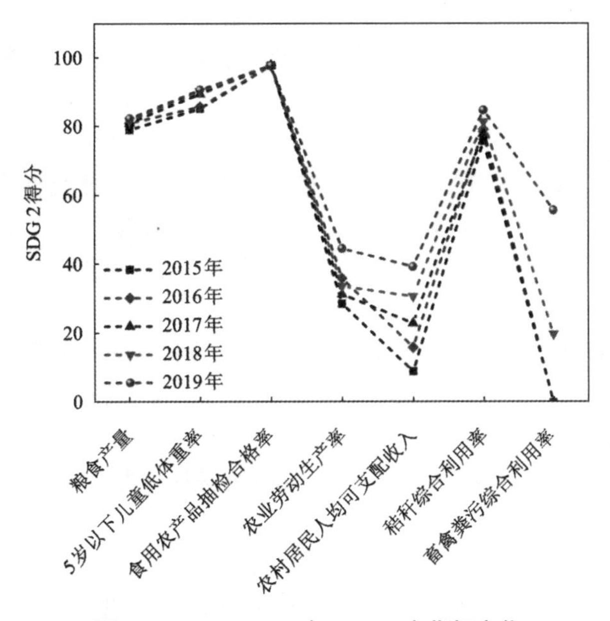

图 5-2　2015—2019 年 SDG 2 各指标变化

(3)SDG 3——良好健康与福祉。

根据表 5-3，郴州市 SDG 3 指标在 2015—2019 年表现较好，呈稳步上升趋势，表明郴州市人民生活方式的健康水平在不断提高，各年龄段的人民幸福指数不断提升，具体表现为医疗服务体系建设不断得到强化，医疗卫生和公共卫生服务水平不断提升，全市卫生健康事业得到持续健康发展并且有望在2030年实现SDG 3。

2015—2019年郴州市SDG 3中具体的各指标变化如表5-4所示。SDG 3指标较多，其中国际层面指标包括孕产妇死亡率、5岁以下儿童死亡率、婴儿死亡率、因道路交通伤害所致死亡率、人均预期寿命、每1000名未感染者中艾滋病毒新感染病例数、每10万人中的结核病发生率、每10万人中的乙型肝炎发生率、自杀死亡率。其中，表现较好的指标包括孕产妇死亡率、5岁以下儿童死亡率、婴儿死亡率、因道路交通伤害所致死亡率、每1000名未感染者中艾滋病毒新感染病例数、每10万人中的结核病发生率。《健康儿童行动计划(2018—2020年)》提出，到2020年，5岁以下儿童死亡率控制在9.5‰以下。《"健康中国2030"规划纲要》中提到，到2030年5岁以下儿童死亡率控制在6.0‰。郴州市2015年已达成《健康儿童行动计划(2018—2020年)》中提出的9.5‰以下的目标，并在2017年以后达成《"健康中国2030"规划纲要》中提到的控制在6.0‰的目标，较好地完成了郴州市创新示范区建设愿景。《母婴安全行动计划(2018—2020年)》提出，到2020年，全国婴儿死亡率下降到7.5‰。《"健康中国2030"规划纲要》规定，到2022年和2030年，婴儿死亡率分别控制在7.5‰及以下和5‰及以下。郴州市自2015年以来一直稳定在3‰~4‰的水平，提前完成了《"健康中国2030"规划纲要》规定的5‰及以下的标准。值得注意的是，《母婴安全行动计划(2018—2020年)》提出，到2020年全国孕产妇死亡率下降到18/(10万)，《"健康中国2030"规划纲要》中提到，到2030年全国孕产妇死亡率下降到12/(10万)。郴州市孕产妇死亡率虽然呈现下降趋势且指示板五年来均显示绿色，在国际层面一直处于较高水平，但其数据依旧没有达到国家规划水准且有一定差距，故郴州应积极改善乡(镇)卫生院接生条件，通过开辟孕产妇急救绿色通道、实行贫困孕产妇救助等措施，提高农村孕产妇住院分娩率。表现较差的指标包括每10万人中的乙型肝炎发生率、自杀死亡率和人均预期寿命。其中，每10万人中的乙型肝炎发生率指标得分呈下降趋势，表明郴州市近年来乙型肝炎发生率有所提高，应提高对传染病防治方面的重视程度；自杀死亡率在2015年在国际层面处于中等至良好水平，但从2016年起逐年下降；人均预期寿命指标的表现最差，存在相对较大的提升空间。国务院印发的《"健康中国2030"规划纲要》提出，2020年，人均预期寿命达到77.3岁，2030年达到79岁。郴州市2018年达到《"健康中国2030"规划纲要》中提到的2020年人均预期寿命77.3岁的目标，《郴州市国民经济和社会发展第十四个五年规划和二〇三五年远景目标纲要(草案)》中提到，"十四五"期间人均预期寿命达到78.7岁。2019年，郴州市人均预期寿命为77.9岁，为达到2030年79岁的目标还应做出更大的努力。

表5-4　2015—2019年SDG 3各指标变化

评估指标	2015年	2016年	2017年	2018年	2019年
孕产妇死亡率	98.84	97.96	98.77	98.69	99.59
5岁以下儿童死亡率	97.00	97.20	97.95	97.51	97.98

续表5-4

评估指标	2015年	2016年	2017年	2018年	2019年
婴儿死亡率	93.03	92.77	93.68	93.83	94.84
因道路交通伤害所致死亡率	100.00	100.00	90.88	100.00	100.00
人均预期寿命	75.58	76.57	77.23	78.55	79.54
每1000名未感染者中艾滋病毒新感染病例数	98.87	98.34	98.31	98.12	98.04
每10万人中的结核病发生率	86.57	87.32	87.17	86.28	87.16
每10万人中的乙型肝炎发生率	84.01	82.70	80.03	75.45	71.73
自杀死亡率	79.02	81.91	83.87	89.52	89.66
法定传染病发生率	93.74	92.51	93.35	90.55	80.52
每千人口医疗卫生机构床位数	7.05	40.56	57.32	93.47	100.00
每千人口执业(助理)医师人数	0.00	0.00	0.00	0.00	6.00
适龄儿童免疫规划疫苗接种率	62.60	93.40	93.00	96.00	97.60

SDG 3的城市层面指标包括法定传染病发生率、每千人口医疗卫生机构床位数、每千人口执业(助理)医师人数、适龄儿童免疫规划疫苗接种率4项指标。法定传染病发生率逐年下降，每千人口医疗卫生机构床位数指标提升较大，表明郴州市在控制法定传染病方面和推进医疗卫生机构床位数的工作表现较好。每千人口执业(助理)医师人数2015—2019年基数低且提升不大，表明郴州市医师数量与目标存在一定差距。为推进郴州市可持续发展进程，应大力推动医师人才培养计划。郴州市在《郴州市国民经济和社会发展第十四个五年规划和二〇三五年远景目标纲要(草案)》中提到，“十四五”期间每千常住人口执业(助理)医师数达到2.75人，为达到郴州市“十四五”规划以及《“健康中国2030”规划纲要》所提出的标准，郴州市还需要多措并举加大人才培养力度，促进优质医疗资源和人才下沉基层。在适龄儿童免疫规划疫苗接种率方面，郴州市2015—2016年提升较大，并在2016年以后持续表现优异，已达到《国务院关于实施健康中国行动的意见》中指出的“到2022年和2030年，以乡(镇、街道)为单位，适龄儿童免疫规划疫苗接种率保持在90%以上”的要求。

(4)SDG 4——优质教育。

根据表5-3，郴州市SDG 4指标表现良好且整体水平较稳定，但距离实现人人有机会接受优质高等教育，获得高质量教育的SDG 4最终目标还有一定提升空间。现阶段的可持续发展能力分析结果表明，郴州市的优化城乡学校规划布局，加快城镇小区配套幼儿园治理和公办幼儿园建设，实施高中阶段教育普及工程，深化教育教学改革，推进高等教育、职业教育、民办教育、特殊教育、终身教育等全面发展的工作取得明显成效。

2015—2019年郴州市SDG 4中具体的各指标变化如图5-3所示。SDG 4包括学龄人口入学率、小学生师比、普惠性幼儿园在园幼儿人数占总在园幼儿人数的百分比、特殊教育学生入学率、劳动年龄人口平均受教育年限、15岁以上人口文盲率6项指标。其中，学龄人口入学率为国际层面指标，该指标表现较好，郴州市自 2015 年起适龄儿童小学净入学率始终保持 100%，符合国家规定的入学率要求，这得益于国家统一实施的九年义务教育制度。在城市层面指标中，小学生师比这一指标表现最差，说明在中国现行城市标准下，郴州市小学生师比表现较差，未来仍需调整小学学生数量与教师数量的比例，为学生提供优质且均衡的教育。郴州市普惠性幼儿园在园幼儿人数占总在园幼儿人数的百分比在 2016 年较明显提升后维持较稳定水平，从 2015 年的 35.83%上升到 2019 年的 73.17%，进步显著，但距离《关于学前教育深化改革规范发展的若干意见》中要求的到 2020 年普惠性幼儿园覆盖率(公办园和普惠性民办园在园幼儿占比)达到 80%的目标还有一定距离。郴州市自 2015 年以来，特殊教育学生入学率不断提高，从 2015 年的 85%上升到 2019 年的 93.2%，但距离《第二期特殊教育提升计划(2017—2020 年)》提出的到 2020 年达到 95%的目标还有一定距离。郴州市劳动年龄人口平均受教育年限始终保持在 10 年以上且呈现逐年上升的趋势，《国家人权行动计划(2016—2020 年)》提出，到 2020 年，劳动年龄人口平均受教育年限要达到 10.8 年，至 2019 年，郴州市已提前达到计划提出的 10.8 年的目标。15 岁以上人口非文盲率指标表现优异，各年均达到 100%。

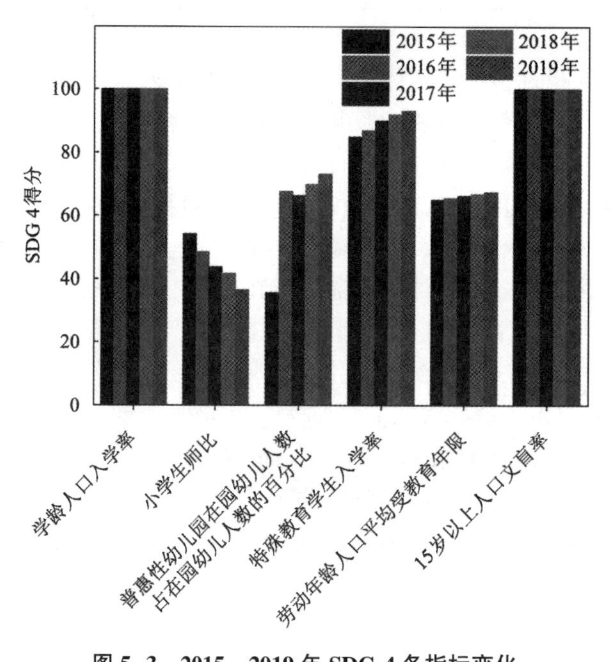

图 5-3　2015—2019 年 SDG 4 各指标变化

(5)SDG 5——性别平等。

根据表 5-3，郴州市 SDG 5 指标表现良好但整体水平提升程度较小，当前发展趋势较缓慢，表明为实现可持续发展，郴州市需针对该指标做出较大努力。目前，郴州市已依照《中华人民共和国宪法》《湖南省实施〈中华人民共和国妇女权益保障法〉办法》的基本原则，根据《湖南省妇女发展规划(2016—2020 年)》(湘政发〔2016〕24 号)和《郴州市国民经济和社会发展第十三个五年规划纲要》的总体目标和要求，结合郴州市妇女发展和男女平等的实际情况于 2017 年制定颁布了《郴州市妇女发展规划(2016—2020 年)》，这一规划保障了妇女合法权益，优化了妇女发展环境，提高了妇女社会地位，推动了妇女平等依法行使民主权利，使其平等参与经济社会发展，平等享有改革发展成果。同时，2019 年下发的《关于开展中小学性别平等教育进课堂项目试点的通知》已将郴州市定为中小学性别平等教育试点市，这将有利于郴州在 2030 年实现 SDG 5。

2015—2019 年郴州市 SDG 5 中具体的各指标变化如图 5-4 所示。SDG 5 包含市人大代表和市政协委员中女性百分比、小学女童入学率、女性占公务员的百分比 3 项指标。其中，市人大代表和市政协委员中女性百分比为国际指标，该指标得分略有提升，但整体表现一般，表明郴州市女性参与政府的表现在国际层面上不是很理想，与国际上其他城市还存在一定差距。2 个城市层面指标中小学女童入学率指标表现优异，郴州市五年来每年这一指标都是 100%，说明在女童教育方面，郴州市已经达到了可持续发展目标，继续保持即可。女性占公务员的百分比指标表现一般，郴州市这几年女性占公务员的百分比均不足 30%，郴州市应加快政策推进落实，保障女性在政府中参政议政的权益以及妇女平等权利。

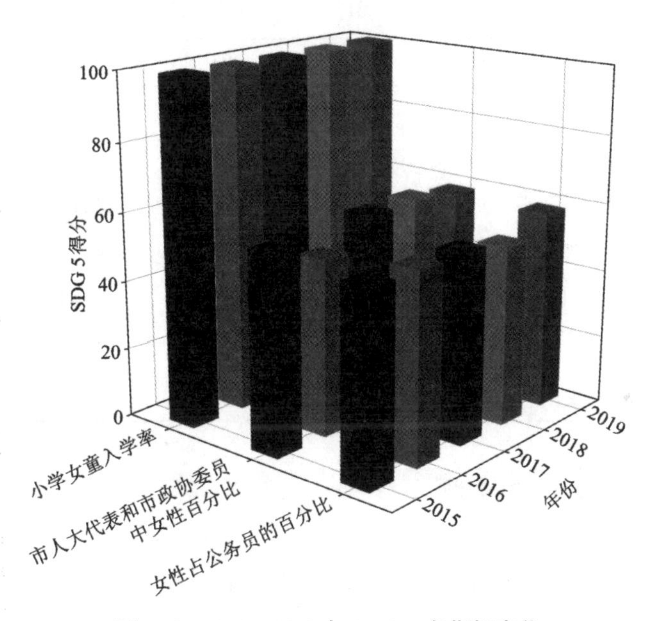

图 5-4 2015—2019 年 SDG 5 各指标变化

(6)SDG 6——清洁饮水与卫生设施。

根据表 5-3，郴州市 SDG 6 指标从 2015 年到 2019 年稳中向好，说明郴州市逐步重视清洁饮用水及卫生环境方面，并且认真落实了 2017 年发布的《郴州市生态文明建设环境保护 2017 年“八大行动计划”方案》，努力实现全市出境断面水质稳定达标，县级以上饮用水水源地水质达到或优于Ⅱ类，小东江水质符合Ⅰ类标准，可持续进程发展良好。此外，2020 年，郴州市按照公共场所卫生管理条例相关规定，加大对经营性公共场所的监督整治力度，实施公共场所卫生许可告知承诺制，在加强公共场所卫生许可事中事后监督的同时，落实公共场所量化分级管理，开展公共场所卫生专项整治，这些行动为 2030 年实现

SDG 6 打下了坚实的基础。

2015—2019 年郴州市 SDG 6 中具体的各指标变化如表 5-5 所示。SDG 6 包括城市集中式饮用水水源地水质达标率、村镇饮用水卫生合格率、农村卫生厕所普及率、城镇污水处理率、地表水质量达到或好于Ⅲ类水体比例、万元国内生产总值用水量和水资源开发利用率 7 项指标。其中国际层面上的城镇污水处理率指标除 2018 年外，均表现优异，说明郴州市城镇污水处理率表现在国际城市层面上也较为出色。城市层面指标中，城市集中式饮用水水源地水质达标率、农村卫生厕所普及率和地表水质量达到或好于Ⅲ类水体比例。这 3 项指标自 2016 年来均表现优异，说明郴州市在饮用水水源、厕所卫生环境和地表水相关工作推进方面取得了十分好的成果。在用水方面，万元国内生产总值用水量这一指标得分较差，但水资源开发利用率得分较高，其远远低于全国平均水平和本省及同类型地区，对于水资源还存在着一定的开发利用空间。因此，在接下来的示范区建设工作中，相对于节水工作的开展，郴州市更应该关注高质量用水水平的提升情况。

表 5-5　2015—2019 年 SDG 6 各指标变化

评估指标	2015 年	2016 年	2017 年	2018 年	2019 年
城市集中式饮用水水源地水质达标率	100.00	100.00	100.00	100.00	100.00
村镇饮用水卫生合格率	—	—	—	—	100.00
农村卫生厕所普及率	77.08	82.83	100.00	100.00	100.00
城镇污水处理率	83.33	84.52	88.33	73.36	88.81
地表水质量达到或好于Ⅲ类水体比例	93.76	93.76	93.76	87.29	87.29
万元国内生产总值用水量	72.57	75.27	78.24	79.64	79.24
水资源开发利用率	85.05	87.81	81.66	80.96	87.43

（7）SDG 7——廉价和清洁能源。

根据表 5-3，郴州市 SDG 7 指标整体在优异水平小范围波动，表明郴州市的节能减排技术、清洁能源等措施和行动的推广落实比较到位，若维持当前发展趋势，则在 2030 年有望实现 SDG 7。

2015—2019 年郴州市 SDG 7 中具体的各指标变化如图 5-5 所示。SDG 7 指标包括用电覆盖率及燃气普及率 2 个国际指标，可再生能源发电量占全部发电量的百分比、非化石能源占一次能源消费比重、万元 GDP 能耗、单位 GDP 能耗下降率和能源消费弹性系数 5 项城市层面指标。用电覆盖率已稳定达到指标要求，燃气普及率未达到《中国人居环境奖评价指标体系（试行）》中规定的城市燃气普及率应大于 98%的标准，但 2019 年已达到 97.73%，有望在未来的一到两年内实现 98%的燃气普及率。可再生能源发电量占全部发电量的百分比、万元 GDP 能耗、能源消费弹性系数 3 项城市指标表现突出，得分均接近或等于 100 分，这与郴州市大力发展节能减排、推广新能源等政策有很大关系。其中，万元 GDP 能耗小于《生态县、生态市、生态省建设指标（修订稿）》（环发〔2007〕195 号）规定的

0.9 吨标准煤/万元 GDP 的标准。单位 GDP 能耗下降率表现一般，非化石能源占一次能源消费比重表现最差，表明郴州市为实现可持续发展还需发展新型可再生能源、清洁替代能源、太阳能光伏等新能源产业，尽快调整能源结构，提高能源利用效率。

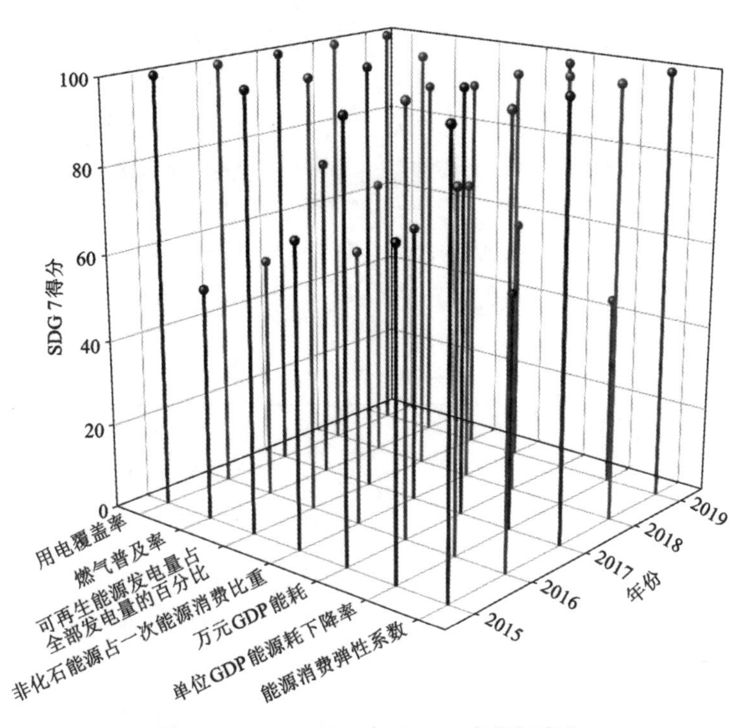

图 5-5　2015—2019 年 SDG 7 各指标变化

(8) SDG 8——体面工作和经济增长。

根据表 5-3，郴州市 SDG 8 指标表现一般，从 2015 年至 2019 年，该指标保持稳步上升，但按目前的趋势发展，郴州市需要加快发展才能保证在 2030 年实现 SDG 8。为尽快实现可持续发展，郴州市在该方面需重视抓实体、兴产业，不断夯实发展根基。不断加快新旧动能转换，实现高质量发展，坚持稳中求进的工作总基调，大力实施“创新引领、开放崛起”及“产业主导、全面发展”战略，着力推动产业转型升级和经济高质量发展，以“六抓”促“六稳”，以保证全市经济继续运行在合理区间，延续总体平稳、稳中有进的发展态势。

2015—2019 年郴州市 SDG 8 中具体的各指标变化如表 5-6 所示。SDG 8 包含人均 GDP、GDP 年均增长幅度、城镇登记失业率、每 10 万人安全生产事故死亡人数 4 个国际层面指标，以及全员劳动生产率、在岗职工平均工资、城镇居民人均可支配收入、存贷比、城镇恩格尔系数、旅游业增加值占地区生产总值的比重、第三产业生产总值占地区生产总值的百分比这 7 个城市层面指标。关于人均 GDP 指标，2019 年郴州市人均 GDP 为 5 万元，依据郴州市可持续发展指标体系，人均 GDP 到 2020 年要超过 5.9 万元，到 2025 年要达到 8 万元，到 2030 年要达到 10 万元。由于人口基数大等，郴州市人均 GDP 在国际层面的表现不是很理想，离国际上其他城市还存在一定的差距。GDP 年均增长幅度、城镇登记失业率这两个指标表现较好，表明郴州市的经济增长速度快、稳定性良好，目前可实现“稳步增长”。每10万人安全生产事故死亡人数指标在2018年明显提升，表明郴州市安全生产能力有所提高，保障了工业生产安全。城市层面指标整体表现较差，其中全员劳动生产率、在岗职工平均工资、城镇居民人均可支配收入、城镇恩格尔系数距离实现可持续发展目标差距较大，主要归因于郴州市高层次领军人才和高技能人才缺口较大，技术创新体系尚未完全形成。为实现可持续发展，郴州市需依靠创新驱动、由低成本的劳动力优势转向科技创新的优势，实现经济转型，加大就业帮扶力度，扩大就业容量，稳定城镇居民收入来源，完善收入分配制度，保障城镇居民工资性收入，多措并举实现在岗职工平均工资及城镇居民人均可支配收入的提升。存贷比指标表现较特殊，在2015—2018年均满分，但2019年下降较多，这说明郴州市各项存款快速增长，贷款增长相对较慢，需要完善金融市场、优化金融环境。

表5-6　2015—2019年SDG 8各指标变化

评估指标	2015年	2016年	2017年	2018年	2019年
人均GDP	22.86	24.89	25.15	27.59	30.19
GDP年均增长幅度	100.00	100.00	100.00	100.00	100.00
城镇恩格尔系数	66.75	69.50	72.50	76.50	77.50
全员劳动生产率	18.75	20.60	20.22	22.03	26.97
在岗职工平均工资	9.96	15.75	20.45	24.51	26.13
城镇居民人均可支配收入	0.00	0.00	0.00	6.51	17.14
城镇登记失业率	87.83	88.27	88.31	89.13	92.87
每10万人安全生产事故死亡人数	81.00	67.45	76.40	87.35	86.68
旅游业增加值占地区生产总值的比重	53.00	55.80	58.90	61.20	61.80
第三产业生产总值占地区生产总值的百分比	0.00	0.00	42.81	51.63	52.52
存贷比	100.00	100.00	100.00	100.00	70.66

(9)SDG 9——工业、创新和基础设施。

根据表5-3，郴州市SDG 9指标是所有SDG指标中表现最差的一项指标，SDG 9得分从2015年的22.06分仅提升到2019年的29.73分，按此趋势发展，郴州市在2030年实现SDG 9仍面临重大挑战，郴州市应继续加强科技创新，着力增强科技创新能力。

2015—2019年郴州市SDG 9中具体的各指标变化如图5-6所示。SDG 9包含每万人口发明专利拥有量和每万人研究与试验发展(R&D)人员全时当量2项国际层面指标，单位GDP货物周转量、单位GDP旅客周转量、研究与发展(R&D)经费支出占地区生产总值的比重、技术市场成交合同金额占地区GDP比重、科技进步贡献率、每10万人拥有高新技术企业数和战略性新兴产业增加值占地区生产总值比重7项城市层面指标。国际层面的2项指标表现很差，尤其是每万人口发明专利拥有量，表明与国际上其他城市相比，郴州市科技人员投入较少，知识产权核心指标竞争力不强，创新能力严重缺乏。城市层面的7项指标主要考察交通运输和创新两个方面。交通运输方面考察的单位GDP货物周转量及单位GDP旅客周转量两项指标均表现较差，表明与GDP总量相比，郴州市货物周转量及旅客周转量总量较低，在交通运输方面与国内表现较好城市之间存在较大的差距。创新方面的指标表现也较差，但研究与发展(R&D)经费支出占地区生产总值的比重指标提升趋势明显，得分由2015年的17.03分上升至2019年的48.65分。技术市场成交合同金额占地区GDP比重这一指标表现较不稳定，科技进步贡献率这一指标有所进步但整体表现仍不理想，每10万人拥有高新技术企业数得分实现从0到1的突破，距离实现2030年联合国可持续发展目标仍存在很大的提升空间。战略性新兴产业增加值占地区生产总值比重这一指标相对其他创新指标表现较好，但进步趋势较弱。为解决以上问题，郴州市应把战略性新兴产业摆在经济社会发展更加突出的位置，紧紧把握全球新一轮科技革命和产业变革重大机遇，按照加快供给侧结构性改革部署要求，以创新驱动、壮大规模、引领升级为核心，构建现代产业体系，培育发展新动能，推进改革攻坚，提升创新能力，深化国际合作，加快发展壮大新一代战略性新兴产业，促进更广领域新技术、新产品、新业态、新模式蓬勃发展。

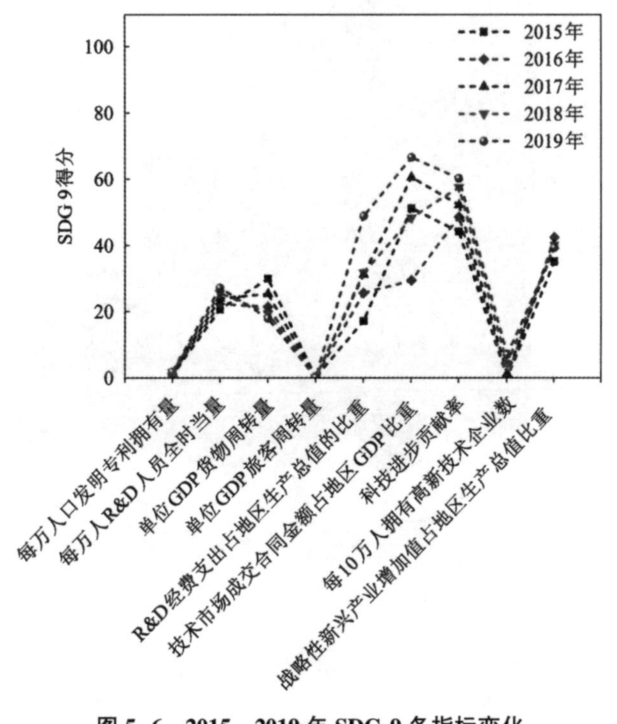

图5-6 2015—2019年SDG 9各指标变化

(10)SDG 10——缩小差距。

根据表5-3，郴州市SDG 10指标表现处于中等水平，但持续下降的趋势值得重视。为实现可持续发展，郴州市应在加快缩小贫富差距、帮助低收入人群脱贫减贫等方面出台相关政策，进行合理调控。

2015—2019 年郴州市 SDG 10 中具体的各指标变化如图 5-7 所示。SDG 10 包含基尼系数、城乡居民收入水平对比、恩格尔系数比值 3 项指标。其中，基尼系数为国际层面指标，在 2015—2019 年，基尼系数表现欠佳，且 2019 年得分下降明显，这也是导致 SDG 10 在 2019 年整体表现不佳的主要原因。指标体系中基尼系数到 2020 年应小于 0.4，郴州市 2015—2019 年基尼系数呈现下降趋势，且均大于 0.4，应加快推进政策落实，进一步缩小贫富差距，促使基尼系数尽快达标。城市层面指标中的城乡居民收入水平对比这一指标表现一般，没有进一步改善的趋势，距离可持续发展的目标存在一定差距。根据《全面建成小康社会统计监测指标体系(2020 年)》，到 2020 年，城乡居民收入水平对比应小于 2.8，郴州市自 2018 年以来城乡居民收入水平对比就维持在 2.1 左右，优于上述指标体系的规定值，结合《关于拓展增收渠道促进农村居民收入持续增长实施方案》等相关举措，郴州市在缩小城乡收入差距方面的步伐也不断加快，但进展仍不明显。恩格尔系数比值这一指标表现较好，2015—2019 年均实现了稳定达标。

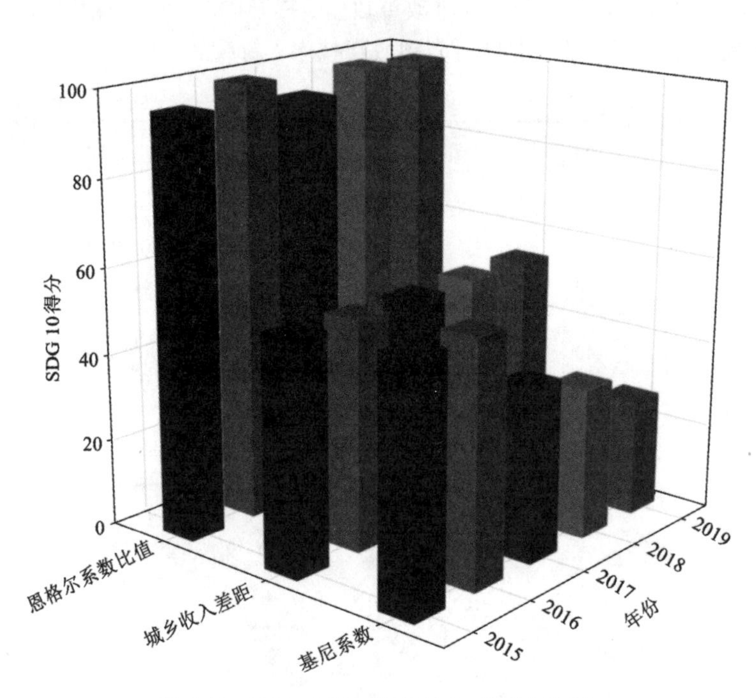

图 5-7　2015—2019 年 SDG 10 各指标变化

(11) SDG 11——可持续城市和社区。

根据表 5-3，郴州市 SDG 11 指标表现整体趋势向好，但水平一般。但 2015—2019 年水平提升较多，可以看出按目前的趋势发展，郴州市有望在 2030 年实现 SDG 11。这与郴州市重视人居环境改善，采取有效措施改善公共设施，提高环境空气质量有着很大的关系。但是在建设可持续发展的城市和社区方面还应继续加强对弱项的管理，着力全面提升城市可持续发展水平。

2015—2019 年郴州市 SDG 11 中具体的各指标变化如表 5-7 所示。SDG 11 包含的指

标相对于其他 SDG 指标较多。其中，国际层面指标包括公路密度、臭氧日最大 8 小时平均浓度值、氮氧化物排放量，城市层面指标包括城镇居民人均居住面积、城市公交出行分担率、单位 GDP 建设用地占用面积、城市垃圾分类覆盖率、城市空气质量优良天数比例、PM2.5 年均浓度、PM10 年均浓度、污染地块安全利用率、建成区人均公园绿地面积、人均拥有公共文化体育设施用地面积和建成区绿化覆盖率。国际层面指标评价差别较大，公路密度指示板五年内均表现优异，表明郴州市道路建设在国际城市层面上的表现也较为出色；氮氧化物排放量指标 2015—2019 年均为 0 分，表明为实现可持续发展，郴州市政府应着重加强氮氧化物排放管理，促进氮氧化物减排。臭氧日最大 8 小时平均浓度值表现良好，但波动范围较大，需要进一步加强臭氧管理，实施减排措施。城市层面指标中城镇居民人均居住面积、城市垃圾分类覆盖率和城市空气质量优良天数比例 4 个指标表现较好，其中，2015—2019 年郴州市城市空气质量优良天数比例从 77.8%提高至 94%，2016—2019 年均达到并超过《郴州市可持续发展规划(2018—2030 年)》中设置的发展指标规定的城市空气质量优良天数比例，且在 2020 年均达到 90%的标准。PM2.5 年均浓度和 PM10 年均浓度指标均提升明显，但 PM10 年均浓度基础较差，向好趋势明显，可以看出近年来颗粒物治理效果显著。城镇居民人均居住面积和城市垃圾分类覆盖率表现优异，五年内均达标。城市公交出行分担率、单位 GDP 建设用地占用面积和建成区绿化覆盖率均表现一般，其中，城市公交出行分担率 2015—2019 年从 19.03%提高至 31.2%，该提升得益于《郴州市“十三五”交通运输发展规划》提出的全面落实“公交优先”战略，贯彻了“优先发展城市公共交通”的交通发展政策；同时由于郴州市推进城乡绿色建设，对城市绿地进行系统规划，结合林荫道、绿道绿廊建设标准，加强绿地廊道建设，扩大公园绿地面积，城区建成区绿化覆盖率达 46.54%，人均公园绿地面积 13.44 平方米，各项指标均已超过省级园林城区创建标准。建成区人均公园绿地面积和人均拥有公共文化体育设施用地面积 2 项城市指标表现最差，2019 年郴州市人均拥有公共文化体育设施用地面积仅为 1.6 平方米，表明郴州市在城市绿化方面和建设公共文化体育设施方面还应继续加强管理。值得注意的是，污染地块安全利用率改进表现出色，在 2018 年由 0 分提升至 100 分并在 2019 年得以保持，这表明郴州市重点关注了相关工作的推进，目前该指标达到了《“十三五”生态环境保护规划》中的规定值和《郴州市可持续发展规划(2018—2030 年)》中的目标值。

表 5-7　2015—2019 年 SDG 11 各指标变化

评估指标	2015 年	2016 年	2017 年	2018 年	2019 年
城镇居民人均居住面积	100.00	100.00	100.00	100.00	100.00
城市公交出行分担率	38.26	44.86	49.20	62.60	62.40
公路密度	100.00	100.00	100.00	100.00	100.00
单位 GDP 建设用地占用面积	61.09	65.34	65.43	70.06	70.43
城市垃圾分类覆盖率	88.20	91.70	95.20	98.70	99.20
城市空气质量优良天数比例	70.87	84.51	86.61	86.75	92.13

续表5-7

评估指标	2015 年	2016 年	2017 年	2018 年	2019 年
PM2.5 年均浓度	74.83	78.32	80.42	85.31	86.01
PM10 年均浓度	0.00	0.00	19.51	21.95	43.90
臭氧日最大 8 小时平均浓度值	73.71	84.26	63.16	67.68	63.16
氮氧化物排放量	0.00	0.00	0.00	0.00	0.00
污染地块安全利用率	0.00	0.00	0.00	100.00	100.00
建成区人均公园绿地面积	26.19	30.00	35.12	38.21	45.71
人均拥有公共文化体育设施用地面积	0.00	0.00	0.00	0.00	0.00
建成区绿化覆盖率	54.36	58.28	59.17	59.93	59.93

(12)SDG 12——负责任的消费和生产。

根据表5-3，郴州市SDG 12指标表现提升明显，由2015年的53.25分上升至2019年的75.31分，按此发展趋势，郴州市有望在2030年实现SDG 12，这与郴州市重视发展新型工业，构建科技含量高、资源消耗低、环境污染少的产业结构和生产方式等相关措施和行动有很大关系。从现有水平分析可知，郴州市的工业“三废”达标排放和资源化利用，以及“水、气、土”系统治理工程实施较好。

2015—2019年郴州市SDG 12中具体的各指标变化如图5-8所示。SDG 12主要是围绕一些废弃物排放量和农药化肥使用量，其中仅包括工业固体废弃物综合利用率1项国际指标，该项指标在2015—2019年波动幅度较大，尤其是2016年得分较低，2017年略有好转后又呈现下降趋势。总体上该指标在国际层面上的表现不理想，与国际上其他城市之间还存在一定的差距。城市指标包括9项，分别为单位面积农药使用量、单位面积农用化肥使用量、废气中烟(粉)尘排放量、废气中氮氧化物排放量、废气中二氧化硫排放量、废水中氨氮排放量、废水中化学需氧量排放量、农村生活垃圾收集处理率和危险废物处置利用率。其中，单位面积农药使用量、单位面积农用化肥使用量和废水中化学需氧量(COD)排放量指标表现较差，但单位面积农药使用量指标进步明显，表明郴州市大力发展生态农业，实施“减量化、再利用”的循环农业发展思路，推广生物肥料和生态农业等方面的行动措施取得了一定成效，但由于基础较差，所以目前表现仍然不太理想，需要持续推进农药化肥减量增效行动。废气排放的三个指标虽基础一般，但改善后提升明显，2019年均达到优异水平。废水中氨氮排放量表现比较稳定，呈现出稳定的上升趋势。农村生活垃圾收集处理率以及危险废物处置利用率指标表现较优异，《农村人均环境整治三年行动方案》中提出中西部有较好基础、基本具备条件的地区，人居环境质量较大提升，力争实现90%左右的村庄生活垃圾得到治理，郴州市农村生活垃圾集中处理率已高于该标准，且于2019年达到了100%。但是，2018年危险废物处置利用率下降较明显，且根据《国家生态文明建设示范县、市指标(修订)》的相关规定，到2020年危险废物处置利用率应达到100%，郴州市目前危险废物处置利用率为90%左右，因此要进一步推进危险废弃物的管控以及收集、处理处置等方面的政策落实，促进危险废物处理利用率尽快达标。

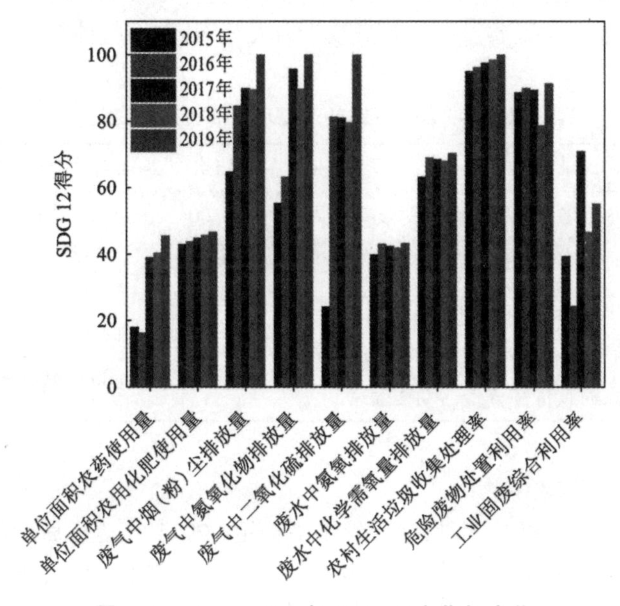

图 5-8　2015—2019 年 SDG 12 各指标变化

（13）SDG 13——气候行动。

根据表 5-3，郴州市 SDG 13 指标整体表现在较好的水平，除了 2018 年，该项指标均为满分。若稳定目前趋势，郴州市有望在 2030 年以前实现 SDG 13 目标。同时表明郴州市在应对气候变化以及因气候变化影响的自然灾害预防方面采取了积极的措施。这与郴州市支持、培育和引进节能环保产业链条关键环节缺失的项目并大力发展包括节能环保产业在内的战略性新兴产业有着很大的关系。

2015—2019 年郴州市 SDG 13 中具体的各指标变化如表 5-8 所示。SDG 13 包含每 10 万人当中因灾害死亡、失踪和直接受影响的人数、人均二氧化碳排放量 2 个国际指标，以及万元 GDP 温室气体排放强度和面向中小学生开展气候变化减缓、适应、减少影响和早期预警等方面的教育和宣传活动覆盖率 2 个城市指标。每 10 万人当中因灾害死亡、失踪和直接受影响的人数表现较好，但 2019 年该指标表现有所下降，表明郴州市只有在防治自然灾害方面保持警惕才有利于在 2030 年稳步实现可持续发展目标。郴州市人均二氧化碳排放量 2015—2019 年前三年数据缺失，但 2018 年到 2019 年向好发展，且提升较多，但与国际上较好的城市还存在一定的差距。万元 GDP 温室气体排放强度按照中国示范区基准值来看，表现较差，要达到标准还有很大提升空间。面向中小学生开展气候变化减缓、适应、减少影响和早期预警等方面的教育和宣传活动覆盖率表现出色，这与郴州市大力加强气象与防灾减灾体系，开展气象灾害科普培训等措施有关，公众防灾减灾意识和能力大幅提升，应对气候变化能力强。综合以上指标分析，郴州市应加速产业绿色转型，在坚持绿色发展、严格落实水资源管理制度的前提下，支持示范区开展工业资源综合利用、有色金属精深加工、有色金属老矿区及周边地质勘查，推进宜章萤石等资源科学合理开发利用，加快临武利用采煤沉陷区转型发展，建设碳酸钙产业综合园区，同时可以申报创建一批国家、省级绿色园区、绿色工厂，加快新材料、电子信息、装备制造、智能制造、食品医药、固废资源综合利用等产业提质升级，加快减少万元 GDP 温室气体排放强度。

表 5-8　2015—2019 年 SDG 13 各指标变化

评估指标	2015 年	2016 年	2017 年	2018 年	2019 年
每 10 万人当中因灾害死亡、失踪和直接受影响的人数	100.00	100.00	100.00	100.00	100.00
人均二氧化碳排放量	—	—	—	69.13	77.70
万元 GDP 温室气体排放强度	—	—	—	47.47	59.83
面向中小学生开展气候变化减缓、适应、减少影响和早期预警等方面的教育和宣传活动覆盖率	100.00	100.00	100.00	100.00	100.00

(15)SDG 15——陆地生物。

根据表 5-3，郴州市 SDG 15 指标表现很不稳定，2015 年达标后 2016—2018 年均有不同程度下降，2019 年达标后仍没有 2015 年表现优异。但整体而言，该项指标因郴州得天独厚的地理和资源优势而表现良好，郴州拥有国家级生态示范区 1 个、自然保护区 2 个、森林公园 8 个、湿地公园 5 个、地质公园 2 个，是“南方重点林区”。东江湖出湖水质长期保持国家《地表水环境质量标准》Ⅰ类标准，是湖南省唯一、全国少有的大型优质水源，也是当前郴州市约 120 万人口稳定优质的集中式饮用水源地，其表现不稳定应与郴州市政府部门的相关举措的落实到位程度有关。

2015—2019 年郴州市 SDG 15 中具体的各指标变化如表 5-9 所示。SDG 15 包含森林面积年变化率 1 项国际指标，该指标表现较好，说明郴州市在森林可持续管理方面表现较为出色。4 个城市指标中，可治理沙化土地治理率和生态环境状况指数(EI)表现出色，统计的指标数据均达标，但水土流失治理率数据缺失，所以今后相关部门应加强关于水土流失数据的统计，便于今后开展评估。应重点关注的是自然保护地与重点生态功能区面积比值这一指标，我们可看出 2015 年后该项指标呈波动且下降趋势，这直接影响了 SDG 15 指标的整体表现，所以后续郴州市应加强自然保护地与重点生态功能区的保护。

表 5-9　2015—2019 年 SDG 15 各指标变化

评估指标	2015 年	2016 年	2017 年	2018 年	2019 年
自然保护地与重点生态功能区面积比值	54.13	29.66	34.25	35.78	35.78
森林面积年变化率	100.00	100.00	96.07	80.67	97.07
水土流失治理率			3.50		
可治理沙化土地治理率			100.00	100.00	100.00
生态环境状况指数(EI)	100.00	100.00	100.00	100.00	100.00

（16）SDG 16——和平、正义与强大机构。

根据表 5-3，郴州市 SDG 16 指标整体表现良好，其中 2017 年表现突出，整体来看，郴州市社会环境较为稳定，大多数人都有平等诉诸司法的机会，但按此趋势发展，郴州市在 2030 年实现 SDG 16 仍存在一定挑战，故郴州市今后还应采取更多措施创建和平、包容的社会环境，争取在各级建立有效、负责和包容的机构，以促进可持续发展建设。

2015—2019 年郴州市 SDG 16 中具体的各指标变化如图 5-9 所示。SDG 16 是唯一不包含国际层面指标的 SDG 指标。2 项城市层面指标表现相差较大，近年来乡镇（街道）公共法律服务工作站覆盖率指标表现优异，2015 年以来指标得分均为 100 分，表明郴州市基本实现了乡镇（街道）公共法律服务工作站全覆盖，努力形成了功能齐全、便捷高效的覆盖城乡的基层公共法律服务网络体系。刑事案件发案率指标表现不佳，表明郴州市与国内其他城市相比刑事案件发案较为频繁，今后郴州市应进一步强化社会治安防控体系，着力降低郴州市刑事案件发案率，同时进一步实现基层公共法律服务的规范化、精准化和便捷化，努力为基层群众提供包容性、公益性和可选性的公共法律服务。

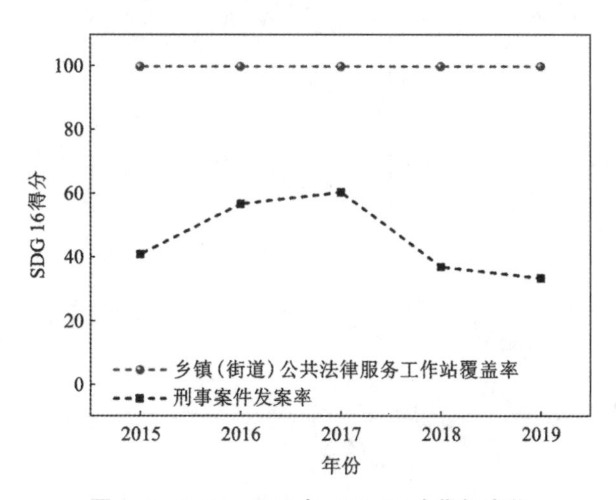

图 5-9　2015—2019 年 SDG 16 个指标变化

（17）SDG 17——促进目标实现的伙伴关系。

根据表 5-3，郴州市 SDG 17 指标是除 SDG 9 外表现最差的指标，整体来说有提升，但整体水平不高，表明郴州市在 2030 年以前实现 SDG 17 目标较为困难。郴州市应在对外贸易合作与交流上持续大力加强，关注地区可持续发展思路与实践的连续性和一致性，包括政府政策的连贯性、调动社会企业共同参与，构建政府、企业、个人等多方合作推进的伙伴关系。

2015—2019 年郴州市 SDG 17 中具体的各指标变化如图 5-10 所示。SDG 17 包含 1 个国际层面指标和 4 个城市层面指标，其中国际层面指标包括互联网普及率，城市层面指标包括实际利用外商投资额占财政预算比例、货物进出口总额占地区生产总值比例、出口总额占地区总值比例和地区税收占财政预算比例。互联网普及率在 2015—2016 年大幅度提升，在 2017 年出现波动后稳定处于达标水平。城市层面指标整体表现不佳，相对较好的是实际利用外商投资额占财政预算比例指标，自2016年明显提升后水平较稳定，但距离达到全国一流水平还有一定距离。地区税收占财政预算比例指标表现最差，货物进出口总额占生产总值比例和出口总额占地区总值比例整体水平表现也不容乐观，表明城市层面的4项指标都面临着较大的挑战。为在2030年实现可持续发展，郴州政府应该加强对外合作与交流，例如跨境电商作为郴州发展的重点产业之一，在国家政策、交通区位、平台建设等方面都具有突出优势；应该紧紧抓住开放发展的政策机遇和平台优势，加快推进产业转型，在开放中推动高质量发展；加快引进跨境电商项目，推动新一轮高水平的对外开放。

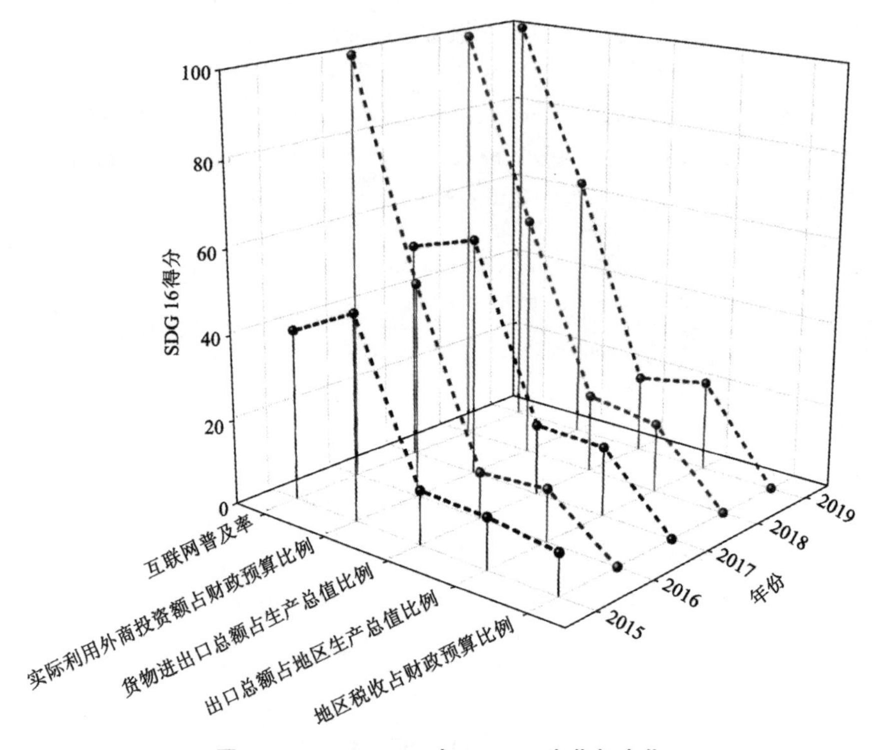

图5-10　2015—2019年SDG 17各指标变化

(18)特色指标。

根据表5-3，基于“创建主题和规划愿景与任务、可持续发展规划中设定与具有较好基础条件、在创新示范区中具有一定优势”的原则，郴州市特色指标包括“生态环境保护”及“水资源可持续利用与绿色发展”两方面，得分在2019年出现波动和下降趋势，说明郴州市围绕“水资源可持续利用与绿色发展”主题建设创新示范区取得了一定成效，但需注意保持建设成果。

2015—2019年郴州市特色指标中具体的各指标变化如表5-10所示，其中大数据产业电源使用效率/PUE、重点生态区域生态修复率、绿色矿山比例和林业无公害防治率数据缺失严重，林业无公害防治率指标在2019年下降严重，由表现优秀变为表现较差，这要求郴州市在注重水资源高效利用的同时不能忽视对已有林业优势的保持。重要江河湖泊水功能区水质达标率、农田灌溉水有效利用系数、建成区达到海绵城市指标要求的面积占比3项指标表现逐年变好，特别是重要江河湖泊水功能区水质达标率，这得益于郴州坚持治污和控污并重，坚持污染防治方向不变、力度不减，切实加强源头治理、系统治理、综合治理。湿地保护率在统计的5年内表现稳定，活立木蓄积量增长率指标波动较大，2017年表现出色，但2018年得分直线下降，表明郴州市在新增林地方面关注度不够，林业优势定力不足。

表5-10 2015—2019年特色各指标变化

评估指标	2015年	2016年	2017年	2018年	2019年
重要江河湖泊水功能区水质达标率	10.22	34.70	51.03	100	100
农田灌溉水有效利用系数	83	84.5	86	87.35	89.22
建成区达到海绵城市指标要求的面积占比	66.50	74.50	84	87.5	100
大数据产业电源使用效率/PUE	—	—	—	—	90
重点生态区域生态修复率	—	—	—	—	65
绿色矿山比例	—	—	—	—	36.36
林业无公害防治率	—	—	75.6	91	12.53
湿地保护率	44.18	44.18	44.18	44.18	44.18
活立木蓄积量增长率	81.83	63.26	98.94	28.36	70.43
特色指标总得分	57.15	60.23	73.29	73.06	67.53

(19)综合结论。

郴州市可持续发展目标指数近5年连续增加，呈现明显改善的态势，可持续发展行动对城市可持续发展水平带动提升效果明显。在参评的16项SDG目标中，SDG 1、SDG 3、SDG 6、SDG 7、SDG 13这5项SDG目标表现较好，其中SDG 1、SDG 7表现尤为突出；在SDG 8、SDG 9、SDG 10、SDG 15、SDG 16、SDG 17方面表现欠佳，仍存在提升空间，其中SDG 9是得分最低的目标，亟须提升创新驱动能力，协同推进SDG 9各层面的具体目标和指标落实情况。从发展趋势上来看，SDG 1、SDG 3、SDG 6、SDG 7、SDG 13等多项SDG目标进步显著，实现2030年的目标面临的挑战较少；SDG 10、SDG 15、SDG 16这3项SDG目标则呈现连续退步趋势，实现2030年的目标将面临严峻挑战。

第 6 章　建设国家可持续发展议程创新示范区的借鉴与分析

目前，国务院已批复深圳市、太原市、桂林市、郴州市、临沧市、承德市等 6 地建设国家可持续发展议程创新示范区。山西太原、广西桂林、广东深圳是首批国家可持续发展议程创新示范区，湖南郴州、云南临沧、河北承德为第二批。根据各地区不同情况，国务院在批复时因地制宜，给各个城市在建设国家可持续发展议程创新示范区时提出了不同的主题。

6.1　深圳市政策创新与体制机制

6.1.1　资源环境管控机制

1. 健全自然资源资产管理制度

逐步建立全市自然生态空间统一确权登记系统，开展自然资源资产调查、登记和入账等工作，完善自然资源资产产权管理制度。编制全市自然资源资产负债表，定期评估自然资源资产变化状况。加快自然资源及其产品价格改革。

2. 改革环保监管体制

制定深圳环保机构垂直管理改革方案，推进环保监察监测执法体制改革。建立健全条块结合、各司其职、权责明确、保障有力、权威高效的市、区、街道三级环境保护管理体制。落实各区党委和政府对生态环境负总责的要求，明确相关部门环境保护责任。建立健全环境保护议事协调机制。

3. 创新环境经济政策

推进污染源第三方治理，吸引社会资本投资环境污染治理。深化环境污染强制责任保险制度。建立覆盖所有固定污染源的企业排放许可证制度，实施排污许可“一证式”管理。建立生态文明建设考核指标体系。在盐田区、大鹏新区率先建立生态系统生产总值(GEP)核算体系和 GEP、GDP 双轨运行机制，并适时扩大试点范围。构建市场导向的绿色技术创新体系，发展绿色金融，壮大节能环保产业、清洁生产产业和清洁能源产业。

6.1.2　社会治理服务机制

1. 加快推动公立医院改革

健全现代医院管理制度，推进医院管理团队职业化建设，完善以公益性为核心的医院绩效评价指标体系，探索符合医疗卫生行业特点的薪酬制度。健全医疗服务收费、医保偿付、财政补助相衔接的公立医院补偿机制，建立以成本和收入结构变化为基础的价格动态调整机制。

2. 推进医疗健康监管审批制度改革

创建生命健康实验区，试行在香港获批上市的药品、医疗器械和治疗技术允许在实验区内试验和试用。探索实施特定医疗机构临床急需进口药品审批政策。争取在生物治疗技术研发及临床应用上先行先试。加快开展基因检测等新型医学检测技术应用推广，建立细胞产品优先审批通道，采用分层管理、应用许可认定等方法，稳妥开展免疫细胞治疗技术临床应用和示范推广，建立相关技术规范和准入标准。建设国家临床医学研究中心。

3. 创新社会治理方式

加快推动户籍制度改革，提高户籍人口比重。强化来深人口居住登记管理，推动人口管理、居住证管理与出租屋综合管理相结合。健全社区民主选举制度，鼓励非本地户籍常住人口在居住地参加民主选举。探索"公办民营"、购买服务等方式，支持社会组织、企业等社会力量进入社会服务运营领域，构建政府引导、政策支持、社会参与、市场运作的社会服务供给新机制。完善基本公共服务体系，积极构建全民共建共治共享的社会治理新格局，提升全体市民的认同感、归属感、获得感和幸福感。

6.1.3　创新创业动力机制

1. 优化科研活动组织方式

探索建立首席科学家制度，赋予创新领军人才开展科研活动更大的自主权。大力推广合同研发制度，促进科技、产业紧密衔接。探索建立科研项目全球悬赏制度，以开放性、结果导向的科研资助制度激发创新活力。开展外籍科学家领衔重大科技项目试点。引进国际科学家、创新企业家、风险投资家，并使其参与科技计划的制定和项目的遴选。

2. 创新科技资源配置机制

优化基础研究、高技术研究、社会公益类研究的支持方式，建立依托专业机构管理科技计划项目制度，加大对市场有效配置资源的基础性、公益性及共性关键技术研究的支持力度。完善稳定支持和竞争性支持相协调的机制，更多运用财政后补助、间接投入等方式组织实施科技计划。创新科技基础设施和科技创新平台多元化投入机制，鼓励社会资本参与建设。

3. 推动新技术新业态监管改革

开展新经济市场准入和监管体制机制改革试点，建立包容创新创业的审慎监管制度，提高促进新经济发展的快速响应能力。建设分享型经济示范市，打造共享经济高地，加强事中、事后的协同监管和动态监管。

4. 构建创新价值导向的收入分配机制

建立健全职务发明法定收益分配制度。加强科技成果转化收益激励，合理安排科研项目人力资源和成本费用支出比例。鼓励高校、科研院所等事业单位科研人员在职离岗创业，设立一定比例的流动岗位，吸引具有创新实践的企业家、科技人才兼职。

5. 强化开放创新保障机制

完善国际科技交流管理体制，实施科技人员出国（境）分类管理，适当放宽国有企事业单位科研人员和专业技术人员因公出国（境）审批限制。落实国际研发合作项目所需付汇，实行研发单位事先承诺，相关部门事后并联监管。健全和完善企业“走出去”风险预警和应急机制。定期发布相关国家和地区法律制度、维权措施和争端解决机制等信息。

6. 创新科技金融服务模式

探索设立科技保险、科技金融租赁公司等创新型金融机构。开展投贷联动试点，支持有条件的银行业金融机构与创业投资、股权投资机构合作，为创新型企业提供专业金融服务。争取开展知识产权证券化试点和股权众筹融资试点，支持科技型企业向境内外合格投资者募集资金。

7. 健全知识产权保护与交易机制

完善知识产权立法。争取设立深圳知识产权法院、国家知识产权局专利审查协作深圳中心。探索商业模式等领域知识产权保护机制，建立重点企业知识产权保护直通车制度。探索建立知识产权跨境交易平台，组建国际知识产权运营中心，加快知识产权国际布局。鼓励发展知识产权运营公司，打造集专利、商标、版权交易于一体的网上交易平台，完善知识产权共享机制。探索开展知识产权证券化业务试点。

6.1.4 人才教育保障机制

1. 创新人才评价机制

深化职称制度改革，争取正高级职称评审授权，高校、科研院所、新型研发机构、国有企业、大型骨干企业、高新技术企业自主制定评审标准、组建评审机构及评审专家库，开展职称评审工作、颁发职称证书。探索建立符合国际惯例的工程师制度。探索放宽外商投资人才中介服务机构的持股比例限制。强化市场发现、市场认可、市场评价机制。完善科研人才同行评议和人才举荐制度。

2. 健全海外高层次人才引进机制

完善外籍人才出入境和居留制度，在申请永久居留、延长居留期限、办理人才签证、过境免签等方面提供更多便利，开展技术移民试点。探索实施华裔卡，持卡者可享中国永久居留权及相关待遇。争取外籍创新人才创办的科技型企业享受国民待遇试点。兴办外籍人员子女学校。完善国际医疗保险境内使用机制，推动国际商业医疗保险信息平台建设，为国际人才就医提供便利服务。

3. 推进高等教育创新改革

加大与国内名校共建世界一流大学深圳校区合作力度，争取在专业设置、学位授权、招生计划等方面扩大自主权试点。加快推进研究生教育自主招生、自授学位试点。探索结合经济社会发展需要，自主增设、调整除国家控制专业外的本科和高职专业，建立学科专业增设和淘汰动态调整机制。争取国家部委支持，扩大中外合作办学自主权，允许自主审批本地高校的中外合作办学项目。

6.2　太原市政策创新与体制机制

6.2.1　创新科技管理体制机制

1. 创新财政科技投入机制

加大财政科技投入，市、县(市、区)两级把科技投入列入预算保障的重点，建立财政科技投入稳定增长机制，重点向可持续发展领域倾斜。调整优化财政科技投入方式，综合运用事前引导、事后补助等手段，重点支持基础性、公益性以及重大共性关键技术的研究开发和公共服务平台建设，提高科技财政投入绩效。对于产业化目标明确的市场化、竞争性项目，通过科技与金融结合方式，采用贷款贴息、融资担保、保费补贴等增信方式支持；对发明专利申请、技术成果交易、创新平台提档升级等，采用“以奖代补”方式支持。改革科技投入绩效评估方式，分类制定公益项目、公共项目、产业技术项目和工程项目的不同考评方式，引入“第三方评估”和公告制度，提高财政投入的透明度和社会经济效益。

2. 加快民生领域技术研发和成果转化

设立可持续发展产业创新重大科技专项，聚焦水环境和大气综合整治、节能环保等重点产业发展需求，每年确立1~2个关键项目，企业牵头、公开招标、集中财力、协同攻关，突破关键技术瓶颈，形成一批具有自主知识产权的核心技术、重大产品和技术标准。在水环境和大气综合治理、建筑节能减排等领域，引导、支持有条件的行业骨干企业牵头，产学研共建开放共享的成果转化中试基地，重点建设大气环境治理工程技术研究中心和水环境治理工程技术研究中心。完善太原科技大市场“一网四技 N 服务”一站式科技成果转化服务平台，建设“市县两级技术市场联盟”“中小企业服务联盟”“院所合作联盟”“全省服务联盟”和“技术交易服务联盟”五大联盟，大力推广应用污水源热泵系统、中小型解耦燃烧炉、燃煤工业锅炉脱硫脱硝脱汞一体化技术与装备等大气污染治理技术成果，以及水体氨氮、COD、氟化物深度控制技术、城市污水膜生物反应器(MBR)污水处理技术、改良 AAO 工艺水处理技术等水环境治理技术。

3. 加强知识产权服务管理

依法实施严格的知识产权保护和维权行动，实行以增加知识价值为导向的分配政策，充分调动科技人员的积极性和创造性。提升专利信息服务平台管理运营能力，落实《太原市促进专利转化办法》，定期发布专利目录和重点专利转化项目，鼓励知识产权优势企业、高等院校和科研院所通过入股、质押、转让、许可等方式促进专利技术资本化、产业化。激励知识产权创造，鼓励企业在可持续创新发展方面走“技术专利化、专利标准化、标准国际化”道路，对获得国际、国家、行业标准的企业，市政府给予相应奖励。在科技工业园区、企业建立专利工作站，选派专利特派员帮助中小企业挖掘专利；对发明专利申请、维持以及小微企业专利申请予以补助。建立以知识产权保护为核心的科技创新科学评估体系，引入“第三方评估”，对执法部门实行知识产权保护不力的“一票否决制”考核监督制度，形成浓厚的知识产权保护的法治环境和舆论氛围。

6.2.2 创新环境管理体制机制

1. 深化河长制

出台《太原市全面推行河长制实施方案》，构建责任明确、协调有序、监管有力、保护有效的河湖管理机制，河长统筹河流水资源、水生态、水环境管理，向下延伸到沟渠等微小水体，设立河道巡查人员和网格员，构建纵横结合立体化监管体系。

2. 深化大气污染联防联控制度

积极融入京津冀大气污染联防联控区域，争取国家在政策、资金等方面给予山西与京津冀地区同等待遇，在污染排放、产业准入、重污染应急联动等方面共同承担改善区域质量义务，享受区域大气污染治理资金支持，促进区域经济社会与环境协调发展。建立完善以省会太原为核心，辐射周边晋中、吕梁等市县的大气联防联控机制。在太原市对清徐、古交、阳曲严格防治措施的基础上，将晋中榆次和吕梁交城等市县纳入省城环境质量改善联防联控区域，促进区域环境空气质量同步改善。

3. 探索调动地方积极性的生态补偿制度

以保障汾河水库作为饮用水水源地为目的，综合运用行政、经济和市场手段，建立汾河水库饮用水源地一级、二级保护区生态环境保护补偿机制。调整汾河水库饮用水水源一级、二级保护区所在地娄烦县生态环境保护和建设相关各方之间的利益关系，主要对为保护汾河水库饮用水水源地生态环境开展的生态环境保护项目运行、环境基础设施运行、生态公益林维护、生态移民等生态保护方面和娄烦县经济转型发展保障资金的财政资金缺口进行资金补偿。在夯实环境监测数据质量的基础上，出台环境空气质量生态补偿办法，空气质量同比改善的县（市、区），由市级财政补偿，空气质量同比恶化的县（市、区），向市级补偿，每季度结算生态补偿资金并向社会公开，有效调动地方党委政府治理大气污染的积极性。

6.2.3 创新矿山生态修复治理机制

着力破解区域生态破坏严重、产业单一粗放、地质灾害频发、可持续发展乏力等一系列难题，发挥公司力量，摆脱靠政府财政投入难以为继、靠企业义务植树不可持续的困局，采取“政府主导、市场运作、公司承载、园区打造”生态修复模式，大面积绿化、大规模关停、大范围搬迁、大手笔建设、大力度保护，探索一条“以绿换地、靠地获利、用利养绿”的可持续发展之路，为全球资源型地区生态修复、荒山治理、产业转型提供一条可借鉴、可复制的样板。

1. 市场化驱动生态治理

将东西山自然生态资源市场化、资本化、要素化，实施绿化和开发“二八政策”、林地林木认养、集体土地流转、土地收益返还、市政设施配套等一系列生态新政，吸引企业参与治理。利用互联网+技术，改变粗放式绿化考核管理方式，创新东西山绿化考核办法，建立矿山生态资源数据库，确保矿山绿化和水土保持成效。

2. 产业化反哺生态建设

鼓励企业谋划布局郊野旅游、文化休闲、生态养老、观光农业、科技研发等现代服务

业项目，以产业发展助推企业持续投入，形成生态建设提升项目品位、项目获利反哺生态建设的良性循环，实现国家、集体、个人互利共赢，社会效益、经济效益、环境效益齐增共长发展目标。

3. 责权利明晰确保成效

理清政府与市场关系，不缺位、不越位、不错位，发挥政府管理服务作用和市场在资源配置中的决定性作用。政府主导政策、规划审定，大配套建设，绿化考核和政务服务。企业负责产业谋划、资金筹措、生态绿化、污染治理、园区建设管理。强化企业对森林防火、虫害防治、伐木毁林、私挖滥采、私搭乱建的管理责任，全面压实治理成效。

4. 园区化管理提效增速

设立西山生态文化旅游开发区，成立专门工作机构，充分下放权力，打造一站式服务平台，实现企业办事不出园，营造一流生态修复政务环境。建立专业化、市场化、国际化的生态区管理运行机制，全面推行领导班子任期制、全员岗位聘用制和绩效工资制，优化内部机构设置，建立科学的用人机制和人才引进机制，确保矿山生态修复、产业转型科学、高效、务实。

5. 法制化保障久久为功

全面深化矿山治理顶层设计，通过立法固化西山政策、制度、经验、做法，紧盯新情况新问题，不断完善政策制度，确保一任接着一任干，一张蓝图绘到底，将东西山建设成新型产业发展区、生态环境涵养区、风景名胜旅游区、宜居休闲生活区、可持续发展先行区。

6. 生态化指标引领绿色发展

充分发挥规划的龙头作用，科学评估生态基底，出台西山生态修复技术规范。建立以生态修复、绿色建筑、绿色交通、新能源利用、污水处理、垃圾分类、垃圾减量、重复利用和循环利用、文物保护、绿色产业发展等为主要指标的生态指标体系，将其作为规划审批的技术规范。逐步实现100%可再生清洁能源供应、100%绿色建筑、100%绿色交通、100%中水回用、100%污水处理、100%垃圾分类，打造绿色低碳发展区。

6.2.4　创新“城中村”改造市场化运作模式

建立村民和企业双方利益保障机制，坚持“以人为本、依法依规、公开公正、分类指导”，继续深化完善“政府主导、规划引领、整村拆除、安置优先”的“城中村”改造模式，变城市暗点为亮点，切实增强城区对周边农村的辐射力、带动力、影响力和集聚力，不断提高城镇化水平和质量，最终实现民生改善、城市更新、产业发展。

1. 坚持群众利益放首位

市政府返还85%土地出让收益，用于支付村民征收拆迁安置成本；享受棚户区改造优惠政策，安置用房与商业项目全额免缴城市基础设施配套费等政府规费；公租房免配建、免缴公租房异地建设资金；用地不足的以出让用地补充；优先拆除出让安置地块，优先开工建设安置用房。

2. 增强开发企业积极性

严格执行净地出让，由所在城区政府负责整村拆除，区融资平台筹措过桥拆迁资金，融资成本由开发企业承担，政府与开发企业捆绑，彻底消除开发企业对整村能否拆除的顾虑；新增建设用地指标主要保障城中村改造，改造建设的经济适用房作为商品房的供应主力，政府保障改造用地和引导商品房消费；政府集中办公、集中审批、限时办结，一站式办理“城改”手续。

6.2.5 创新棚户区公益性改造模式

将棚户区改造工作作为重要民生工程，探索“政府主导、规划引领、联片改造、工程联动”棚户区改造模式，破解棚户区改造规划引领不够、过多依赖市场运作和配套滞后等问题，切实加快改善城市居民居住条件，提升城市整体形象。

1. 坚持政府主导，强化规划引领

棚户区改造由政府统一拆迁、统一安置、统一收储、净地出让。政府坚持“公益优先、微利运作、利让于民”原则，行政辖区统一拆迁，以市级国有开发公司为主，实施改造，统一确定“征一还一、无偿赠送 15 平方米、70 平方米以内阶梯价优惠购买”征收补偿政策，一把尺子量到底，阳光操作，和谐征迁；政府着眼片区控制、完善功能、提升品质，规划不准批建东西楼、U 型楼等异型楼，容积率原则上不突破 3.5，确保群众住得舒适舒心。

2. 实施联片改造，加强工程联动

坚持以城市道路为界、联片改造、杜绝插花不留死角的原则，坚持集中安置、片区平衡、完善配套的原则。棚户区安置房建设项目所涉周边基础设施配套，与棚户区项目同步规划、同步报批、同步建设、同步交付，确保群众生活方便宜居。

3. 加大融资力度，破解资金难题

按照省政府确定的“省级统贷、市县购买”棚改融资模式，争取利用国开行、农发行长期低息贷款。同时，与商业银行合作，通过股权融资、发行企业债券等方式融资贷款。

6.2.6 创新环境污染市场化治理机制

1. 理顺资源价格

加快水价改革。2020 年底，全面实行非居民用水超定额、超计划累进加价制度。落实农业水价综合改革政策。出台主导清洁取暖经济政策机制，支持城市冬季清洁取暖工作，将电供暖电量统一打包，通过电力交易平台向低谷时段发电企业直接招标，实现电价低进低出，让利于民。引入大企业集团，打破燃气价格垄断，在现有民用气价基础上，进一步降低清洁供暖燃气价格，推动农村用能改变。

2. 建立环境污染第三方治理机制

制定出台《太原市推行环境污染第三方治理实施方案》，建立“污染者付费、专业化治理、市场化运作、三方协议、责任转移和政府监管”的运行机制，引导环保企业向专业化、品牌化环境治理公司转型，培养壮大一批具有竞争优势的专业化环境治理公司。

3. 增强排污权交易管理服务能力

出台《太原市建立区域排污权交易平台实施方案》，建立排污权交易平台，实现排污权自由有效流动，提升排污权价值，激励企业自主减排，促进企业转型和产业结构调整。

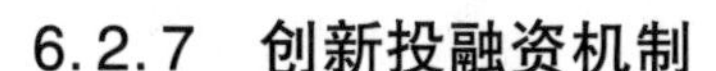

6.2.7　创新投融资机制

1. 制定出台《可持续发展项目指引目录》和优惠政策

鼓励和引导社会资本参与重点领域建设运营。对可持续发展重点项目和企业，享受财政、金融等可持续发展专项优惠政策。对从事环保项目、承担更多节能减排、污水治理等环保责任的绿色企业，出台税收优惠政策，开辟审批“绿色通道”，实现审批至建设交工全方位的绿色化全过程跟踪服务。

2. 设立金融支持工具

设立支持可持续发展基金、绿色发展基金、生态环保产业基金和扶贫产业基金四大基金，实施可持续发展“绿色信贷”，因地制宜发展“扶贫贷”“科技贷”“惠农贷”等金融产品，激发可持续发展的社会投资活力。支持符合条件的环保企业或项目通过发行企业债、公司债等债务融资工具来筹集发展资金，鼓励私募基金、风险投资、社会捐赠资金和国际援助资金加大对环境保护和节约资源资金投入。

3. 吸引国际可持续发展相关资金投入

利用好国际资源优势和平台优势，通过模式创新、举办论坛、项目牵引等方式，加大与全球可持续发展基金会、美国国际可持续发展基金会等国际组织的合作。

4. 出台可持续发展专项政策支持

以创新示范区建设为契机，以国际金融合作为牵引，出台金融业支持太原可持续发展的系列政策，加大银行对绿色企业、绿色项目贷款利息优惠。鼓励金融机构创新金融工具，在贷款政策、贷款对象、贷款条件、贷款种类与方式上，将绿色产业作为重点扶持项目，从信贷投向、投量、期限及利率等方面给予优惠政策。

6.2.8　创新群众参与机制

1. 强化科普宣传

实施全民科学素质行动计划，通过科普基地、科普画廊、全国科技活动周、科普日等宣传科学知识，弘扬科学精神，提升市民科学素养，厚植创新创业文化，使创新成为一种价值导向、一种生活方式、一种时代气息，形成浓郁的创新氛围。

2. 完善可持续发展信息公开工作

全面公开水、气等重点可持续发展指标信息，以信息公开保障公众知情权；创新信息公开方式，引入公众容易理解和判断的具象性指标来评价可持续发展，使指标数据与公众感受相统一；建立市县乡三级可持续发展微博工作体系，健全公众投诉、信访、舆情联动机制。

3. 积极培育可持续发展社会组织

鼓励和引导可持续发展社会组织良性发展，建立政府与可持续发展组织对话机制，定期沟通交流，通过组织市民检查团、专家服务团、生态文明宣讲团等形式，引导可持续发展组织发挥宣传、监督和服务作用。

6.3 桂林市政策创新与体制机制

6.3.1 创新漓江流域生态资源保护机制

(1)依据《广西壮族自治区漓江流域生态环境保护条例》，设立自治区、桂林市两级漓江流域生态环境保护专项资金，支持生态修复和环境保护，支持生态经济发展，实现关联要素产业绿色发展和品质重构。

(2)建立完善多元化的生态补偿机制，加大对漓江流域和重要水源涵养区的补偿力度，支持开展不同区域、流域上下游之间的生态补偿，更多实施"造血型"生态补偿，增强被补偿地区自我发展能力。

(3)建立漓江流域各县区一体化可持续发展体系。加大漓江生态保护与综合治理力度，维护世界自然遗产——漓江喀斯特地貌生态系统的完整性和真实性，建立"统一管理、统一经营、统筹利益分配"机制，加强漓江旅游秩序整治和景观提升，加快漓江沿岸村镇风貌改造，推进漓江沿岸扶贫开发和古村古镇保护开发，实现漓江综合效益最大化，把漓江建设成为人与自然和谐相处的典范。

6.3.2 创新旅游产业发展模式

(1)推进旅游资源一体化管理改革，建立健全综合协调机制，实现对旅游资源开发、建设、管理的统一规划和统筹协调。建立完整的桂林生态旅游网络，构建生态旅游服务标准体系，大力提升生态旅游服务质量和管理水平，着力建设国内外生态旅游的典范。

(2)不断培育旅游新业态，加强生态旅游集聚区建设，大力发展生态乡村旅游、生态健康养生旅游、森林生态旅游、休闲体验旅游。完善生态旅游产品体系，推动生态旅游品牌建设，加强差异化的旅游产品开发，培育旅游精品和品牌，提升旅游核心竞争力，吸引高消费游客群体。推进景区、景点的深度开发和同质资源的优化和整合，形成整体优势，促进旅游开发实现由"粗放型"向"集约型"转变，提高旅游资源开发产出效益，实现旅游产业转型升级。

(3)筹备建设漓江国家公园，促进漓江景观资源保护，推动旅游产业可持续发展。申请将漓江流域内的兴安县、平乐县和雁山区等县区列为国家重点生态功能区，加大生态保护力度，维护区域生态安全。

6.3.3 创新科技体制机制

(1)设立自治区、桂林市两级政府可持续发展科技专项，完善政府科技投入机制，优化财政科技投入结构和支持方式，对可持续发展基础研究、前沿技术研究和社会公益性技术研究给予稳定支持。

(2)采取计划项目资助、购买服务等方式，支持重大可持续发展创新平台建设、创新载体引进、重大项目研发、科技成果转化、创新人才培育等。对可持续发展带动性强的标杆性重大科技项目，实行"一企一策、一事一议"。

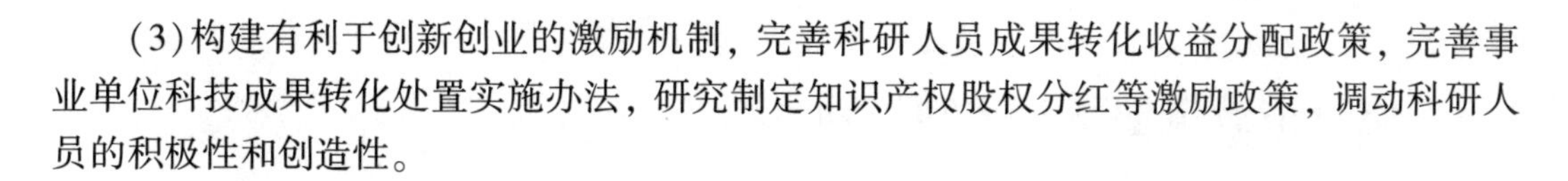

(3)构建有利于创新创业的激励机制，完善科研人员成果转化收益分配政策，完善事业单位科技成果转化处置实施办法，研究制定知识产权股权分红等激励政策，调动科研人员的积极性和创造性。

6.3.4　创新人才发展体制机制

(1)贯彻落实自治区《关于深化人才发展体制机制改革的意见》文件精神，全面实施《桂林市高层次人才引进和培养暂行办法》，设立桂林市人才发展专项资金，依托广西“八桂学者”和桂林“漓江学者”等各类引才计划，推行“团队+技术+资本”的引智新模式，打造吸引人才的大磁场。

(2)依托重大科研和工程项目的实施、重点学科的教学科研以及重大创新平台和基地建设，培养造就一批能够植根和服务桂林发展的中青年科技创新骨干和创新团队，打造培养人才的大摇篮。

(3)落实人才奖励措施，加大津贴资助力度，推行所得税减免政策，完善人才服务，为人才的就医待遇、住房保障、子女入学、创新创业等方面提供一站式服务，形成政策、资金、配套服务相结合的良好环境，打造人尽其才的大舞台。

6.3.5　投融资机制

(1)整合政策性金融、开发性金融、商业性金融、合作性金融等资源，建立健全多主体、多渠道、多形式的投融资机制，建立分工合理、相互补充的绿色金融体系，重点为生态保护建设、生态产业发展等提供金融支持。

(2)设立广西壮族自治区、桂林市可持续发展创新引导基金，发挥政府基金的引导作用，吸引社会资金进入可持续发展创新领域。支持符合条件的环保企业或项目通过上市、发行企业债、公司债、资产证券化等金融工具来筹集发展资金，鼓励私募基金、风险投资、社会捐赠资金和国际援助资金加大对环境保护和节约资源的资金投入。

6.3.6　鼓励社会各方多元参与创新示范区建设

(1)编制广西壮族自治区和桂林市可持续发展项目指引，按照“政府组织、专家指导、企业支持、公众参与”合作共建原则，制定社会各方多元参与激励政策，引导和调动社会各方力量和资源参与创新示范区建设，承担相关重大工程和项目。对可持续发展重点项目和企业，给予政策、资金等方面支持。

(2)将生态文明纳入社会主义核心价值体系，传承和弘扬尊重自然、热爱自然、亲近自然、保护自然的优良传统，倡导勤俭节约、绿色低碳、文明健康的生活方式和消费方式。搭建科普教育、信息沟通、意见表达、决策参与、监督评价为一体的可持续发展公众参与平台，加强可持续发展知识的培训与普及，定期公布创新示范区建设情况，畅通公众参与可持续发展创新示范区建设的渠道，提高公众广泛参与的积极性。

6.4 临沧市政策创新与体制机制

6.4.1 对外开放政策与体制机制

1. 推动中缅双方开放合作

推动签订中缅税收协定、双边本币结算协议及中缅货币互换协议，建立金融结算系统，试点人民币跨境贸易结算中心；推动缅甸放开过境贸易货物类别；推动签署《中缅两国跨境道路运输协定》。推动临沧市参与中缅双方商务部、财政部等部长级磋商机制，与缅甸商务部相关司局级建立定期商务会谈会晤机制。建立中缅各级双边卫生防疫合作会商联系制度和常态联系制度。

2. 以“四个先行”推动“五通”

以“企业先行、民心先行、文化先行、地方先行”推动“政策沟通、设施联通、贸易畅通、资金融通、民心相通”，对缅经贸合作实现重大突破。推进国际贸易“单一窗口”和“通报、通检、通签”大通关建设，提高报检效率，压缩流程和时间。依托清水河国家一类开放口岸，打造自由贸易港、区域性国际金融港、国际文化产业示范区和跨境旅游购物中心，建设双边经济合作的样板区。

3. 创新便利化通关体系

推动缅方允许清水河口岸持护照通行常态化。简化外籍公民就业许可，简化境外边民个体工商登记，放宽入市商品范围。推进临沧方向跨境旅游，支持从孟定清水河口岸和镇康南伞口岸出入境的三条边境旅游线路开展边境旅游异地办证业务。争取把临沧纳入全省沿边自由贸易试验区规划建设范围。推进长江经济带海关区域、两广地区通关一体化。推广直通放行、无纸化通关等新型监管模式。推动缅甸政府允许持有效护照及签证的双方公民，持有效护照及签证或有效国际旅行证件的第三国公民及货物通过。争取授予临沧市外商投资企业核准登记权。放宽中缅边境境外边民入境投资、务工、旅游等临时居停留申请事由，允许在边境市(州)范围内临时居停留。

4. 建立面向东南亚尤其是缅甸的国际人才培养合作机制

实施缅语人才学习锻炼提升计划及涉外法治人才培养计划，培养一批通晓缅甸语言、掌握外事政策法规、熟悉国际法律规则、善于处理涉外事务的人才。建设国门学校、“华文教育基地”和“国际职业教育基地”，接受缅籍中小学生跨境学习，培养缅籍大学生，积极开展对缅教师培训和教学交流，以教育交流搭建民心相通的桥梁和纽带。

6.4.2 特色资源保护性开发政策

1. 推进特色资源地方立法保护

制定《临沧市古茶树保护条例》《临沧市南汀河保护管理条例》《临沧市城乡清洁条例》《临沧市香竹箐“锦绣茶尊”保护条例》等地方性法规，提高特色资源保护法制水平和法治能力。

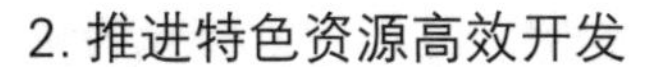

2. 推进特色资源高效开发

支持绿色产业企业与华能澜沧江水电股份有限公司及国投云南大朝山水电有限公司签订购售电双边协议，降低用能成本，促进环境友好型产业发展。建立绿色食品知名区域公用品牌和企业产品品牌评价管理办法。完善市、县(区)、乡、村农产品质量安全监管体系，实现农产品质量安全追溯。组建临沧旅游文化投资开发公司，以“一部手机游云南”为平台，运用互联网推动旅游产品业态创新、发展模式变革、服务效能提高。

3. 推进民族文化保护传承

成立少数民族文化研究中心，加快佤文化研究中心、非物质文化遗产保护中心建设。每年设立1000万元文化产业引导资金。建立多元化传媒经营公司。鼓励民间资本投资文化产业项目，鼓励有实力的企业、团体依法组建文化投资公司，促进金融资本与文化资源对接。

6.4.3　科技创新体制机制

1. 科技管理创新

整合政府各部门科技管理资源，强化科技管理职能。建立县(区)科技成果转化中心8个，每个县(区)3~5个编制，建设省级科技成果转化示范县3个。建立科技成果转化专家咨询委员会，为科技成果转化规划、计划和项目评审等提供论证、咨询和指导。突破科技支持临沧行动在财政上的地域限制。

2. 科技成果转化运用

支持企业购买重大科技成果，对企业购买重大科技成果的，按其技术交易额的10%给予一次性补助。对企业与高校院所开展联合攻关或自主研发的，按其研发投入的5%给予一次性补助。对科技成果转化并实现产业化的，按新增销售收入的15%给予一次性补助。对拥有自主知识产权、创新能力强、符合临沧市产业技术发展导向的新创办和引进的科技创新型企业，经认定后每户一次性给予20万元资金补助。

3. 建设科技创新平台

与中国农业大学、华中科技大学、复旦大学、华南理工大学和中山大学等国内外高等院校和研究机构合作设立分支机构。建立院士专家工作站、博士后科研流动站和科研工作站10个以上，建立产业技术创新战略联盟、国际科技合作基地、校企合作技术创新基地(中心)、企业技术中心、工程技术研究中心、工程研究中心(工程实验室)等创新平台30个以上，建立省级众创空间、科技孵化器、科技园区和校园创业平台等10个以上。争取让临沧省级高新区升级为国家高新区，同时让国家知识产权试点园区工作取得实效。

6.4.4　人才服务体制机制

1. 大力引进高层次人才

制定《临沧市高层次人才引进办法(试行)》，采取全职引进和柔性引进方式，大力引进发展需要的高层次人才。对全职引进的高层次人才，除享受国家规定的相关待遇外，根据其学术水平，市财政分别给予40万元、20万元、15万元、5万~8万元不等的一次性安家补助。鼓励采取岗位聘用、项目聘用、短期聘用、项目和技术咨询等方式柔性引进高层次人才，优先安排科技项目，对有重大价值的科研项目，市财政给予10万~20万元的科技启动经费支持。建立高层次人才服务绿色通道，为高层次人才提供服务。

2. 积极引进紧缺人才

实施聘请教育、医疗卫生人才援建边疆帮扶临沧工作办法，为每名援建帮扶人员提供1套周转住房，每月给予1.5万元的补助，每年给予1万元的交通费补助。提供当地同等干部医疗待遇，每年安排1次体检。

3. 着力培养本地人才

实施“沧江名匠、名师、名医、名家”“沧江产业技术领军人才”等高层次人才选拔培养工程。依托“西部之光”访问学者、基层人才对口培养计划等培养项目，培育一批“土专家”“田秀才”。实施“临沧英才工程”“企业名家工程”“人才储备工程”和“千名现代产业技术人才培养计划”，多渠道、多层次培养产业技术人才。培养市级以上学术和技术带头人、技术创新人才120名以上，建立科技创新团队10个以上。

6.4.5 投融资体制机制

1. 建立绿色投融资机制

支持金融机构在临沧设立绿色金融事业部或绿色银行，鼓励发展绿色信贷，探索特许经营权、项目收益权和排污权等环境权益抵质押融资路径。加快发展绿色保险，创新生态环境责任类保险产品。完善政府性融资担保机制，引导和鼓励金融机构加大对绿色产业的支持。推进沿边金融综合改革试验区建设。

2. 推动科技与金融机构合作

支持企业通过信用贷款、知识产权质押贷款、股权质押贷款、担保贷款、保证保险贷款、信用保险及贸易融资等科技信贷产品融资，对符合条件的企业给予贷款贴息支持。鼓励有条件的保险机构发起或参与设立创业投资基金，探索保险资金支持重大科技项目和科技型企业发展。强化对处在种子期、初创期的创业企业的支持，引导社会资本聚焦孵化期、种子期和初创期的高成长企业创新创业。

6.5 承德市政策创新与体制机制

6.5.1 创新科技管理体制机制

1. 建立人才柔性引进制度

积极参与京津冀区域人才开发合作，实施“人才柔性引进、英才入承、人才聚集”工程；落实完善人才服务和奖励措施，设立人才发展专项基金，吸引全日制本科以上学历人才，特别是博士、硕士研究生和重点院校本科生到承德创业发展；组织开展招商引资、招才引智“双招双引”活动，通过项目合作、顾问指导、科技咨询服务、短期聘用、奖励补贴等方式，引进行业领军人才、产业首席专家、“假日专家”等高层次人才，促进人才智力与本地优势资源融合发展、互利共赢。

2. 推进科技计划管理改革

建立健全由政府科技部门牵头、相关部门协作、专家咨询、企业家和专业机构共同参与，有利于创新示范区建设的计划管理体制机制。创新项目生成机制，围绕全市优先发展的绿色主导产业技术需求，定期发布"需求式""目标式""供给式"的科技专项申报指南；对可持续发展带动性强的标杆性重大项目，实行"一事一议"专项管理；完善项目储备库制度，实行专题征集、常年申报、动态管理。改革科技项目实施调整机制，赋予高校、科研院所等项目承担单位更大的人、财、物支配权，赋予项目负责人更大的科研经费支配权、研究人员聘用权、技术路线决定权、科研设备购置权。

3. 强化科技成果转化激励

健全科技成果转移转化体系，推行科技成果市场定价、收益分配、产权管理、转化评价四个机制以及统计报告、无形资产管理、转化信息库三项制度，聚焦京津的科技创新成果，编制发布先进适用技术指导目录，结合企业需求，组织开展科技成果推送活动。加快建设全链条知识产权创造、运用和保护服务体系，积极引进京津两地知识产权服务机构。落实以增加知识价值为导向的分配政策，加大科技成果转化奖励力度，激励企业、高校、科研院所开展研究开发和成果转化，推进产业化进程；明确"尽职免责""容错免责"条款，鼓励和支持高校、科研院所的科技人员创新创业、兼职兼薪。设立市重大科技成果转化专项，支持重大科技成果由中试进入产业化开发。健全市县技术交易市场，形成省市县三级互联互通、资源共享的技术交易体系。

6.5.2　创新精准扶贫脱贫体制机制

1. 推广产业扶贫模式

运用市场机制和市场思维，坚持"资本到户、权益到户、效益到户"，加快推广"政银企户保"金融扶贫、园区带动"三零"扶贫、农村集体产权改革"一地生四金"、生态建设"一林生四财""两转三带"旅游扶贫等产业扶贫新模式，开辟产业增收新渠道，实现产业扶贫项目对贫困村和贫困户"两个全覆盖"。

2. 强化户企利益链接

对于生产劳动能力弱或基本无劳动能力而又不符合低保条件的贫困户，改补助资金为入股本金，注入农业产业化龙头企业、生产基地和农民合作社，获得分红收入。依托龙头企业、合作社、家庭农场、经营大户等农业经营主体，推行规模化、集约化经营，吸引贫困户参与，通过流转土地获租金、就地打工挣薪金、入股分红赚股金的"三金"收入，实现互惠共赢。

3. 激活沉睡资源资产

加快农村综合改革，推进土地三权分置，设立农村产权交易平台，通过整体开发、使用权流转、发展股份合作经济等方式，盘活农村集体闲置的土地、山林、荒山或其他资源资产，增加贫困群众的资产性收益。统筹安排使用村集体积累资金、专项扶贫资金和各类涉农资金，打捆使用，发挥聚合效应，增加扶贫开发投入，带动产业发展和美丽乡村建设。

6.5.3 创新生态建设体制机制

1. 推进流域生态补偿常态化

按照"谁受益、谁补偿"原则，通过市场化手段协调平衡上下游利益关系，积极推进"滦潮河流域跨界横向生态补偿"长效机制建设。滚动实施"引滦入津上下游横向生态补偿协议"，并根据经济社会发展水平适当提高补偿标准，生态补偿主要用于滦河上游非受益地区水污染防治。启动实施已形成的《密云水库上游潮白河流域水源涵养横向生态保护补偿协议》，实现上下游利益共享和公平发展，提升京津冀水源涵养功能区和生态环境支撑区生态建设水平及可持续发展能力。

2. 开展生态产品市场化交易

在编制全市《自然资源资产负债表》的基础上，扩大林业碳汇交易试点范围，谋划建立承德碳汇交易中心，充分考虑"生态环保区或水源涵养区"因素，在交易配额上，对生态建设贡献大、碳汇资源丰富的地区给予倾斜，推动碳汇跨区域交易。建立水权交易试验区，打造水权交易平台，推动水权确权跨区域交易，加快生态产品市场化进程。

3. 完善生态保护法律制度保障

抓好《承德市水源涵养功能区保护条例》落实，制定出台《承德市农村环境卫生管理条例》《承德市河道管理条例》《承德市矿山环境保护条例》《承德市风景名胜区环境保护条例》等地方法规，严格落实《市县乡村四级河长责任制实施方案》，强化《自然资源资产负债表》深度应用，探索建立生态环境保护行政执法与司法联动机制，构建更为完善的生态文明制度体系，为可持续发展保驾护航。

6.5.4 创新多元投融资体制机制

1. 争取国家和省级项目资金支持

围绕可持续发展主题，谋划包括一系列政府和社会资本合作的创新项目，建立重大项目储备库，争列国家和省级重大基础设施、重要河湖治理、重点产业培育等专项规划和发展目录，争取国家、省级示范项目和资金支持。

2. 建立绿色金融服务体系

强化绿色金融支撑，推进发行绿色金融债券和绿色信贷资产证券化，探索环境权益抵押、质押融资模式，引导金融机构加大支持力度。建立与产业发展和科技创新相适应的金融服务产业链，通过政府引导、市场化运作，支持设立和发展各类私募股权投资基金，大力发展股权投资，助力科技创新和科技型企业发展。

3. 设立可持续发展专项基金

创新多元投入机制，整合现有财通股权投资基金、科技型中小企业技术创新增信基金、产业引导股权投资基金等，加大财政支持力度，推动社会多渠道融资，形成20亿元左右规模的可持续发展专项基金。吸引金融投资机构、民营企业和各类社会资本参股，采取股权投资、项目参股、贷款贴息等方式，构建财政资金与社会资金、股权融资与债券融资、直接融资与间接融资有机结合的投融资体系，为创新示范区建设提供资金保障。

6.5.5　创新社会广泛参与体制机制

1. 推进京津冀协调联动

打破传统思维定式，借力京津冀协同发展，争取国家部委优先支持创新示范区建设，探索京津冀可持续发展财政支持与投资联动机制，重点在生态环境保护、生态产品交易、新能源开发利用、环保产业培育等领域开展深度合作，实现互利共赢。

2. 动员全社会广泛参与

创建政府决策、社会协同、公众参与的全方位参与机制。主动融入“一带一路”建设，加强同联合国环境规划署、联合国开发计划署、国际水资源协会等国际组织联系，推进务实的项目合作，共同举办可持续发展高端论坛，形成可持续发展国际交流合作平台。广泛开展以可持续发展为主题的文化活动，搭建以信息沟通、意见表达、决策参与、监督评价为一体的可持续发展公众参与平台，提高公众参与的积极性。

3. 完善信息公开制度

利用多种渠道和现代信息技术手段，公开发布创新示范区建设的相关信息，建立健全重大项目决策公示和听证制度，确保公众的知情权和决策权，向国内外讲好可持续发展的承德故事，推广分享可持续发展的承德模式和经验。

6.6　各示范区政策综合分析

6.6.1　建设主题与目标

(1)深圳市。深圳市围绕“创新引领超大型城市可持续发展”主题建设国家可持续发展议程创新示范区，重点针对资源环境承载力和社会治理支撑力相对不足等问题，集成应用污水处理、废弃物综合利用、生态修复、人工智能等技术，实施资源高效利用、生态环境治理、健康深圳建设和社会治理现代化等工程，把深圳打造成为社会主义现代化先行区、创新驱动引领区、绿色发展样板区、普惠发展示范区，为超大型城市可持续发展发挥示范效应。

(2)太原市。太原市围绕“资源型城市升级转型”主题建设国家可持续发展议程创新示范区，综合治理大气和水环境，重点针对水污染与大气污染等问题，集成应用污水处理与水体修复、清洁能源与建筑节能等技术，实施水资源节约和水环境重构、用能方式绿色改造等行动，通过建设资源型经济转型发展示范区、打造能源革命排头兵和构建内陆地区对外开放新高地的战略部署，为全国资源型地区经济转型发展发挥示范效应。

(3)桂林市。桂林市围绕“景观资源可持续利用”主题建设国家可持续发展议程创新示范区，重点针对喀斯特石漠化地区生态修复和环境保护等问题，集成应用生态治理、绿色高效农业生产等技术，实施自然景观资源保育、生态旅游、生态农业、文化康养等行动，统筹各类创新资源，深化体制机制改革，探索适用技术路线和系统解决方案，对中西部多民族、生态脆弱地区实现可持续发展发挥示范效应。

(4)临沧市。临沧市围绕“边疆多民族欠发达地区创新驱动发展”主题建设国家可持续发展议程创新示范区，重点针对特色资源转化能力弱等瓶颈问题，集成应用绿色能源、绿色高效农业生产、林特资源高效利用、现代信息等技术，实施对接国家战略的基础设施建设提速、发展与保护并重的绿色产业推进、边境经济开放合作、脱贫攻坚与乡村振兴产业提升、民族文化传承与开发等行动，统筹各类创新资源，深化体制机制改革，探索适用技术路线和系统解决方案。

（5）承德市。承德市围绕“城市群水源涵养功能区可持续发展”主题建设国家可持续发展议程创新示范区，重点针对水源涵养功能不稳固、精准稳定脱贫难度大等问题，集成应用抗旱节水造林、荒漠化防治、退化草地治理、绿色农产品标准化生产加工、“互联网+智慧旅游”等技术，实施水源涵养能力提升、绿色产业培育、精准扶贫脱贫、创新能力提升等行动，统筹各类创新资源，深化体制机制改革，探索适用技术路线和系统解决方案。

6.6.2 建设方案分析

作为国家可持续发展实验区的升级版，国家可持续发展议程创新示范区在推出之时便受到各地的关注与积极响应。已经批准的 6 个示范区中既有发达的特大型城市（深圳），又有发展中的旅游资源优质的城市（桂林市和临沧市），也有资源型城市（太原市）和重要的水源涵养地（承德市和郴州市），不同地区的发展路径和水平差异较大，需要因地制宜制定相关的政策，从而推动城市的可持续发展。例如：可持续城市化在很大程度上依赖于有效的土地利用政策；节能减排政策有助于提高生态效率，对可持续发展具有重要意义；工业用地政策在创造增长和新工作岗位方面发挥着关键作用。

SDGs 的 17 项可持续发展目标一般可归为三个领域，即经济领域、社会领域和环境领域。其中：经济领域包括就业和工作、基础设施和工业化、可持续消费和生产；社会领域包括零饥饿、健康福祉、优质教育、性别平等、可持续城镇、包容性社会和全球伙伴关系；经济和社会领域共同包括消除贫困和减少不平等；环境领域包括水和环境卫生、现代能源、应对气候变化、持续利用海洋资源和保护生态。表 6-1 在梳理深圳、太原、桂林、临沧、承德可持续发展创新示范区建设方案的基础上，提炼出五地在应对经济、社会、环境三大领域主要问题的相关举措。

表 6-1 深圳、太原、桂林、临沧、承德建设可持续发展创新示范区的相关举措

领域	地区	问题	对策	相关举措
经济	深圳	原始创新能力相对薄弱	创新支撑服务工程	优化科研活动组织方式，创新科技资源配置机制与科技金融服务模式，推动新技术新业态监管改革，强化创新“走出去”保障机制，健全知识产权保护与交易机制，实施重大民生科技攻关“登峰计划”，打造创新载体“核心枢纽”，加速知识产权流通转化，推动科技金融深度融合，促进科技资源开放共享
		高层次创新人才相对缺乏	多元人才保障工程	构建创新价值导向的收入分配机制，健全海外高层次人才引进机制，完善创新人才评价机制，推进高等教育创新改革，构建多元化的卓越人才体系，促进各类教育优质特色发展，优化人才发展的生态环境

续表6-1

领域	地区	问题	对策	相关举措
经济	太原	产业结构不够合理	建设共建共享的健康之城	培育科技服务产业发展，营造大众创业、万众创新氛围，构建绿色现代产业体系，建立可持续的能源体系，大力发展循环经济和发展健康产业，加快发展中医药产业
		科技创新能力较弱	建设充满活力的科技之城	建立引培并重的人才建设体系，增强关键技术创新能力，加快提升自主创新能力，推动“品质太原”建设
		机制体制创新不足	建设清洁低碳的创新之城	建立职责明确的组织领导体系、健全完善的政策保障体系、多元参与的金融服务体系、创新引领的科技支撑体系、引培并重的人才建设体系、全民参与的共建共享体系，打造转型综改示范区可持续发展创新版
	桂林	旅游产业转型升级慢，提质增效发展压力较大	生态产业创新发展行动	创新旅游产业发展模式与多元化投融资机制，实施生态旅游产业创新提升重点工程、高效生态农业创新发展重点工程、文化康养产业创新发展重点工程、生态新兴工业创新发展重点工程
		科技创新转化能力较弱，驱动发展动能亟待增强	创新驱动能力建设行动	创新科技发展体制机制与人才发展体制机制，实施创新能力建设重点工程、创新服务建设重点工程、科技成果转化重点工程、建设中国桂林可持续发展国际交流基地
	临沧	基础设施建设严重滞后，交通瓶颈制约突出	对接国家战略的基础设施建设提速行动	创新基础设施建设的顶层设计，实施综合交通网建设工程、物流网建设工程、水网建设工程、能源保障网建设工程、信息网建设工程，为对外开放、绿色产业发展、民族文化传承、特色旅游发展提供支撑
		产业核心竞争力不强，资源和品质优势未能转化为产业竞争优势	发展与保护并重的绿色产业推进行动	构建绿色科技创新体系，实施绿色能源建设工程、绿色食品建设工程、健康生活目的地建设工程，构建绿色发展新高地，为临沧跨越发展注入绿色高质量的新动能
		沿边区位优势未有效转化为发展优势	边境经济开放合作行动	围绕对外开发开放能力与水平的提升，实施临沧边境经济合作区建设工程、通关便利化建设工程、国际交流合作工程，将临沧建设成为面向南亚、东南亚辐射中心的重要门户和主要经济贸易通道

续表6-1

领域	地区	问题	对策	相关举措
经济	承德	传统产业增长乏力、新兴产业发展缓慢、生态环境约束加剧	绿色产业培育行动	创新多元投融资体制机制，实施文化旅游产业培育工程、钒钛新材料及制品产业培育工程、清洁能源产业培育工程、大数据产业培育工程、绿色食品及生物健康产业培育工程、特色装备制造产业培育工程，通过争取国家和省级项目资金支持、建立绿色金融服务体系、设立可持续发展专项基金，加快构建具有承德特色的现代化绿色产业体系
		创新能力不强、科技支撑能力弱	创新能力提升行动	创新科技管理体制机制，实施创新主体壮大工程、创新载体建设工程、创新人才支撑工程，全力推进企业创新、产业创新、区域创新，着力构建以科技创新为核心，多领域互动、多要素联动的综合创新生态体系，打造有特色的可持续发展科技创新示范基地
社会	深圳	优质公共服务资源供给不足	健康深圳建设工程	建立符合深圳实际的现代医院管理制度，探索试行国际通行的医疗健康监管审批制度，推进健康素养行动，优化健康服务体系，健全医疗健康保障体系，打造健康产业创新发展高地
		社会治理问题隐患较多	社会治理现代化工程	创新社会治理体制机制，推进基层治理现代化、社会服务专业化、城市管理信息化、安全监管精准化以及应急管理科学化
	太原	城市布局亟待优化	建设文化发达的宜居之城	建立健康导向型城市空间规划，构建开放紧凑的市域空间格局，实施科学的国土资源规划管控，构建绿色快捷的交通服务体系
		社会事业发展滞后	建设开放包容的幸福之城	提升基本医疗服务能力，保障食品药品安全，打造文脉传承的历史文化名城，推进以人为核心的新型城镇化，建设宜居宜业的和谐美丽乡村，创新智慧高效的社会治理模式，全面推进对外开放，精准发力脱贫攻坚，着力推进教育发展，完善和健全公共服务、安全体系
	临沧	贫困人口多、发生率高，民族地区发展滞后和民生保障不力	脱贫攻坚与乡村振兴产业提升行动	创新脱贫致富新机制、新模式，以产业提升为核心，实施高原特色农业基地建设工程、农村人居环境提升工程、农民科技素质提升工程，打造脱贫致富的临沧样板
	承德	贫困面广、程度深、产业扶贫带动力弱、农村生产生活条件落后、贫困人口劳动技能较低	精准扶贫脱贫行动	创新精准扶贫脱贫体制机制，重点实施产业扶贫带动工程、美丽乡村建设工程、贫困人口技能提升工程，通过推广产业扶贫模式、强化户企利益链接、激活沉睡资源资产，建设衣食无忧的生活乐园、生态之美的休憩田园、留住记忆的文化故园

续表6-1

领域	地区	问题	对策	相关举措
环境	深圳	资源能源约束日益趋紧	资源高效利用工程	优化资源环境管控机制，加强可持续发展立法保障和载体建设，构建紧凑集约的城市空间体系，打造能源和水资源高效集约利用体系，构建固体废弃物资源化利用体系
		部分领域环境污染问题突出	生态环境治理工程	改革环保监管体制，创新环境经济政策，完善碳排放管理体系，打造安全健康水环境，强化生态保护和修复，打造美丽海湾海岸带
	桂林	山水生态环境脆弱，景观资源保育任务繁重	自然景观资源保育行动	创新漓江流域保护机制，实施水生态系统保护与修复重点工程、岩溶石漠化治理与修复重点工程、漓江流域营林造林示范重点工程、耕地保护综合整治示范重点工程、城乡生态环境综合治理重点工程
	太原	生态环境依然脆弱	建设美丽绿色的生态之城	建立健全政策保障体系、多元参与的金融服务体系、引培并重的人才建设体系，全面改善水生态系统，提升大气环境质量，加强土壤污染防治和修复利用，有序开展生态建设，倡导绿色生产生活方式和消费模式
	承德	局部生态环境脆弱，水源涵养功能不稳固	水源涵养能力提升行动	创新生态建设体制机制，重点实施造林增绿提质工程、流域水生态改善工程、风沙源综合治理工程、污水垃圾处理工程，通过推进流域生态补偿常态化、开展生态产品市场化交易、完善生态保护法律制度保障，提升生态系统水源涵养能力
	临沧	澜沧江个别监测断面水污染有加重趋势	澜沧江流域保护发展工程	加大澜沧江流域的保护发展，科学制定《澜沧江流域(临沧段)保护发展规划》，加强澜沧江流域临沧段生态环境监管和综合治理。合理开发澜沧江资源，把澜沧江建成充满活力的绿色生态廊道

分析表6-1可以发现，由于发展阶段和资源禀赋不同，五地面临的可持续发展问题并不相同。从方案来看，深圳、太原、临沧、承德几乎在三大领域都面临着亟待解决的问题，仅桂林不涉及社会领域的问题。具体而言，在经济领域，五地都在一定程度上面临着创新不足的问题，但以深圳的需求最为迫切，同时深圳也最具备实现创新发展的基础与条件。桂林面临的主要问题是旅游等生态产业升级较慢，太原面临的主要问题是产业结构不合理，临沧面临的主要问题是特色资源转化能力弱，承德面临的主要问题是传统产业的“绿化”与转型。在社会领域，深圳、太原面临的主要问题都集中于健康和社会治理方面，临沧、承德面临的问题主要是脱贫和乡村振兴。在环境领域，五地在生态环境方面都面临着一定的挑战。此外，深圳还面临着资源与能源的约束。

从五地提供的解决方案来看，由于深圳长期处于改革开放的最前沿，市场发育较为完善，社会建设也取得显著成绩，如“两委两平台”“一平台两中心”“四议两公开”等。因此，在市场和社会等主体发展较为充分的条件下，深圳更强调制度供给，多次提及体系建设、模式、改革和机制等，如构建多元化的卓越人才体系，创新科技资源配置机制与科技金融服务模式，推动新技术新业态监管改革，强化创新“走出去”保障机制，健全知识产权保护与交易机制，构建创新价值导向的收入分配机制，健全海外高层次人才引进机制，完善创新人才评价机制等。相比之下，其他四地普遍缺乏系统的制度与机制设计，更多地强调实施各类重点工程。由此可见，桂林、太原、临沧、承德的国家可持续发展议程创新示范区建设还没有形成良性循环发展的内生机制，基础制度环境仍待改善。

从五地的实施方案来看，无论是制度供给能力较强的深圳，还是强调运用工程解决问题的桂林、太原、临沧、承德，政府发挥作用依然是建设国家可持续发展议程创新示范区的主要手段。五地在建设方案的保障措施中都有“加强组织领导，明确责任主体”等相关举措，且都成立了高级别的领导机构，便于统筹和协调有关部门和调动相关资源。例如：深圳市成立由市委、市政府主要领导担任组长，各区委、区政府，市委各部委办、市直各单位主要负责人组成的创建国家可持续发展议程创新示范区工作领导小组；桂林市成立由桂林市委、市政府主要领导任组长，各有关部门和县区主要负责人参加的桂林市创新示范区建设领导小组；临沧市成立由临沧市委、市政府主要领导任组长，发改、财政、科技等有关部门和县(区)主要负责人为成员的临沧市建设国家可持续发展议程创新示范区领导小组。事实证明，这种模式具有显著的短期正向效应，可以在短期内人为地积聚资源，创造有利于事务发展的初始条件。

6.6.3 实施效果与经验分析

深圳市以创新引领超大型城市可持续发展为主题，大力推进“4+2”建设方案，国土空间集约高效利用，打造绿色低碳先锋城市，污染防治攻坚战取得决定性进展，社会治理智能化水平稳步提升，同时积极完善了创新服务支撑、多元人才支撑“两大体系”。深圳 GDP 从 1979 年的不足 2 亿元跃升至 2020 年的 2.76 万亿元，人均 GDP 居全国第一，在经济高速发展的同时，绿色发展指数位列广东省第一，主要污染物减排连续多年超额完成任务。通过全面改革优化土地政策，坚持走国土空间集约高效利用之路，获国家可再生能源建筑应用示范城市称号。在绿色交通方面，轨道交通线网规模进入全球前十，全市推广新能源汽车并建成各类充电桩，数量居全球城市前列。水污染治理决战取得决定性进展，通过系统运用污水处理、生态修复、河道整治、雨污分流等技术，基本实现全市雨污分流改造和污水管网全覆盖；被国务院列为重点流域水环境质量改善明显的 5 个城市之一，并成为全国黑臭水体治理示范城市；建立严格的生态环境保护制度并建设生态环境大数据应用实验室，实现全方位、全过程、全天候智能化管控。深圳近年来推出科技计划管理改革“22 条”、《深圳市科技计划管理改革方案》和《重大科技计划项目评审办法》、科研项目经费管理改革“20 条”等政策文件，加快科技供给侧结构性改革。在加大对生态环保、宜居城市、社会民生等领域的政府投资力度，促进社会管理和服务模式创新，提高政府社会治理和公共服务水平的同时，深圳市还推进了重点特色工作：开展多层次可持续发展领域国际交流合作，举办具有国际影响力的可持续发展会展，组建可持续发展研究院，编制可持续发展领域研究报告及规范性文件，特别重视科技创新的力量。更开放的视野，更多元的参与方，更专业的智力支撑，更科学的监督评估，使得深圳被加速打造成为社会主义现代化先行区、创新驱动引领区、绿色发展样板区、普惠发展示范区。

太原市以资源型城市转型升级为主题，积极探索可持续发展的新路径，取得了明显成效，确定了“政府主导、市场运作、公司承载、园区打造”的思路。同时，太原市还大力开发运用先进技术支撑工业废弃地的整治和绿化，营造良好生态环境，积极运用高新技术改造传统产业，实现节能减排降耗增效。太原市推进可持续发展实际上是以实施创新驱动发展战略为主线，并形成了几个鲜明的特点。一是将社会和生态环境挑战纳入创新过程，实现经济—社会—技术范式重构。太原市创新驱动示范区建设，不仅依靠创新带动经济发展，还通过科技进步支撑引领民生改善、环境保护和资源高效利用，把加速经济发展、社会进步和生态环境保护作为一个整体纳入创新的全过程。二是构建开放式、集成性、学习型和多方参与的创新模式，实现多种科技创新、管理创新和商业模式创新的集成运用。太原市创新驱动示范区建设，通过商业模式创新获得投资，为环境整治及其科技创新提供资源，通过科技创新让工业废弃地成为绿水青山，通过管理创新让绿水青山成为金山银山，通过金山银山又为环境整治和科技创新提供更大力度的支持，形成了良性发展循环。实际上，这种成功的实践很难事先准确规划和设计，往往是通过构建开放式、学习型、多方参与争论和谈判的创新模式，在不断探索中形成。三是以问题为导向，实现多学科领域知识的交叉集成运用。太原市创新驱动示范区建设，紧密结合其作为资源型城市转型发展的需要，以问题为导向，既积极运用科技领域的新知识和新技术，也大量吸纳创新管理、经济学、公共管理等领域的知识，实现多学科领域知识的交叉集成和综合运用，为太原市实现经济、社会和生态环境的协调发展提供了强有力的支撑。

桂林市聚焦“喀斯特石漠化地区生态修复和环境保护”瓶颈问题，通过实施重点行动、工程与项目，形成点、线、面结合，部、区、市联动，探索景观资源可持续利用的新模式和新路径。一是推进漓江科学保护，不断提升景观资源保育能力和水平：统筹推进山水林田湖草生态保护与修复；围绕以漓江为核心的景观资源一体化保育，整体推进漓江流域源头截污和城乡生态环境综合治理工程；初步形成了喀斯特地貌区石漠化治理的系统方案和典型经验。二是实施绿色创新发展，凝聚推进景观资源可持续利用的向心力：在自治区层面发布《关于以世界一流为发展目标，打造桂林国际旅游胜地的实施意见》《关于支持桂林市加快文化旅游产业发展的意见》《关于支持桂林市建设国家可持续发展议程创新示范区若干政策》等专项支持政策，启动《桂林漓江生态保护和修复提升工程方案（2019—2025年）》，率先成立桂林市可持续发展促进中心；综合发挥政策制度、工作机制、重点工程的集成优势，构建“在保护中优化发展环境、在发展中提升保护水平”的可持续发展动力机制；采用生态手段，形成提升旅游廊道生态景观的桂阳文化旅游大道模式、依托自然环境打造田园综合体的大碧头模式、融合山水景观与旅游休闲功能的三千漓模式、结合乡村风貌提升行动发展生态旅游的鸡窝渡模式；升级发展生态农业，探索“生产—生活—生态”相融的“新三位一体”美丽乡村发展新路径。

临沧市重点针对特色资源转化能力弱等瓶颈问题，统筹各类创新资源，深化体制机制改革，探索适用的技术路线和系统解决方案，不断深化并丰富边疆多民族欠发达地区创新驱动发展的"临沧实践"。一是以科技创新为核心，加快推进全面创新推进体制机制创新，破除创新示范区体制机制障碍，健全以企业为主体、市场为导向、产学研深度融合的区域技术创新体系，加快园区各类创新平台建设，加强引才引智和人才培养力度，深化科技交流合作，争取临沧工业园区升级为国家高新区，全面提升区域创新能力。二是以现代化为引领，全面推进工业化建设，实施新型工业化三年攻坚行动计划，构建高原特色农业加工、进出口加工、新兴产业工业体系，依托临沧工业园区，打造生物制造产业示范园区，进一步培育茶叶、坚果、生物医药和大健康、旅游文化等产业，加快构建现代化产业体系。三是以数字化为手段，着力推进新基建围绕新网络、新平台、新引擎、新载体，推进全市资源数字化、数字产业化、产业数字化，加快"数字临沧"建设，有效提升政府管理效率、企业盈利能力、社会治理水平。四是以"三化"为方向，提高边疆村寨可持续发展能力，认真落实"四不摘"要求，健全稳定脱贫长效机制，落实防止返贫监测和动态帮扶机制。继续深入实施"百村示范、千村整治"工程，大力发展乡村旅游，持续推进沿边小康村建设，推动城乡融合发展，促进"农业现代化、农村城镇化、农民职业化"。五是以国际化为目标，推进对外开放和国际大通道建设，抓住中缅建交70周年、中缅文化旅游年机遇，着力研究疫情防控常态化下对缅开放，推进清水河口岸持护照常态化通行，不断提高通关便利化水平，尽快打通对缅开放、通往印度洋的主要经济贸易通道。

承德市以城市群水源涵养功能区可持续发展为主题，聚焦"水源涵养功能不稳固、精准稳定脱贫难度大"两大瓶颈问题，把创新示范区建设从开局起步转入全面铺开、纵深推进的新阶段，对城市群生态功能区实现可持续发展发挥示范效应。一是全面提升生态环境质量，建设京津冀水源涵养功能区：强力实施退耕还林还草、京津风沙源治理等生态修复工程；强力推进全水系治理，实施"水污染防治三年百项重点工程"，落实河长责任制、河湖警长制等责任制度，全流域建设可视化监控体系；全力推动"减煤、治企、抑尘、控车、增绿"；全力推进土壤污染治理与修复，推广测土配方施肥技术并建立化肥减量示范区，治理责任主体灭失矿山迹地并复垦披绿矿山。二是解决区域性整体贫困问题，脱贫攻坚取得决定性胜利：立足"一环六带"产业布局和九大特色扶贫产业，着力抓好产业扶贫；通过组建科技扶贫专家服务团、选派农业科技特派员、推广先进适用技术和成果、培训农民，大力实施科技扶贫；制定完善的就业扶贫措施和补贴政策，深入推行"1+3+4"扶贫培训模式，强化就业扶贫。三是着力构建"3+3"主导产业，产业转型升级迈出坚实步伐：坚持把文化旅游作为第一主导产业，打造推出国家"一号风景大道"生态旅游等一批新业态；推动钒钛产品转型升级和高质量发展；强力打造国家清洁能源生产应用产业基地；推动大数据产业向软件开发、数据挖掘、清洗、分析、应用全面深入拓展；全力推动"食、药、医、健、游"五位一体融合发展；培育壮大仪器仪表、输送装备、汽车零部件等特色产业。四是着力构建综合创新生态体系，科技创新支撑可持续发展能力日益增强：实施培育创新型企业"双培增"行动；打造高质量科技创新平台；积极构建"研究所+技术平台+工程中心+孵化转化中心"四位一体的新型创新创业平台；深化区域协作创新，与京津等地高校、科研院所建立长期合作关系，吸引更多科技成果在承德孵化转化。

第7章　郴州市建设国家可持续发展议程创新示范区的定位分析

绿水青山样板区。践行“绿水青山就是金山银山”理念，对标可持续发展要求，坚持从生态系统整体性和流域系统性出发，着眼水资源保护、水污染治理、水生态修复、水安全保障，推动科技创新、体制机制创新与水生态文明建设深度融合，在水资源可持续利用与绿色发展，经济、社会、生态协调可持续发展方面积极探索，提出系统解决方案，打造绿水青山样板区。

绿色转型示范区。以水环境保护为切入点，以护水、治水倒逼有色冶炼、采选等资源型产业转型升级、矿山治理与修复，以水的高效、高质利用促进产业循环化、低碳化、绿色化发展。改造提升有色金属等传统产业，大力发展节能环保新能源产业，推动发展尾砂、固废危废等综合回收利用、深度加工的循环经济、“城市矿产”经济，加快发展低碳工业、生态农业和现代服务业，促进人与自然和谐、经济社会发展与水资源水环境协调，打造绿色转型示范区。

普惠发展先行区。以提高人民生活质量为根本出发点，统筹推进改善民生由满足群众的生存性需求向发展性需求转变，从重视解决各种现实利益问题向注重提升幸福感、获得感转变，不断扩大公共服务受益范围，更高层次地改善群众就医、就学、就业、养老等基本条件，构建普惠型社会保障体系和民生福利体系，让可持续发展成果更多、更公平惠及全体人民，打造普惠发展先行区。

7.1　目标定位

到2020年，郴州可持续发展议程创新示范区取得明显成效，探索形成水资源可持续利用与绿色发展的系统解决方案，基本构建水环境保护与生态产业、绿色发展的协同体系，初步形成水资源可持续利用与绿色发展的模式。2020年的主要发展目标如下。郴州市发展目标与联合国可持续发展目标对照如表7-1所示。

1. 构建生态环境新格局

针对郴州东江湖流域突出的生态环境瓶颈问题，重点推进东江湖水环境综合治理和东江湖流域土壤修复及林地保护工作，加强东江湖湿地、水体及环湖区域生态环境保护，严格保护自然湿地，科学修复退化湿地，对东江湖流域水系进行系统化的保护与排污整治工作，确保地表水水质达到相应标准。

表 7-1 郴州市发展目标与联合国可持续发展目标对照

可持续发展目标	郴州创新示范区目标
目标 2：消除饥饿，实现粮食安全，改善营养状况和促进可持续农业。 到 2030 年，确保建立可持续粮食生产体系并执行具有抗灾能力的农作方法，以提高生产力和产量，帮助维护生态系统，加强适应气候变化、极端天气、干旱、洪涝和其他灾害的能力，逐步改善土地和土壤质量。 实行可持续农业做法的农业地区百分比。 使用灌溉系统的农户在所有农户中的占百分比。 利用生态友好型肥料的农户在所有使用化肥农户中的百分比	着力加强东江湖流域现代绿色农林业发展建设，实施东江湖流域土壤保护与农产品安全、林地修复与建设、特色农产品加工产业化培育三项重点工程
目标 6：为所有人提供水和环境卫生并对其进行可持续管理。 到 2020 年，保护和恢复与水有关的生态系统，包括山地、森林、湿地、河流、地下含水层和湖泊。 与水有关的生态系统范围随时间变化的比例	生态环境持续改善，推进东江湖水环境综合治理和东江湖流域土壤修复及林地保护工作
目标 8：促进持久、包容和可持续经济增长，促进充分的生产性就业和人人获得体面工作。 到 2030 年，制定和执行推广可持续旅游的政策，以创造就业机会，促进地方文化和产品的发展。 直接来自旅游业的国内生产总值（占国内生产总值的百分比和增长率）；旅游业的就业机会数量（按性别分列，占总就业机会的百分比和就业机会增长率）	大力推进东江湖流域生态旅游业建设，打造区域生态旅游产业名片，以旅游业为中心创造就业机会
目标 9：建造具备抵御灾害能力的基础设施，促进具有包容性的可持续工业化，推动创新。 在所有国家，特别是发展中国家，加强科学研究，提升工业部门的技术能力，包括到 2030 年，鼓励创新，大幅增加每 100 万人口中的研发人员数量，并增加公共和私人研发支出。 研究和开发支出占国内生产总值的百分比。 每百万居民中的研究员（专职同等资历）人数	经济发展取得新成果，转化经济发展模式，区域发展动力由资源消耗向创新驱动为主转变，科技创新能力提高，人才队伍建设得到加强，体制机制创新进一步完善。 战略性新兴产业增加值年均增长 10%，占 GDP 比重达 28%，全社会研发经费占 GDP 比重达 2%

根据水体环境功能区要求，提升东江湖流域水源涵养、水体自净能力。完善环境基础设施建设，水环境保护和水污染治理取得实质成效，水资源和水生态得到有效保护和合理开发，水生态功能进一步增强。到 2020 年，森林覆盖率达 68%，湿地保护率达 75%，地表水水质达标率达 100%，重要江河湖泊水功能区水质达标率达 91%以上；工业固体废物综合利用率达 85.5%，畜禽养殖废弃物资源化利用率达 80%以上；万元 GDP 能耗降低到 0.49 吨标准煤，万元工业增加值（2010 年可比价）用水量小于 64 立方米，县级以上城镇生活污水处理率增加到 92%，城市生活垃圾无害化处理率达 95%以上。建立起行之有效的生态保护机制，调整产业布局，减少环境风险。

2. 转变经济增长新模式

改变以采矿、有色金属冶炼为主的不可持续的经济发展模式，区域发展动力由不可再生资源消耗向绿色可再生资源利用为依托的创新驱动转变。东江湖流域生态旅游业、现代绿色农林业和大数据高新技术产业建设步入正轨并初见成效，产业竞争力增强，科技创新能力提高，人才队伍建设加强，体制机制创新得到进一步完善。到2020年，战略性新兴产业增加值年均增长10%，占GDP比重达到28%，全社会研发经费占GDP比重达到2%，每万人发明专利授权数量达到2.5项，科技对经济增长的贡献率达到50%，注册商标总数达到9000件，中国驰名商标达到25项。地区生产总值达到3000亿元，年均增长率在9%左右；第一产业增加值年均增长4.3%以上，规模以上工业增加值年均增长9.5%左右，服务业增加值年均增长9.4%、占GDP比重由2015年的35.6%提升至2020年的45%；同时努力在生态产业方面取得新进展，经济增长速度继续保持高于全国、全省平均水平，人均地区生产总值超过5.9万元；产业结构更加优化，低碳工业、生态农业、现代服务业等朝阳产业加快发展，第三产业增加值占GDP比重超45%；有色金属产业及其他传统产业绿色转型有明显成效，高新技术产业增加值占GDP比重达30%。

3. 打开科技创新新局面

基本形成创新引领的水环境保护机制、绿色产业体系和绿色生活方式。R&D经费投入占GDP比重达到2.5%以上，每万人发明专利拥有量达到3项。省级以上研发机构达到40家，打造具有较强影响力的水领域国际科技合作平台，建成国家知识产权示范城市。力争郴州籍高级人才对郴州创新发展的积极支持。要积极加强与省内外产学研的联系和联合，引进或借鉴先进技术、管理经验。要积极加强与科技部、科技厅的沟通协调，争取世界、国家和省内科技人才和技术支持。同时，以高新园区科技型中小企业生产技术为核心，以郴州职业技术学院、郴州技师学院、郴州理工职业技术学校、郴州工业交通学校为主体，组建一所具有较高质量的、能支撑郴州创新可持续发展的工科本科院校以及博士后科研工作站。鼓励和支持有条件的科技企业组建研发平台，加大省级工程研究中心的培育力度，推进郴州可持续发展产业创新研究院、新材料创新研究院的建设，建设产业创新服务综合体。壮大各类创新主体，把湘南学院至高新园区的片区打造成郴州的“硅谷”。最重要的是，协同开展水资源保护与利用、水质处理及水环境工程技术的开发研究，将天然优势与科技创新相结合，为解决水资源可持续利用与绿色发展的瓶颈问题提供技术支撑。加强亚欧水资源研究和利用中心郴州分中心建设。

4. 初步形成全球后工业化发展示范模式

率先完成全球后工业化发展模式探索。基于郴州东江湖流域水污染、土壤重金属污染等重点可持续发展瓶颈问题的解决，通过实施东江湖流域生态旅游业、现代绿色农林业和大数据高新技术产业建设等三大类八小类重点工程，采取四大示范区建设行动，加快经济发展模式由传统资源消耗型向以绿色资源为依托的可持续发展转变，初步形成在我国乃至全球具有示范意义的后工业化小流域可持续发展模式。随着“创新、引领、开放、崛起”“产业主导、全面发展”战略的深入实施，经济总量和质量不断提高，传统产业加快转型升级，新兴动能不断孕育，经济增长正加快从主要依靠资源消耗、投资拉动转向创新驱动、产业支撑的良性可持续发展轨道，产业结构由资源密集型、劳动密集型产业转向技术密集型、知识密集型产业，经济效益由高成本、低效益转向低成本、高效益。主动对接并积极融入粤港澳大湾区，加快推进国家可持续发展议程创新示范区、中国(湖南)自由贸易试验区郴州片区、湘南湘西承接产业转移示范区、湘赣边区域合作示范区建设，必将形成全方位对外开放的新格局。各项政策利好逐步释放，开放平台不断提升、营商环境全面优化等各类综合优势持续累积。越来越多的市场主体、企业主体所释放出来的产业潜能、形成的规模效益、产生的集群效应与日俱增。城乡居民收入水平进一步提高，脱贫攻坚成果得到巩固，城乡融合发展体制机制不断健全。同时，在“互联网+”的新发展时期，文化、人才、科技等创新要素聚集融合，必将催生新产业，形成新优势。随着全面深化改革和法治郴州建设的深入推进，新的制度红利正在释放。

5. 展示水生态文明新内涵

利用郴州环境优美、空气清新、风景独特、政风清正的优势“筑巢引智”，人水和谐成为郴州绿色发展的标志，定期举办水资源可持续利用与绿色发展东江湖论坛，弘扬水文化、倡导水文明、传播水科技、发展水经济成为郴州可持续发展文化新内涵，以水为媒的国际国内开放合作迈进新时代。紧扣水资源持续利用和绿色发展，着力培养壮大康养产业和大数据两大主导产业，统筹生态、文化、旅游以及民俗风情，打造郴州绿色文化旅游康养等体验标志性产品。

7.2 发展愿景

以“水资源可持续利用与绿色发展”、2030年可持续发展议程为主题，以“实力、创新、开放、生态、人本”为出发点，郴州市围绕促进经济、社会、环境协调发展，探索生态优先和绿色发展的道路，促进同类地区水资源可持续利用和绿色发展，为国内外区域提供现实模式和典型经验。

1. 实力郴州

“工业繁荣、优质高效”是实力郴州建设的主要内容。生态产业取得新进展，打造生态绿色经济品牌，是郴州产业发展的重要战略目标。为此，郴州市需要在提升经济发展、优化产业结构、发展低碳产业、生态农业、现代服务业、传统产业绿色转型等方面取得重大突破，建设产业生态与发展构建绿色现代经济体系和产业反哺生态、生态带动生产产业的可持续发展模式。

2. 创新郴州

“科技引领，活力四射”是创新郴州建设的基本愿景。通过创新，引领形成郴州环保机制、绿色产业体系和绿色生活方式，打造具有郴州特色的一流创新品牌，将是郴州未来可持续发展的力量来源。为此，郴州市要全面推进研发投入、科技人才、科技合作，以创新推动生态、产业、城市和人民生活协调发展，以创新求发展，形成可持续发展的资源利用和绿色发展模型。

3. 开放郴州

“推进全面互利合作”是开放郴州建设的一张名片。定期举办东江湖水资源可持续利用与绿色发展论坛，搭建科技交流、人力资源开发、文化展示、产业合作、生态旅游等国际

化平台，将进一步扩大郴州的开放度，郴州的国际知名度将得到提升，将郴州打造成一个开放综合、国内外知名的可持续发展城市指日可待。

4. 生态郴州

“山水秀美、宜居宜商”是郴州生态建设的主要目标，也是郴州未来生态保护发展的方向。为此，郴州市一方面要在环境保护和污染治理方面取得实质性的成果，确保生态破坏和历史遗留问题得到基本解决；另一方面要使资源和生态方面得到有效保护和合理开发，在森林覆盖率、湿地保护、地表水水质、工业固废综合利用、畜牧养殖业废弃物资源化利用、万元GDP能耗及水耗等方面取得显著改善，最终使郴州市形成具有可持续发展的空间格局、产业体系和生活方式与高效的环境保护的整体生态环境。

5. 人本郴州

“共建共享、幸福和谐”是郴州人本建设的基本追求。人民生活和福祉的进步，塑造幸福和谐社会的品牌，是郴州发展人文建设的重要战略举措。为此，郴州要积极实施乡村振兴战略，完善教育、文化、医疗、社会保障等公共服务体系，实现城乡居民收入和经济增长同步，推进全民覆盖公共服务体系，显著增强的社会可持续发展能力。

7.3　建设思路

全面落实中央“五位一体”总体布局，贯彻“创新、协调、绿色、开放、共享”五大发展理念，结合2030年可持续发展议程，为郴州可持续发展提供有效推进方案。以创新驱动为发展动力，从三大类发展建设行动、八小类重大项目入手，健全完善政府、科研院所、高校、企业和社会等多种参与体制机制，致力于解决郴州东江湖流域的水土污染问题，遏制土壤重金属污染，整体推进经济、社会、生态全面协调可持续发展，率先形成具有代表性的区域可持续发展体系解决方案。

围绕解决郴州东江湖流域水污染、土壤重金属污染等可持续发展重大瓶颈问题，重点加强东江湖流域生态旅游产业开发建设，打造当地生态旅游产业名片，实施保护水资源、促进东江湖流域绿色旅游、产业融合发展三项重点工程，促进东江湖流域环保整治、绿色旅游相关配套交通和服务基础设施完善，加强绿色旅游与传统文化、医疗和养老等产业的产业融合，以旅游业推动东江湖流域生态环境改善、经济社会建设的共同推进。重点发展和加强东江湖流域现代绿色农林建设、东江湖流域土壤保护与农业安全、森林恢复与建设、产业化等特色农产品。以发展现代有机农业为核心，在保护和恢复东江湖流域土壤和森林的前提下，确保农产品质量安全，提高有机肥生产量，推广使用有机肥、有机农业生态基础建设和特色农产品加工产业化培育重大工程实施。重点发展东江湖流域大数据高新技术产业建设，利用东江湖冷水资源和良好的生态环境优势，建设节能数据中心，同时重点加强大数据高新技术建设东江湖流域产业集群，逐步形成创新驱动产业区域经济，推进区域教育、科技和人力资源建设，促进和完善社保、医疗、金融服务以及养老服务水平。以保障和改善民生为重点，建立稳定脱贫攻坚机制，坚持增进民生福祉。“郴州模式”的形成，为基于小流域治理与发展的绿色流域全球可持续发展形成可复制、可扩展的发展样板。

1. 坚持“四水联动”发力，积极探索郴州可持续发展模式

“四水联用”具体是指“常态用水保护”“科学用水管理”“精细用水节源”“全面节水实践”。一是通过常态化水源保护，保持优质水环境。具体来说，通过“一湖一策”保护模式，建设节水型森林，改革船舶污染防治管理、环湖污水管网，实施环湖餐饮标准化等节水工程改善湖水自净能力。东江湖流域(资兴、宜章、汝城、桂东)全部封山造林，禁采伐，清理拆除养殖网箱，回收渔船，河流、湖泊等监测点，建设视频监控点。二是科学治水，加强流域综合治理，采取“矿山修复—综合治污—绿色发展”治理模式，在重金属污染矿区开展“休克疗法”修复。同时，坚持山水林田湖草系统治理，实施生态修复治理工程。通过全面改造，鲁塘、荷叶、太清、新田岭、三十六湾等矿区都从乱用走向治理，陶家河水质不断改善。用“净水”实施东江引水工程和莽山水库城乡供水一体化工程，提高饮水质量；利用“绿水”，积极发展食品、医药和生态农业，打造“东江鱼”“东江湖蜜橘”等国家地理标志保护产品；利用“温泉”资源，探索温泉+生态、温泉+文化旅游等多种观光方式。利用“冷水”资源发展大数据产业，东江湖大数据中心 PUE 值维持在 1.05~1.15。最后，通过提高所有公民的参与度来全方位节约用水。出台《郴州市城市节水管理办法》和《郴州市城市节约用水奖惩办法》节水管理制度，对非居民使用城市公共用水实行逐步提价制度。在区域、工业、农业、事业单位和地方社区(居民)探索和实践节约用水。成立郴州市可持续发展志愿者协会，让更多的公众了解和参与可持续发展。提出 5 月为“可持续发展宣传月”，5 月 6 日为“可持续发展主题日”，面向基层、企业、事业单位等对象开展节水、节水技术、节水型城市建设宣传。

2. 提升科技创新能力，深入推进可持续发展进程

首先，要利用郴州优美的环境、清新的空气、独特的山水、清明的政风，“筑巢引智”。政府部门应争取尽快成立相关人才管理机构，加强与专业人才的联系工作，积极支持郴州高级人才的创新发展。要积极与国内外产学研机构合作，引进和学习先进技术和管理经验。加强与科技部、科技厅的沟通协调，争取世界、国家和省里科技人才和技术支持。其次，要增强区域经济发展的内生动力。以高新园区高新技术中小企业的生产技术为核心，以郴州职业技术学院、郴州技师学院、郴州理工职业技术学校、郴州工业交通学校为主体组建一所具有较高质量的、能支撑郴州创新可持续发展的工科本科院校以及博士后科研工作站。鼓励有条件的科技企业搭建研发平台，推动国家工程研究中心建设，推进郴州可持续发展产业创新研究院和新材料创新研究院建设，产业创新服务业鼓励和支持综合设施建设。加强各类创新主体建设，将湘南学院至高新技术园区的区域转变为郴州“硅谷”。同时，要有效地汇集国内外创新资源，建立高水平的郴州水资源保护与利用技术创新中心。统筹水资源节约利用、水质处理、水环境工程技术的开发研究，为解决水资源可持续利用和绿色发展的瓶颈问题提供技术支撑。加强亚欧水资源研究和利用中心郴州分中心建设。最后，要积极构建可持续的创新平台。亚欧水资源研究利用中心郴州分中心是在湖南省科学技术厅的指导下建成的，目前正在以东江湖水资源保护为重点开展研究。潇湘科技要素郴州分市场、郴州可持续发展创新中心、绿色科技银行挂牌或即将挂牌运营。稳步推进示范区重大科技项目，在省科技厅的指导和支持下，组织开展重点技术要求梳理，开展示范区首批专项技术项目。正式成立郴州市创新发展基金。郴州市政府与湘投集团成立“郴州

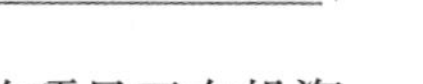

市创新发展基金”，资金总额10亿元，首期1.2亿元。目前，有5个选定的项目正在投资。

3. 把握项目建设契机，加快构建现代产业体系

2020年，筛选绿色项目145个，投资277.9亿元。温泉产业方面，郴州国际温泉城、罗泉温泉、长安生态城等重大项目已实施，产业链向康养、地产、会议中心延伸。硅石产业方面，依托本土资源，打破国外对药瓶特种玻璃的技术垄断，实现本土替代，形成“原矿—硅粉—高纯硅基材料—光伏玻璃、医药玻璃”等硅全产业链。萤石产业方面，郴州中化蓝天三氟氯乙烯(CTFE)项目投产，被列为湖南省第四批建设制造强省重大项目。氟产业初步形成了“原矿萤石粉—无机氟—有机氟—新能源材料”产业链。对石墨产业而言，南方石墨公司的橡胶石墨项目即将量产增加，石墨材料产业链从石墨球、石墨棒延伸到高纯石墨和改性石墨。发挥自身优势，实现精准招商引资，引进世界500强企业正威集团投资50亿元，郴州正威新建年产10万吨精密铜杆及产值超百亿的铜基一期项目已正式投产。把电子信息产业作为郴州首位产业进行发展，创新理念促进了强链的发展。抢抓“数字经济”发展机遇，推进“数字经济”发展。发展智能制造和工业互联网，2020年建成智能生产线60余条，智能制造示范车间13个。引入旅游发展新理念，将莽山五指峰纳入“全国首个无障碍山岳旅游点”，成为“绿水青山就是金山银山”的生动范例。加快发展绿色农业，23家企业获得“湘江源”蔬菜官方品牌认证，粤港澳大湾区蔬菜年供应量达18.8万吨。

4. 培育壮大绿色产业，主动把握经济发展方向

加强顶层设计，引领重点产业发展方向。认真研究新兴产业发展趋势和政策启示，根据园区资源效益和产业基础，根据郴州市产业现状和区域特征，寻找产业转型升级的突破口，努力做出合理布局决策。聚焦新兴产业，并持续利用水资源和绿色发展主题，在这个主题上找准发展定位。着力培育壮大康养产业和大数据两大产业，统筹生态、文化、旅游、民俗，打造郴州绿色文旅医疗等标志性产品。立足自身优势，着力引导有利的产业转型升级。充分发挥郴州农业优势，推进农村农业产业化发展，加强绿色农产品对粤港澳的直接供应，建设农业强市。依托郴州在农副产品加工、有色金属深加工、电子信息、大数据等领域的潜力，以优势产业和核心企业为突破口，培育具有核心竞争力的大公司、大集团，充分发挥产业集群优势和带动作用。积极实施教育连锁战略。要加快发展电子信息、新材料、数控装置等特色高新技术产业链，以技术领先抢占新兴产业发展制高点。瞄准国家、省市重点新兴产业，大力组织引进高新技术项目，挖掘高新技术特色产业发展亮点，积蓄后劲，带动上下游企业拓展产业链。

5. 加强郴州市文化产业与旅游产业融合发展

科学制定发展规划，突出旅游文化产业发展效益。文旅产业融合发展是一个多类型、高关联、大规模、强辐射、强参与的产业融合过程，其发展离不开政府的高度重视和相关部门的大力支持。对此，各级政府需要在后续的可持续发展过程中充分认识并加大政策支持，以实现有机融合和快速发展。文化产业和旅游产业在深入研究全市文化旅游资源的基础上，合理规划，确定开发时间与开发强度。充分认识到旅游业在促进城市经济发展中的重要作用，集中力量把郴州打造成国际知名的生态文化休闲旅游目的地。加快特色旅游街区和精品景点建设，打造4~5个具有中心性和特定影响力的旅游街区和景点。加快建设优质旅游线路，在区域内推出3~4条特色精品旅游线路，并将其融入湖南省乃至珠三角的特

色旅游线路中。同时，利用郴州市丰富的历史文化资源，打造以文旅商贸融合为导向的文化产业特色街区和旅游休闲产业园区。挖掘县域历史文化资源，县域改造发挥老工业厂房和老城区特色，创新商业模式，发展特色文化体验消费，拓展大众文化消费市场，完善个性化、集中化的文化产品和服务，通过提供和培育新文化消费增长点，实现城市更新、文化传承、产业发展有机统一。充分发挥旅游业在旅游资源中的作用，积极开发差异化文化旅游产品，保护非物质文化遗产和促进旅游融合，促进城市文化消费。从旅游产业空间布局来看，可以综合考虑与旅游产业、文化产业发展相关的部门，加快产业融合，形成完整的产业链。

6. 推进城乡融合，引导乡村居民转变生产生活方式

构建城乡一体化互补发展模式。坚持利益互补、资源共享、合作共赢的原则，根据需要实施资源互补、协同发展等多种形式的城乡合作。优先发展农村农业，引导资源向农村和农业生产部门流动，促进农村产业集聚。农村城镇化发展质量有待全面提升。结合各村自然资源特点。加强卫生城镇建设，提高城镇化水平和质量，继续推进农业搬迁人口城镇化，实施重点功能区、优势互补和高区域经济布局形式质量发展战略。大力发展农村一二三产业融合，利用郴州农产品种类多、品质高、生产效率高的优势。在发展一二三产业融合的农村，鼓励小农通过适度规模经营土地和服务业融入现代农业发展，以科技带动农村农业产业发展，科学种植、养殖，发展节约型技术。

7.4 体制机制

7.4.1 生态保护机制

1. 建立东江湖生态补偿机制

组织开展生态红线制度建设改革试点。探索建立东江湖流域生态补偿（水质水量奖罚）办法。在湖南省给予郴州市重点生态功能区转移支付、财力补偿的基础上，对跨市、县断面进行水质、水量目标考核奖罚。

2. 建立节约用水的水价形成机制

2020年底前，在县城及具备条件的建制镇全面建立居民用水阶梯水价制度，全面推行非居民用水超定额累进加价制度。按照国家和省级部署，大力推进农业水价综合改革。

3. 建立水资源保护跨界联动机制

成立耒水流域河道保洁联动指导工作小组，形成河道保洁联动机制，有效解决三个县（市、区）跨界保洁工作难题。与广东省签订北江流域防汛抗旱应急管理合作框架协议，与韶关市、赣州市签订三市跨区域水环境应急管理协议，加强湘粤跨界防汛抗旱和水污染事件应急管理的联防联控。

4. 建立生态环境保护激励机制

研究制定税收优惠、存储退还机制等环境保护激励政策，从相关政府基金中安排专项奖励资金，采取“先建后补、择优补助、以奖代补”等形式对生态效益好、具有典型示范意义的水生态文明建设项目进行重点奖补，推进政府购买社会生态建设服务，充分发挥公共

财政“四两拨千斤”的引导作用，鼓励和调动全社会参与创新示范区建设的积极性。

7.4.2 组织管理机制

成立建设工作协调领导小组。成立由省长任组长、分管副省长和郴州市委书记任副组长的国家可持续发展议程创新示范区协调领导小组，建立“党委领导、政府主导、部门协同、全民参与”的工作机制，研究制定重大政策，协调解决重大问题。领导小组办公室设在省科技厅，负责示范区建设的具体推进工作。成立建设工作推进领导小组。郴州市成立国家可持续发展议程创新示范区建设工作推进领导小组，市委书记为组长，市长为常务副组长，相关市领导为副组长，全市各有关部门和各县市区主要负责人为成员，落实中央和省协调领导小组的重大部署，形成省市县共同推进的工作机制。组建工作团队，开展各项具体工作，落实郴州市国家可持续发展议程创新示范区建设工作推进领导小组的各项决策。建立示范区建设联席会议制度。充分发挥人大、政协的作用，加强重大问题的探讨和重大决策的实施，推进示范区建设的法治化。

7.4.3 科技支撑机制

1. 加快创新平台建设

依托亚欧水资源研究和利用中心，建设东江湖深水湖泊智能监测与生态修复国际合作创新服务平台，建立东江湖深水湖泊多维度智能监测体系、流域生态大数据与信息服务中心、国际湖泊技术转移转化服务中心、综合实验室等，打造具有国际影响力的涉水科研与协调机构。推进东江湖创新与可持续发展示范基地、国家超算中心郴州分中心、先进新型碳材料研究院、郴州市生态环保创新研究院等平台建设。开展水域机器人、精密机床、中高端铸锻造、光学材料、石墨烯材料等重点实验室、企业创新中心、院士专家工作站和技术创新联盟建设。加快郴州市海归创业园暨中小微企业创新创业孵化基地、御林科技创新孵化中心等创新创业孵化载体建设，为海归留学人员和中小微企业提供创新创业和高新技术孵化等多项服务。支持国家有色贵重金属质检中心、国家石墨产品质量监督检验中心等科技公共服务机构进行升级。加大科技咨询、检验检测、创业孵化、科技金融等专业服务机构引进培育。

2. 突出企业创新主体地位

坚持增量崛起与存量变革并举，打造“众创空间+科技企业孵化器+产业园”的科技企业孵化链和“规模企业专利扫零+组建技术研发中心+培育国家高新技术企业”的科技企业培育链。实施“郴州市高新技术企业倍增计划”，引导企业等创新主体建立研发准备金制度，加大高新技术企业税收减免、研发经费加计扣除等鼓励创新政策的落实力度。到2020年，力争全市高新技术企业突破200家，并从中扶持50家核心竞争潜力大的创新企业，重点培育10家行业技术领先标杆企业。

3. 推进创新成果转化

加快建立和完善郴州市与中国科学院、中南大学、湖南大学、湖南有色金属研究院等知名高校和科研院所的市校、市院合作平台，采取“企业主体、政府支持、高校参与”建设模式，形成“产业+企业+创新研究院+成果转化”的科研成果转化应用格局。围绕水源地生态环境保护、重金属污染及源头综合治理、生态产业及节水型社会建设等方面，引导本土企业联合高校院所开展科研和成果转化，重点引进污水处理新技术，率先在资兴、宜章、汝城、桂东等环东江湖流域县市试点推广。加强与中国科学院、中国环境科学研究院等科研院所合作，发挥院士专家工作站的作用，为东江湖生态环境保护与资源开发利用提供技术支撑和政策研究。加强与生态环境部相关科研院所合作，开展流域重金属污染综合防治工作。加速创新成果产权化，建立可持续发展领域重大经济科技活动知识产权评议机制，进一步深化专利布局和保护。

7.4.4 人才开发与培育机制

1. 创新人才引进机制

深化人才引进体制机制改革。对接湖南省“芙蓉人才行动计划”，制定出台《湖南省郴州市国家可持续发展议程创新示范区“林邑聚才”计划》，出台相关配套措施。大力支持企业引进高层次创新人才和团队，积极宣传并认真落实《郴州市引进企业高层次人才暂行办法》（郴办发〔2017〕17 号），在企业高层次人才引进、人才来郴创新创业、人才生活发展环境营造等方面给予重点支持。积极运用人才柔性引进机制。按照“不求所有、但求所用”的原则，支持国内外著名高校、科研院所的高层次人才到郴州的企业、高校和科研院所兼职和开展项目合作，吸引更多的高层次人才为郴州的可持续发展服务。

2. 创新人才服务体制机制

完善引进人才关爱机制，建立市领导联系关爱人才制度，重点解决其配偶工作、子女入学、住房等保障问题，在职称认定、项目申报、奖励评选中对人才给予倾斜和扶持。允许人才身份编制挂靠，具有事业单位身份高层次人才来郴企业工作的，可在郴州市应用技术开发研究院保留事业单位人员身份。建设可持续发展的人才服务平台，力争到 2020 年初步建成市县乡三级人才数据库，实现人才动态管理。完善人才综合服务平台，在人才创新创业、生活保障方面提供“一站式”服务。

3. 创新人才扶持激励体制机制

实行创新创业贷款贴息。高层次人才在郴自主创新创业的，对银行贷款按其贷款期内实际支付利息最高不超过 30% 的比例给予贴息。实现创新创业行政事业性收费减负。切实减轻高层次人才创办实体的各种行政事业性收费负担，除征收上缴中央、省的部分外，市及市以下部分一律免收，服务性收费减半收取。奖补优秀创新创业团队。每年遴选一批在郴优秀创新创业人才团队项目，由受益财政分别给予 200 万～1000 万元的财政支持。

4. 发挥企业家与乡土人才和高技能人才的作用

积极发挥企业家的作用。对郴州勇于创新和善于创新的企业家，给予表彰和奖励，激发全社会的创新热情和积极性。大力培养乡土人才和高技能人才。加快构建更高水平的终身职业技术教育培养体系，大力弘扬“工匠精神”，培养造就一支支撑示范区建设的乡土人才和技能人才队伍。

7.4.5 金融支持机制

1. 创新可持续发展投融资政策，支持建设可持续发展投融资平台，集聚资本参与支持示范区建设

在科技部、财政部和其他有关部门的指导下，利用示范区先行先试的优势，研究出台支持可持续发展融资政策，在示范区范围内开展试点工作。与联合国驻华系统及联合国各专业机构、国内可持续发展智库、专业金融机构等建立联系，开展与可持续发展投融资有关的金融工具、指标/标准、验证系统、数据收集机制等试点。利用可持续发展目标债券、社会和发展债券、绿色债券、影响力投资、普惠金融、金融技术等解决方案建设综合性可持续发展投融资平台，多渠道集聚资本，有针对性地支持示范区重点工程与行动和体制机制创新。总结可持续发展投融资政策创新成果，向国家有关部门提供政策建议，在国际上分享成功经验。

2. 创新绿色金融服务体系和机制

完善银行金融体系。推动中信银行、广发银行、兴业银行等股份制银行在郴州设立分行，扩大绿色信贷供给规模；加大汝城、安仁、桂东、嘉禾等县村镇银行设立力度，实现村镇银行县域全覆盖；支持地方法人金融机构和市级商业银行设立绿色金融事业部或绿色支行，重点为可持续发展议程创新示范区建设提供金融服务。健全社会融资体系。推动湖南省资产管理公司、湖南股交所等在郴州设立分支机构，推动各类金融机构参与绿色融资业务；优化保险业组织体系，形成市场主体多元、竞争有序、充满活力的市场格局；加快政府性融资担保公司县域全覆盖工作，建立完善风险分担机制和风险补偿机制，构建完备的融资担保体系；推动小额贷款公司合规稳健发展，服务绿色金融发展。建立绿色信用体系。加强金融管理部门与政府部门之间的信用信息共享，将企业污染排放、安全生产、节能减排等信息纳入全国信用信息共享平台和企业征信系统，搭建绿色信用体系。

3. 创新绿色金融产品和服务

大力发展绿色信贷和保险。支持银行业金融机构建立服务绿色企业和项目特点的信贷管理制度，有效降低绿色信贷成本。鼓励银行机构创新绿色信贷品种，加大绿色信贷投放，支持高端装备、电子信息、生物医药、新材料、新能源、生态环保等科技创新型产业发展。充分利用再贷款、再贴现等货币政策工具，对在绿色信贷方面表现优异的金融机构给予一定政策倾斜。发挥绿色保险市场化风险转移、社会互助、资金融通、社会治理等方面的优势，完善绿色企业科技保险分担机制。积极支持绿色融资。优先支持符合条件、具有绿色、创新和可持续发展概念的企业上市或挂牌融资，积极协调解决其上市（挂牌）过程中的困难和问题。积极争取国家政策性金融、开发性金融对郴州市绿色、可持续发展产业、企业、领域和项目提供中长期低成本政策性贷款。支持郴州市发行可持续发展政府债券、可持续发展企业债券等债务融资工具筹集长期发展资金。优先推荐郴州市承接国际援助资金和外国政府优惠中长期贷款。

4. 优化科技金融环境

建立政府可持续发展创新成果引导基金。对现有产业引导资金进行整合，围绕产业链设立成果转化引导基金（先在有色金属精深加工、石墨新材料两个产业试点），采取股权投

资、风险投资和贷款贴息等多种手段，对符合可持续发展路线图的重点企业和重点技术转化给予支持。引导社会资本建立风险投资基金。鼓励民间筹集投资基金和建立风险投资公司，引导我市民间资本进入创业投资领域。进一步完善风险资本的退出机制，积极探索开展非上市股权转让交易试点，为企业并购重组、股权交易、创业风险投资退出等提供政策依据。积极开展科技金融。鼓励金融机构建立科技支行，开设科技贷款项目，对列入国家高新技术的企业或科技型中小企业增加信用贷款额度，开设订单贷、收入贷、期权贷、基金保、知识产权质押贷等产品种类。

7.4.6 公众参与机制

1. 建立可持续发展多元推进机制

充分调动公众参与可持续发展的积极性，推动社会治理重心向基层下移，在作出重大决策、出台重要政策等方面，广泛听取社会各方意见，完善公众参与、专家论证、政府决策三位一体的制度化决策模式，形成政府负责、社会协同、制度保障的推进机制，完善公众考评体系。

2. 完善可持续发展信息公开制度

建立健全政务公开、信息披露和民主评议、听证论证等制度，大力运用和推广互联网、大数据、人工智能等信息技术，依法全面公开可持续发展的工作进展、指标信息等，保障公众知情权。创新信息公开方式，引入公众容易理解和判断的具象性指标来评价可持续发展，使指标数据与公众感受相统一。充分发挥新媒体的作用，探索建立舆情监测、政企联动、公众参与的快速反应机制。

3. 支持健全可持续发展社会组织

支持公民发起成立可持续发展社会组织，成立郴州国家可持续发展议程创新示范区协会，引导高校院所、企业、社会等各方共同参与示范区建设。建立政府与可持续发展组织沟通机制，发挥市民检查团、专家服务团、生态文明宣讲团等社会组织的宣传、服务和监督作用，形成全社会推进可持续发展的合力。

第8章　郴州市建设国家可持续发展议程创新示范区的重点行动

2019年，国务院批准郴州市以水资源可持续利用与绿色发展为主题建设国家可持续发展议程创新示范区。郴州市以此为契机，按照《中国落实2030年可持续发展议程国别方案》和《中国落实2030年可持续发展议程创新示范区建设方案》要求，结合郴州实际，编制了示范区建设规划和方案，精心设计了三年行动计划，大力实施四大重点行动及十五大工程。一是水源地生态环境保护行动。实施东江湖水环境保护、湘江、珠江、赣江水源涵养保护、集中式饮用水水源地保护等三大工程，优化水资源保护功能区布局，构筑生态、防洪、灌溉、供水、信息"水利五网"，不断提高水环境保护能力，形成人水协调的现代水资源生态体系。二是重金属污染及源头综合治理行动。重点实施重点流域重金属污染治理、矿山(尾矿库)治理修复、大气污染防治、土壤污染防治、城镇污水处理提质增效等五大工程。三是生态产业发展和节水型社会节水型城市建设行动。把水资源可持续利用与绿色发展相结合，实施特色资源型产业高质量发展、传统产业绿色化改造、生态型产业综合开发、公众可持续发展素养提升等四大工程。四是科技创新支撑行动。重点实施创新型企业培育、创新成果转化、创新平台引进和建设等三大工程，有效支撑和引领水资源可持续利用与产业绿色发展。

8.1　水源地生态环境保护行动

郴州市地形地貌以山地丘陵为主，是典型的水源性缺水城市，供水矛盾突出。目前，郴州市城区最高日用水量为32万吨，而市自来水公司部分水厂地下水面临枯竭，城市供水能力严重不足。针对东江湖、湘江、珠江、赣江源头、集中式饮用水水源地保护现实压力大等问题，实施东江湖水环境保护、湘江、珠江、赣江水源涵养保护、集中式饮用水水源地保护等三大工程，优化水资源保护功能区布局，构筑生态、防洪、灌溉、供水、信息"水利五网"，不断提高水环境保护能力，形成人水协调的现代水资源生态体系。结合实施农村人居环境整治三年行动和推进"厕所革命"，加强水资源保护和水生态建设，着力构建流域水环境安全保障技术支撑体系，开发应用水环境监测预警技术、水污染源阻断和治理技术、水资源保护技术等，解决以东江湖为重点的集中供水水源地和湘江、珠江、赣江源头流域生态环境脆弱、水源涵养能力下降等突出问题，提升水资源保护、水环境安全和可持续性利用能力。

8.1.1 东江湖水环境保护工程

东江湖流域是湘江、珠江、赣江的重要源头，区域是湖南“两型社会”重要的战略资源，对湘江流域防汛、抗旱、水质调节发挥着重要作用。东江湖水库蓄水量为81.2亿立方米，相当于半个洞庭湖的蓄水量，每年平均来水量达到44.8亿立方米，是郴州市优质稳定的集中式饮用水水源地。东江湖位于湖南省东南角郴州市境内湘粤赣三省的交汇处，系长江流域湘江水系耒水支流上游，因国家“六五”重点能源工程——“东江水电站”拦河蓄水而成(地理位置如图8-1所示)，涉及资兴、汝城、桂东、宜章四个县市的30个乡镇。东江湖是湖南省唯一一个同时拥有国家AAAAA级旅游区、国家级风景名胜区、国家生态旅游示范区、国家森林公园、国家湿地公园、国家水利风景区“六位一体”的旅游区。湖面面积为160平方千米，平均水深为61米，是我国中南地区目前最大的人工湖泊，也是国家水上体育训练基地之一和重要的旅游胜地，目前水质总体保持地表水Ⅰ类。

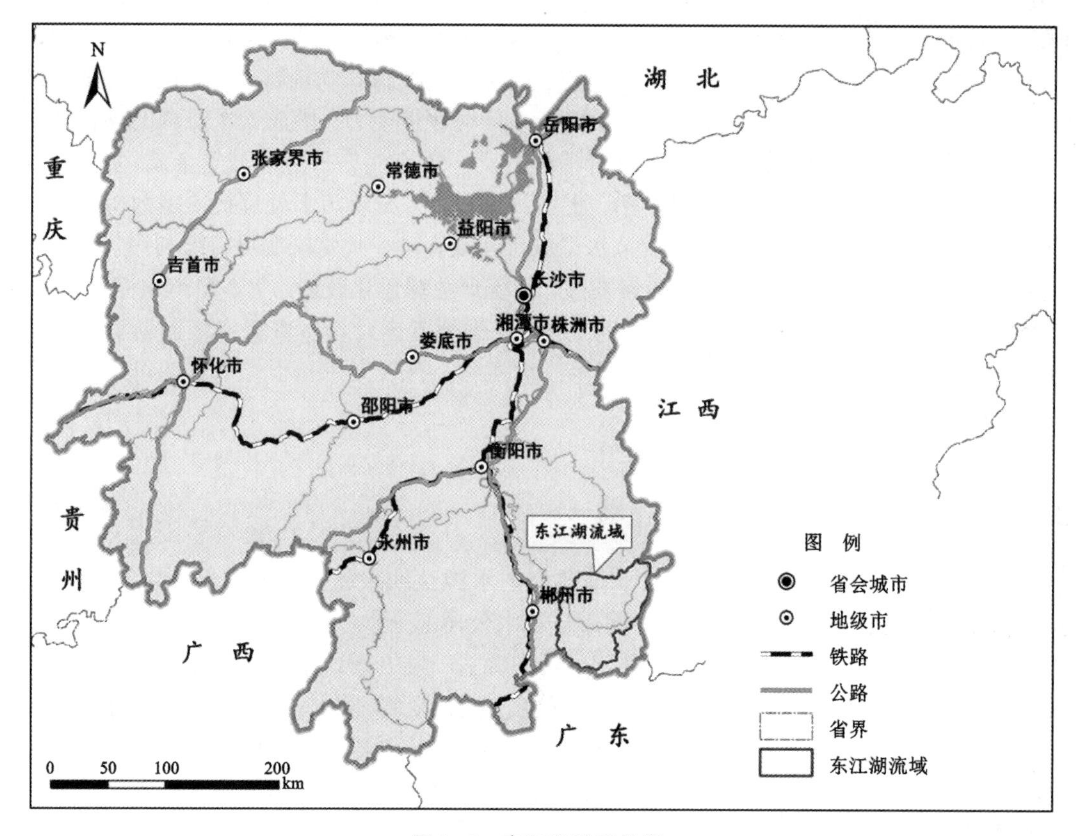

图8-1 东江湖地理位置

由于东江湖流域经济社会发展的需求，人类活动干扰加剧，流域内有水土流失、水质下降的趋势，部分水质指标处于跨降类临界线上。东江湖流域以畜禽养殖业和种植业为主，近几年来旅游业发展迅速，不断增加的农村生活、农田径流、畜禽养殖等面源污染和

城镇生活、旅游发展等点源污染，加剧了东江湖水污染，导致水生态系统与功能受损。此外，污水处理效率较低以及环境监管较为薄弱将进一步影响东江湖水生态健康。其水质一旦真正发生持续跨类，对郴州市乃至全省经济社会可持续发展造成的损失以及水质修复需要投入的经费将不可估量。郴州市通过保障源头“碧水”、守护湖岸“清水”、实施湖中“净水”以及强化制度“护水”来加强对东江湖水环境的保护。

1. 保障源头“碧水”

加强桂东沤江、淇水，汝城浙水等流域水环境治理。东江湖流域涉及资兴、汝城、桂东、宜章四个县市的30个乡镇，控制单元总面积4719平方千米。流域内共有大小河流819条，其中流域面积在50平方千米以上的河流22条，10平方千米以上的河流135条（图8-2为东江湖流域地表水系图）。根据郴州市环境监测站提供的东江湖国控断面的2020年季度监测资料分析可知，东江湖水环境质量总体良好，年均值符合Ⅰ类水质标准，部分指标存在季节性超标现象，主要是溶解氧和总磷。总体来看，近年来入湖河流监测断面水质都能稳定达标，且主要污染物浓度在逐渐下降。考虑到东江湖饮用水源地保护区核心区和国控断面的水质考核目标为Ⅰ类水质标准，而入湖河流监测断面考核目标为Ⅱ类或Ⅲ类，个别指标类别之间浓度值相差数倍，尤其是总磷指标，相同水质类别河流与湖库的浓度阈值相差数倍，因此河流污染物的输入对湖体水质仍有很大影响。实施流域治理，强化源头管理是保护东江湖流域生态环境的有效途径。

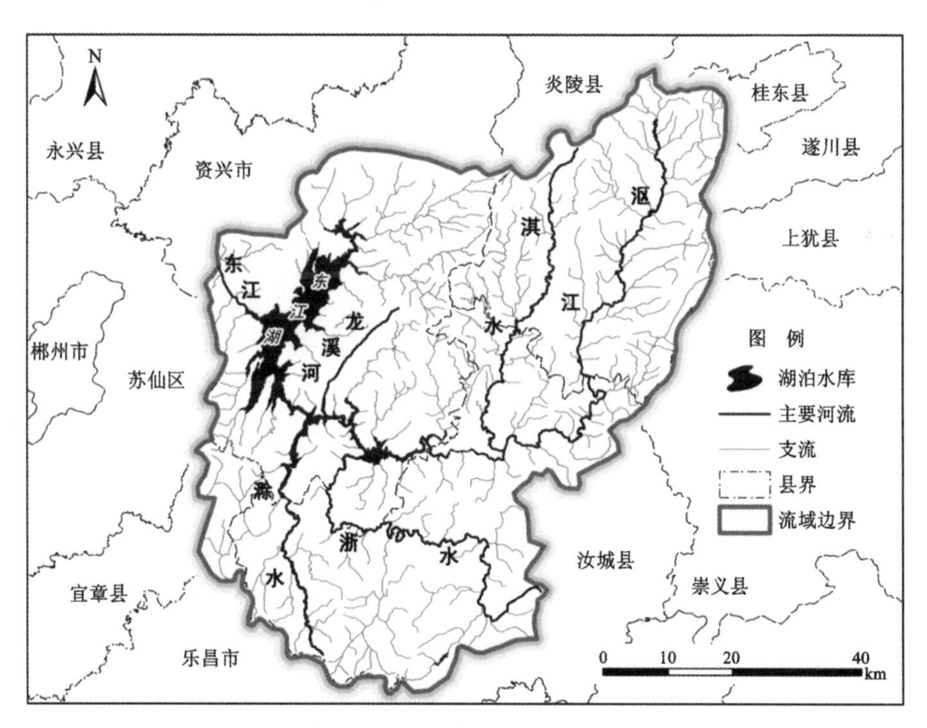

图8-2　东江湖流域地表水系

在东江湖周边中小河流、溪沟开展清水产流机制建设。湖泊清水产流机制是指湖泊流域产生清水的通道或空间范围，包括清水产流区和清水输送区等区域。最外围主要是清水产流区，即涵养林地，涵养水源，防止水土流失；其次是清水输送区，包括湖滨缓冲带和湖荡湿地等区域。要实行水污染治理、富营养化控制及湖泊管理从水质向生态的转变，就要真正重视涵养水源，重视湖荡、湿地和塘坝等保护工作；推行并落实流域清水产流机制修复这一湖泊水污染防治新理念；通过污染源系统控制、清水产流机制修复以及流域综合管理等措施建设绿色流域，推动实施产业结构调整和低污染水治理系统建设等工作。入湖河道是通向湖泊心脏的大动脉，由于大部分河道较长，流经的城镇、村庄、农田较多，在给湖泊供水时，大量的生产生活污染物也通过河道进入湖泊，造成湖泊水质富营养化。

完善东江湖流域县城、乡镇污水和垃圾处理设施建设，加强库区入河排污口整治，严格控制入湖污染物排放量，城市生活污水由管网收集至污水处理厂进行集中处理。然而，广大农村民居分散，缺乏大规模管网建设和集中处理的条件，长期任由自排，对水体产生严重危害。2020 年，东江湖周边建设了环湖 9 个集镇污水处理厂，实现环湖乡镇集镇区污水收集处理全覆盖。这项工作进一步推广，目前建成农村集中式生活污水处理设施 272 个，农村分散式污水处理设施 4000 余个，垃圾中转站或垃圾无害化处理厂 8 个，建立起完善的城乡生活垃圾、生活污水收集处理体系。

2. 守护湖岸“清水”

大力开展东江湖库区农业面源污染治理，减少农业面源污染入湖。资兴市从 2002 年开始启动退耕还林工程，截至 2006 年总共完成造林 64 平方千米，其中坡耕地造林 29. 333 平方千米，占总造林面积的 46%，荒山造林 34. 667 平方千米，占总造林面积的 54%。林种的分配以生态林为主，在造林类型上做到了多种林种类型的合理搭配。在基本农田和村庄周围，以水土保持型造林为主，防止水土流失，如皮石乡、汤市乡等，种植比例为 7 松 3 阔；在水库、河流和群众生活饮水源头地区，以水源涵养型造林为主，以利保水、蓄水和涵水，如黄草镇、清江乡等地，树种比例为 7 阔 3 针及 7 竹 3 阔；在大型水库和河流的沿岸，以护岸型造林为主，防止水库岸边山体滑坡、河流冲堤，树种比例为 7 阔 3 针和草。此外，还有以适应农村产业结构调整为目的的效益兼顾型造林，以培植农村后备经济、改善农民生活条件为目的的后备经济发展型造林，以改造居住环境、生态环境及发展旅游产业为目的的环境改造型造林等。退耕还林项目为全市增加林地和森林面积，起到了涵养水源、保持水土、增加蓄水量、减少泥沙流失量、净化大气、美化环境、调节气候、减少自然灾害的强度与频度等生态作用，还增加了退耕农户收入，帮助群众脱贫致富，发展了林区经济。

实施东江湖水生态修复保护，开展东江湖沿岸消落带治理、河湖滨带生态修复，建设东江湖生态屏障，加强草地和入库河口湿地生态系统修护湿地建设。近年来，实施了杭溪河湿地、兴宁河入湖河口湿地、环湖路二期及台前村湖滨湿地、环湖路一期湖滨湿地等项目，建设了环湖公路 4. 2 千米，新增修复湖滨河滨湿地面积 4550 亩。实施环东江湖周边乡镇水源涵养林建设、石漠化治理、楠竹低改项目，2015 年至 2020 年新增或提质水源涵养林建设面积 17. 56 万亩，新造或补植石漠化造林 2. 8 万亩，完成防火林带 753 亩，楠竹低改 1. 1 万亩，恢复矿山植被 350 亩和湖滨湿地 4200 亩，配套建设污水主管网 6 千米、支管网 10 余千米。污水处理厂处理过的尾水在入湖之前，经过人工湿地的二次净化可以进一步净化水中的氨氮磷等元素。

实施移民搬迁、禽畜养殖控制、测土配方等系统工程项目，加强住宿餐饮行业规范化管理，确保库区周边农家乐达标排放。资兴市委市政府一方面创新推进库区居民和产业的“双转移”工程，通过二次移民逐步把库区居民向库区外转移，移民由从事第一产业向从事第二、三产业转移；另一方面在东江湖周边大力发展无公害、绿色、有机农业与观光休闲农业，减少和避免农药、化肥、农膜等污染，既解决了农业面源污染问题，又生产了大量的绿色有机农产品。2009 年至 2012 年间，资兴市采取进城购房、跨乡外迁等方式，顺利完成了总投资 12.58 亿元，涉及 14 个乡镇 75 个村 6368 户 19261 人的东江水库移民避险搬迁安置工程，引导了一批库区居民到库外居住与就业。2014 年资兴市东江湖周边乡镇有存栏生猪 4 万多头，栏舍面积达 6 万多平方米，每天的养殖废水排放总量达到了 40 余万千克。畜禽养殖业在带动当地农民增收的同时，其造成的环境污染也日益凸显。畜禽养殖产生的大量粪污无法处理，养殖户顺势排放到东江湖，导致很长一段时间内湖的水质严重受损。为保护东江湖战略水资源，确保饮用水安全和改善农村人居环境，资兴市出台了《资兴市东江湖周边畜禽规模养殖场退养工作实施方案》，对东江湖 285 米水位线以上至第一层山脊线区域内，规模养猪全面退养。截至 2016 年，东江湖周边区域已有 594 户生猪养殖户退出养殖，共拆除栏舍 10 万多平方米，退养生猪 10 万多头，每年减少 COD(可氧化有机物需氧量)排放 2880 吨、氨氮排放 144 吨、总磷 14.1 吨，有效地保障了东江湖水环境。根据上述实施方案规定对退养户按栏舍面积、饲养设施分类进行补偿，栏舍补偿标准分别为 300 元和 150 元每平方米，同时，在规定期限内完成退养的，按相应补偿档次给予 10%的奖励。针对东江湖流域旅游业污染，对位于东江湖景区的逸景营地、东江湖休闲农庄、白廊镇国际度假山庄等 9 处违建别墅开展专项整治，查处违建别墅建设面积 35987 平方米，拆除建设面积 27821 平方米。全面取缔东江湖水上餐饮和小东江沿线餐饮，规范整治白廊、兴宁、黄草、清江环东江湖流域周边农村建房和农家乐。淘汰 40 座以下的旅游船只和老旧船只 172 艘。此外，针对东江湖周边农家乐生活污水处理，白廊镇引进了智能一体化污水处理设备(图 8-3)。智能一体化污水处理设备可以将污水进行收集、沉淀，再发挥生化降解作用从而去除污染物质，出水可达标排放或者用于绿化、灌溉和景观补水等。此装置还可以通过云平台远程集中智能化管理和降低成本运维管理，实现乡镇污水处理站自动运营和无人值守。

图 8-3　东江湖周边村镇的小型污水处理设备

3. 实施湖中“净水”

适度发展旅游，减少游客消费污染。科学规划东江湖旅游业发展，根据环境承载能力，适度开发旅游资源，防止超环境容量过度发展。对农家乐等休闲旅游业，统筹规划、加强管理，防止无序发展。在东江湖水源一级保护区范围内，禁止新上旅游开发项目，禁止设置游泳区，已建的与供水无关的项目要限期拆除；二级保护区范围内，严格控制新上旅游开发项目。加强东江湖旅游业的规范化管理，旅游开发项目必须严格执行环境影响评价和“三同时”制度，并实行总量控制制度；对目前已有的宾馆、旅游度假村以及农家乐，必须配备污水处理设施，废水经过处理达标后排放，最大限度减少旅游业对环境的污染。加强船舶污染防治，采取淘汰升级、技术改进等方式，逐步实现油污、污水、垃圾零排放。东江湖旅游客运码头等船舶集中停泊区域要配置污水、垃圾岸上接收存储设施设备，统一运至湖外进行集中处置。

加强水面保洁和网箱退水上岸，建设漂浮物中转站，实施水体生物净化、污染底泥治理等净水技术，确保湖内水体稳定达标。开展苗种繁殖、增殖放流工作；购置打捞船和油污收集船进行湖面漂浮物打捞，对5条入湖河流27.5千米河道进行生态护岸、淤沙清运、清水产流恢复等综合整治；启动全面永久性禁止东江湖天然渔业资源生产性捕捞。东江湖淡水资源丰富、水质优良，渔业发展资源优势明显。网箱养鱼指将由网片制成的箱笼，放置于一定水域进行养鱼的一种生产方式。近年来由于渔业产业效益良好，养殖户尝到了甜头，有证面积已无法满足网箱养殖户的养殖面积。网箱养殖出现超面积养殖和无证养殖。截至2017年6月，东江湖有养殖面积150808.53平方米，其中有证面积48396.72平方米，无证和超面积养殖102411.81平方米。网箱养鱼成为库区移民重要经济来源，但也导致局部水域富营养化。为保住一湖清水，从2011年起，资兴市按照公平公正、合理补偿、只减不增原则，大力实施东江湖网箱养殖退水上岸工程并先后出台了《关于印发2012年资兴市东江湖网箱养殖规范化管理实施方案的通知》（资政办发〔2012〕12号）和《2013—2015年资兴市东江湖网箱养殖规范化管理实施方案》（资退水办发〔2013〕1号），明确了年度退水上岸任务，制定了相应的补偿政策和标准。按照实事求是、公平公正，依法取缔、合理补偿，稳步推进、只减不增的原则，对东江湖登记在册的网箱719户共57.97万平方米、养殖房屋面积11969.18平方米进行规范化管理，东江湖网箱养殖总规模控制在5000口共9.7万平方米以内。2017年完成第一次网箱退养，2020年至2021年5月实施第二次网箱退养，共清退178850平方米，网箱养鱼已经全部取缔。按照《资兴市重点水域禁捕退捕工作实施方案》，采取一次性补助和过渡期帮扶相结合方式，按照“分类别、分阶段”原则予以适当补偿和过渡帮扶。

4. 强化制度“护水”

为了加强东江湖水环境保护，防止水污染，根据《中华人民共和国水污染防治法》及其他有关法律、行政法规，结合东江湖流域实际情况制定了《湖南省东江湖水环境保护条例》（以下简称《条例》），自2002年3月1日起施行。《条例》于2018年7月19日以及2020年6月12日由湖南省人民代表大会常务委员会进行了两次修正。《条例》适用于资兴市、汝城县、桂东县、宜章县所辖的东江湖流域的水环境保护。《条例》规定东江湖水环境保护应当坚持统一管理、分级负责的原则，实现水资源的合理开发和永续利用；湖南省人民政府应当加强对东江湖流域水环境保护工作的领导；郴州市人民政府全面负责东江湖流域水环境保护工作；资兴市、汝城县、桂东县、宜章县人民政府负责本行政区域内东江湖流域水环境的保护；湖南省、郴州市及资兴市、汝城县、桂东县、宜章县人民政府应当将东江湖流域水环境保护工作纳入国民经济和社会发展计划，采取防止水污染的措施；郴州市和资兴市、汝城县、桂东县、宜章县人民政府应当按照本级人民代表大会常务委员会的要求报告本行政区域内东江湖流域水环境保护情况。在东江湖流域活动的单位和个人都有义务保护水环境，有权对污染东江湖流域水环境的行为进行劝阻、检举和控告。将东江湖流域水环境保护范围划分为一级保护区、二级保护区和准保护区，并实行逐级严格的保护措施。湖南省人民政府生态环境、发展改革、商务、自然资源、住房和城乡建设、交通运输、农业农村、林业、水利、市场监督、文化和旅游等有关行政管理部门，应当按照各自职责做好东江湖水环境保护工作。在主体功能区划中将东江湖周边区域确定为禁止或限制开发区。

为了完善东江湖流域水环境保护制度，郴州市成立了东江湖水环境保护局，编制了《东江湖流域水环境保护规划(2018—2028年)》，制定了《郴州市东江湖流域水环境保护考核办法》，加快推进生态补偿、排污交易权、环境税费改革、污染责任险，全面建成长效水环境保护制度。同时，市委、市政府等配套出台了《东江湖水质保护管理规定》《东江湖饮用水源保护区污染防治管理暂行规定》等文件，为东江湖的可持续发展提供了有力的法律保障。到2020年，东江湖流域水源涵养和供水调蓄功能大幅提升，建成最严格环境保护制度及全方位生态环境监测网络，流域内重要水源地、水环境敏感区域等重点水域的城镇污水处理全面达到一级A排放标准。

2017年以来，郴州水文局成立了“全面推行河长制办公室”，通过提供水功能区水质情况、跨界水量水质监测、水资源承载能力、重点河湖健康评估，多渠道、多层面为落实“河长制”提供坚实的数据基础。按照“十四五”国家地表水环境质量监测网设置要求，设置国控断面头山、白廊、下渡苏仙，省控断面程江口、凉滩码头、黄草镇羊兴村公路桥、满天星水库大坝，集中式饮用水断面小东江。其中：头山、白廊、下渡苏仙、小东江、满天星水库大坝为资兴市考核断面；凉滩码头和黄草镇羊兴村公路桥为资兴市入境地表水断面，考核汝城县；程江口未纳入考核，为趋势科研断面。为加强饮用水水源地水质监测与监管，保障饮用水安全，按照《全国集中式生活饮用水水源地水质监测实施方案》，资兴市共开展14个乡镇集中式饮用水水源地季度监测工作，其中，金银塘为地下水，监测频率为每半年一次。2017年资兴市在东江湖的头山、羊兴等地设立了水质自动监测站，对东江湖一级饮用水源保护区、东江湖入境河流等重点区域的水质进行24小时不间断自动监测；加上常规的手动监测，160平方千米的东江湖已实现水质监测全覆盖。为加强东江湖水环境保护和管理，保障东江湖水环境质量持续稳定，2018年12月，资兴市在东江湖新增清江大垅、湖体水流右侧库岔、坪石库岔、大坝码头、滁口高龙村垅下河、黄草镇燕子排等6个断面，监测频率为每季一次。开展水质评价与预测，对有效开展东江湖水污染预防和治理具有重要指导意义。

8.1.2　湘江珠江赣江水源涵养保护工程

郴州是全国63个生态功能重要区之一，是南岭山脉和罗霄山脉的交会带，郴州地处湘江、赣江、珠江三大水系的接合部，素有“华南水塔”之称。郴州作为我国南部地区重要的生态系统服务功能区，是长江中下游重要的水源涵养、土壤保持区，拥有包括宜章莽山和桂东八面山2个国家级自然保护区在内的自然保护区7个，包括天鹅山森林公园、莽山森林公园、西瑶绿谷森林公园和九龙江森林公园等8个国家级森林公园，包括东江湖国家湿地公园、桂阳春陵江国家湿地公园(试点)、郴州西河国家湿地公园(试点)、安仁永乐江国家湿地公园(试点)、嘉禾钟水河国家湿地公园(试点)5个国家湿地公园在内的湿地公园12个，目前全市共划定生态保护红线面积3960.4097平方千米，占全市总面积的20.45%，属于《全国主体功能区规划》和《全国生态功能区划(修编版)》确定的国家重点生态功能区，是长江流域重要的生态安全屏障和我国生物多样性关键地区之一，生态区位重要。郴州的水资源非常丰富，但是生态也比较脆弱，主要由于时空分布不均，有时会发洪水，有时会干旱，因此有“湘南干旱走廊”之称。因此，保护好郴州水环境、水生态对“三江”流域生态发展和百姓生活具有现实意义。

坚持山水林田湖草系统治理，提高水源涵养保护的综合效益。加强森林生态和生物多样性保护。加强生态公益林保护，稳定生态公益林776万亩以上。加强湿地生态保护。针对水土流失，水源涵养能力下降的问题，大力开展以易灾地区生态环境综合治理、坡耕地治理和崩岗治理为重点的水土流失综合治理，着力实施水土保持工程。加强生态公益林、长江及珠江防护林、退耕还林还草建设。构建以生态功能为主，兼具经济效益和生态景观的人工湿地—森林生态系统，发挥其水源涵养和污水净化作用，减少入河湖排污总量，改善河湖水质，维护全市水生态安全。郴州市生态优势突出，森林旅游资源十分丰富，现有20个国有林场、8个国家森林公园、1个省级森林公园、2个国家级自然保护区、2个省级自然保护区、5个国家湿地公园，森林旅游地38处，旅游地总面积0.2268万平方千米，旅游地可游览面积0.2129万平方千米。因此，应加强对桂东齐云峰、湖南嘉禾、宜章莽山、汝城九龙江、临武西瑶绿谷、永兴丹霞、桂阳县泗洲山—辉山等国家森林公园建设，加强八面山等国家级自然保护区生态环境保护建设。加快建设长期定位监测站、动物救护站和野生动物人工繁殖基地、森林防火和安全预警监控系统等设施。加强开展郴州西河、桂阳春陵江、安仁永乐江、嘉禾钟水河等国家湿地公园保护和项目建设。开展退耕还林还湿试点，构建人工湿地—森林生态系统。建设湖南东江湖国家湿地公园、湖南郴州西河国家湿地公园、湖南桂阳春陵江国家湿地公园、湖南安仁永乐江国家湿地公园、湖南嘉禾钟水河国家湿地公园，加强320平方千米湿地保护。

加强水生态修复。对包括源头水保护区、水库水源地、森林公园在内的25个区域进行小流域水土流失综合治理。苏仙区东江河流域山水林田湖草生态保护修复工程试点。抓好农业面源污染防治工作，推广清洁生产技术，对重度污染农田表土进行稳定化处置并进行种植结构调整。加强畜禽粪便无害化处理与资源化利用、农村生活垃圾处置和生活污水防控。进行历史遗留废渣和重度污染土壤清挖、修复；对农田上游污染土壤进行风险管控，对重度污染农田表土进行稳定化处置并进行种植结构调整。乡镇污水处理设施建设，建设农田有机废弃物发酵池、农业投入品废弃物回收池，修建梯级生态拦截体系，开展秸秆综合利用，开展畜禽粪便无害化处理与资源化利用，防控和治理农村生活污染。

推进水系连通和补水蓄水工程建设。实施东河—秧溪河等水系连通项目，新建连通渠

1.6千米，改善金田湖和刘仙湖、河道护岸9千米、水闸4处等。改善水质，增加水面面积，增强防洪排涝能力。建设一批水库、山塘等重点水源，加强河道干渠疏浚及河塘整治，构建相互连通的生态水网体系，提高水资源调控水平和供水保障能力。

8.1.3　集中式饮用水水源地保护工程

郴州市饮用水源地以湖泊型和水库型为主，县级以上饮用水水源地12个(其中国家级饮用水水源地2个，分别为东江湖和山河水库)，合计供水量46996万吨/年，其中综合生活供水8468万吨/年，服务人口258万人。东江湖作为国家“一湖一策”重点保护湖泊、湖南省战略水源地、湘江的核心补水基地，拥有水域面积160平方千米，总库容92.7亿立方米，在生产生活用水保障、发电、防洪、生态旅游等方面发挥着重要作用。目前，郴州集中式饮用水源地水质总体情况较好，但受城镇生活污染、矿山生态破坏、农业面源污染、旅游导致生活垃圾污染、自然灾害(洪水)等因素影响，水源地及周边流域存在较多隐患、污染防治形势不容乐观。

加强饮用水水源地规范化建设。完成县级以上城镇集中式饮用水水源保护区的划分并对集中式饮用水水源地进行监测。2020年9月，郴州市共监测了小东江、东江水库取水口在用市级集中式生活饮用水水源2个监测点，全部为地表水水源。全市市级饮用水水源地水质全部达到或优于Ⅱ类标准，水质达标率为100%。按照《集中式饮用水水源地规范化建设环境保护技术要求》(HJ 773—2015)，全面推进集中式饮用水水源规范化建设，加强长河水库、莽山水库、青山垅水库等水库饮用水水源规范化建设，采取综合措施保障水源地安全。加强12个县级以上重要饮用水水源地的水量、水质、安全监控体系和管理体制达标建设。

巩固提升农村饮水安全。在临武县、桂东县等地推进城乡智能环卫一体化建设，建设、推广智能城乡垃圾收运系统，促进城乡垃圾和废弃物得到资源化、无害化处理，保障人畜用水安全。临武县推行“户分类、村收集、乡中转、县处理”的生活垃圾处理模式，全面规范村民的垃圾处置行为。建成了武源乡5吨级地埋式压缩垃圾中转站和西瑶乡联体式垃圾中转站，全面建成垃圾收集网络7563米，建垃圾收集池7座，安放活动垃圾箱26个，发放垃圾桶3000个。每个村组安排2名卫生员管理村组、河道公共卫生，用《村民卫生公约》规范村民保洁行为，并配置垃圾收集车4台，将村庄、河道垃圾按指定的路线、时间收入中转站，县环卫所每两天一次将垃圾转运至县城垃圾处理场进行无害化处理，实现了垃圾处理“减量化、无害化”的目标。目前，长河水库一级保护区范围内所有行政村垃圾处理都已基本完成。解决160.8万人的饮水安全巩固提升问题，到2020年，持续保持县级以上饮用水水源地达标率100%，全市形成“水量保证、水质达标、管理规范、运行可靠、监控到位、应急保障”的集中式饮用水水源地安全保障体系。

加快实施重大饮用水工程。前期郴州市蓄水工程规模小，水的聚集程度不高。东江引水工程是省市重点建设工程、郴州市重大民生工程，总投资预计40亿元。按照项目总体规划，东江引水工程分近期(一期)、远期(二期)、远景(三期)建设，全部建成后可满足城市200多万人口的用水需求。其中一期、二期工程的主要建设任务是兴建1座大型现代化净水厂(最大日供水量70万吨)、2座高位水池、2座加压泵站、3座调节水池、106千米长的大口径输水管道，从而构建郴州市惠及人口最多、保障性最好的城镇供水系统。东江引水工程一期工程于2018年11月28日竣工通水，惠及120万人，不但解决了城区供水紧张的状况，还让郴州城区市民喝上了盼望已久的东江水。东江引水二期工程通水后可确保郴州大道沿线和桂阳县78万人口的用水需求。据测算，东江引水工程一、二期全部完成后，每年可为北湖、苏仙、桂阳等地增加优质水源供水2亿吨，让200余万名群众享受到保护绿水青山带来的幸福生活。

总结推广嘉禾县经验，加快推进城乡供水一体化。自2010年以来，嘉禾县紧紧围绕城乡饮水安全项目，确保水资源可持续利用，逐渐形成了“四同三化三办法”的城乡供水一体化“嘉禾模式”，即同水源、同水质、同水价、同服务的城乡供水一体化“四同”体系，管理专业化、调度信息化、收费智能化的“三化”管理方式，推行以县为单位全域覆盖，以现有水库为主、河流为辅、泉水备用的供水格局，以政府主导、财政兜底、市场运作的机制“三办法”。这为全国城乡供水一体化建设提供了嘉禾经验和样本。目前行政村安全供水覆盖率达到100%，农村自来水普及率达到95%，提前五年实现全面小康安全饮水目标，有效提升了人民群众的获得感、幸福感、安全感。

规划建设管道覆盖衡阳、湘潭、株洲、长沙等城市的东江湖直饮水项目。随着经济社会发展，人民群众对饮用水水质的要求越来越高，加之建设“资源节约型、环境友好型”社会的要求，改革当前的合质供水方式，实施分质供水是供水行业的发展趋势。在严格控制远距离输水二次污染的前提下，实行管道直饮水等分质供水工程可有效解决当前普遍使用桶装水的问题。目前，长沙市建成了株树桥水库供水项目，每天向长沙供水50万吨左右。

8.2 重金属污染及源头综合治理行动

8.2.1 重点流域重金属污染治理与矿山修复工程

郴州是一座以森林、矿产资源丰富而著称的城市，有色金属、宝石和矿物晶体资源丰富。但由于矿产粗放无序开采，以致地质灾害频发、水环境污染严重，给生态环境特别是水体环境带来了严重污染，尤其是一些重点矿区周边，群众安全饮水无法保障。围绕水生态修复，郴州市实施三十六湾区域治理、“一湖两河三江”治理、矿山复绿、农村环境整治等重大工程，完成重金属污染治理项目118个，苏仙金属矿区矿山、三十六湾大部分矿区重现绿水青山，全市农村环境综合整治整县推进。编制三十六湾及周边地区重金属污染综合防治“十三五”规划；建立环境质量预警机制，督促相关县市区政府排查、分析原因、立即整改；加强环保、公安、法院工作联动，成立郴州市环境执法联席会议领导小组，推进环境行政执法与刑事司法联动。加大市、县市区财政对重金属污染防治的投入力度，建立完善重金属污染防治资金投入保障机制。郴州关闭退出了900多家煤矿、2000多家有色金属矿山，矿业对经济的贡献率由第一位下降到第三位。产业结构的优化和调整，使城市发展向着绿色低碳模式转变。为此，郴州着力进行重点流域重金属污染治理与矿山修复工作，探索出一条治理道路，治理模式如图8-4所示。

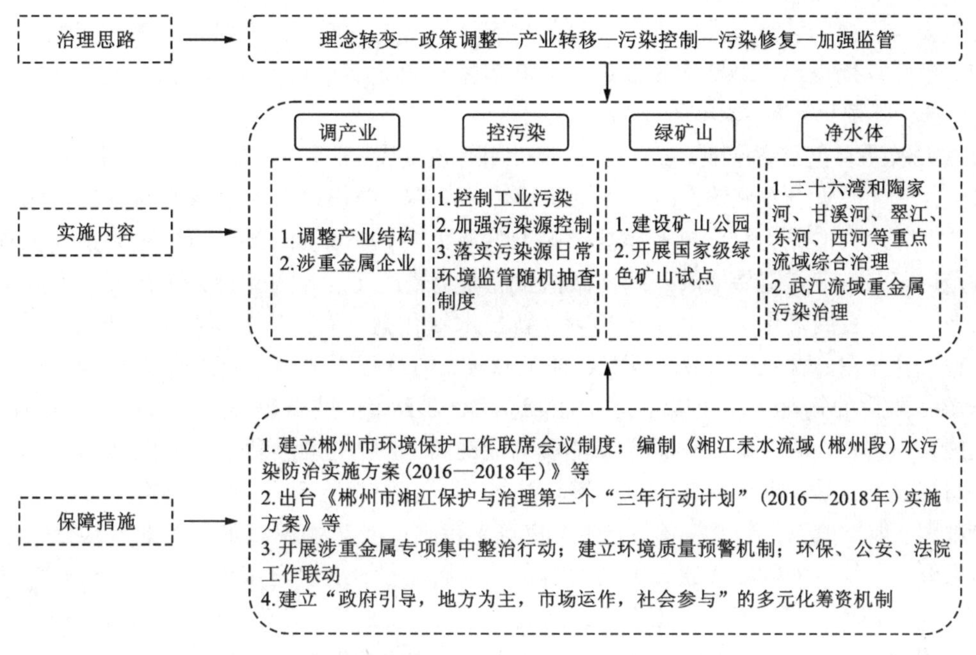

图 8-4　重点流域重金属污染治理与矿山修复治理模式

1. 湘江流域(郴州段)治理工程

全面实施“河长制”。建立由各级党组织书记担任第一总河长，行政首长担任总河长的市、县、乡、村四级河长组织体系，统筹河湖保护管理。强化河湖防洪保安管理，加强河道执法力度和河湖巡查防守。抓实水域岸线河道采砂管理，实行保护优先、总量控制和有序开采。做好河道保洁及垃圾清理，强化日常保洁和突发保洁。落实国务院《关于实行最严格水资源管理制度的意见》，严格执行水资源开发利用控制、用水效率控制、水功能区限制纳污等规定标准。严格入河排污口监督管理，强化河湖跨界断面和重点水域在线监测，建立水质恶化倒查机制以及“以水控陆”的入河排污管控倒逼机制和考核体系，强化排污入河责任追究。实施陶家河、武江、东河、西河等重点流域重金属污染综合治理，大力实施陶家河流域综合治理项目，在临武、嘉禾、桂阳三县分段综合实施流域重金属污染治理、流域生态修复与保护、流域监管及饮用水源地保护等水环境质量改善工程；实施武江流域废弃有色采选矿区综合整治项目，解决重金属超标断面整治问题，实现区域内稳定达标；实施苏仙区东西河治理项目，抓好上游观山洞采选矿区重金属污染治理、观山洞村下白水村重金属污染土壤修复、河道尾砂清理、尾矿库安全闭库及覆土绿化等工作；实施永乐江流域综合治理项目，进行河道疏浚、岸坡整治等综合治理；实施舂陵江流域、白水河流域综合治理项目，开展重金属污染治理、流域生态修复和保护；加快市中心城区燕泉河、同心河等城市黑臭水体，资兴市田心水渠、桂阳县双流河等县城(县级市)黑臭水体整治，推进宜章县玉溪镇等 72 处乡镇黑臭水体整治，彻底治理黑臭水体。

以产业结构转型为抓手，展开涉重金属企业的依法取缔、淘汰和升级等工作，共调整涉重金属企业产业结构项目42个，依法关闭、淘汰100余家小非法采选、小冶炼和存在重大环境安全隐患的涉重金属企业。良好的生态环境是促进城市产业结构调整和转型升级的基础。郴州关闭退出了900多家煤矿、2000多家有色金属矿山；加速淘汰火电、水泥、冶炼、采选、造纸、制革、印染等落后产能。

做大做强有色金属产业。进一步完善郴州有色金属“五个一”战略体系建设，做好有色金属精深加工；重点发展钨、钼、铋、铅、锌、锡、铜、白银等有色金属矿产资源精深加工产业，将郴州打造成为全国具有重要影响力的有色金属精深加工区、有色金属产业循环经济示范区、有色金属交易集散基地。做精做优非金属产业。大力支持央企在郴州发展氟化工产业，大力发展氟化工配套基础原料、新技术氟化盐、消耗臭氧层物质的长期替代品、含氟精细化学品、含氟聚合物、氟材料加工品等，构筑起资源雄厚、基础坚实、配套完整、上下游一体化的氟化工产业体系；加快推进以南方石墨低度石墨提纯及微晶石墨深加工、明大炭素石墨(炭素)制品、格瑞普新能源高能锂离子动力电池产业化等项目为代表的先进储能材料基地建设，重点发展微晶石墨新材料、石墨烯材料，带动发展芯片、硅晶制备、高导热材料、航空航天、军工装备等产业；重点支持临武县矿物宝石加工产业基地建设和通天玉石开发，积极争取临武通天玉纳入国家宝玉石名录，加快建设郴州宝石产业园，配套建设湘南工艺美术城，把郴州建设成为集研发、设计、加工、贸易、展示、旅游于一体的宝石产业集聚区。高新技术、电子信息、先进装备制造业增加值年均增长在30%以上，文化旅游、精品会展等现代服务业发展迅速，矿业对经济的贡献率由第一位下降到第三位。产业结构的优化和调整，使城市发展向着绿色低碳模式转变。

以工业污染控制为中心，加快产业转型，关闭涉重金属企业，并加强其他工业企业污水处理的管理，从源头上削减污染物的排放，完成全市工业污染控制项目共24个。历史遗留污染治理。开展历史遗留区的环境治理和污染治理区的搬迁，同时还有农业用地污染的治理，完成全市历史遗留污染治理项目共19个。扩大污染源自动监管的覆盖面，对国控重点废水污染源、工业园区废水处理厂等均安装污染源自动监控设施。在高新技术园区建设“南方有色金属研发中心”，搭建重金属污染防控研发平台。将湘江保护和水生态文明建设相互融合与促进，确保湘江流域饮水安全。

2. 矿山地质环境恢复治理工程

(1)狠抓环境保护。南方矿业在矿区原地重新规划设计建设“采矿工业园”，建成了日处理量8000吨的井下水处理厂，24小时外排水在线监测，做到达标排放。选矿厂配套建设一座有效库容近800万立方米的标准化全防渗尾矿库、一座选厂废水处理厂，选矿尾水做到循环利用率达到90%以上。

(2)高效利用资源。临武县南方矿业提高选矿回收率，其中锡回收率高达70%以上，在国内处于先进水平。将生产与生活废水循环用于选矿；尾砂用于制砖、做建筑材料掺合料，很大程度减少了尾砂的排放；采矿废石用于充填采空区或修筑公路、平整工业广场等。苏仙区柿竹园通过创新推进尾矿节能减排，使单位产品综合能耗从2018年的123.3千克标准煤/吨下降到现在的78.9千克标准煤/吨，有效降低了废气、废水和固废的排放。选矿综合回收率从2018年的68.1%提高到现在的70.73%，资源综合利用率从2018年的53.3%提高到现在的66.64%。

(3)创新机制模式。宜章县通过“城乡建设用地增减挂钩项目”复耕复垦，盘活废弃工矿土地资源，新增水田2067.1亩、旱地1717.84亩、其他农用地3108.5亩，新增的耕地指标用来填补城市建设的损耗。同时通过矿山修复，在废弃矿地发展光伏扶贫电站，年产值达200万元。盘活废弃煤矿、闲置的厂房资源，引进石材、粉体加工企业，发展绿色碳酸钙产业。

(4)注重科技创新。南方矿业重视自主研发的投入，每年的科研投入达1600万~2000万元，已获得12项国家专利，其中完全自主完成的国家发明专利4项，持续被评定为“湖南省高新技术企业”。柿竹园不断创新采选技术，先后取得了“柿竹园法”(全球唯一以企业命名的选矿方法)、“复杂难处理钨矿高效分离关键技术及工业化应用”等国家科技进步奖多项创新成果，共获国家级发明奖1项、科学进步奖4项，科技进步带来的经济效益累计20亿元以上。

落实矿山最低开采规模要求。严格依据《关于加强矿产资源开发管理促进安全生产有关问题的通知》(湘国土资发〔2015〕28号)和《湖南省主要矿种矿山最低开采规模标准》(以下简称《标准》)，凡新设采矿权，开采规模必须达到《标准》要求；现有矿山保有资源储量少、投入不足、技术落后等原因导致生产规模达不到《标准》要求的，应通过资源整合、扩界、加大投入、加强技术改进等方式达到要求，否则，不再办理采矿登记和安全生产许可等相关手续。引导矿山企业集约化经营。进一步做大做强本土矿山企业集团，优化内部结构，全面提升竞争力，发挥其龙头带动作用；积极与国内外知名矿山企业集团建立战略性合作关系，提升本市矿业整体素质和竞争能力。

所有新建(改、扩建)矿山必须严格执行环境影响评价制度，建立矿山地质环境监测系统，认真履行土地复垦义务。新建矿山必须有与生产工艺相适应的污染物处理能力，环境保护工程设施要与主体工程同时设计、施工，同时投产使用，并同步建设排土场及其他相应的综合利用设施。对于已建和闭坑矿山，应对矿山活动全过程监控，加强监督检查，防止矿山地质环境破坏。已建矿山必须认真贯彻落实各项矿山环境保护与治理法规制度，严格实施矿山环境恢复治理保证金制度，坚持“在保护中开发，在开发中保护”的原则，按照其所编制的矿山地质环境保护与恢复治理方案和土地复垦方案，稳步有序地开展矿山地质环境保护与恢复治理工作。对于历史遗留和责任人灭失的闭坑矿山的恢复治理工作，应努力争取两权价款中的矿山地质环境治理项目资金或国家和地方政府环境治理专项资金，同时建立多元化、多渠道投资机制，根据“谁投资，谁受益”的原则，制定合理的投资、分配政策，确保投资者利益，吸引市场资金对矿山地质环境问题进行治理。积极探索废弃矿山环境治理新模式，将矿山地质环境治理与土地整治、生态园区和工业园区建设相结合。

郴州矿山公园通过尾砂库除险加固、还绿、污染源控制等措施，从根本上改变矿山脏、污、差现象，为郴州市的矿山建立示范样板。宝山矿山公园的“一心七区”，柿竹园矿山公园的建设都具有一定特色。建设矿山公园并开展国家级绿色矿山试点，对矿山地质环境进行恢复型治理。共投入绿色矿山建设资金约2亿元，完成矿山复绿面积6.2016平方千米，建成宝山和柿竹园2个矿山公园。将矿山地质环境问题种类多、危害严重，对生态环境、工农业生产和经济发展造成较大影响的区域划定为重点治理区。全市共划定8个矿山地质环境重点治理区(表8-1)。

表 8-1 郴州市 8 个矿山重点治理区

分区名称	主要矿山	所在行政区	面积/km²	防治内容
湖南郴州三十六湾多金属矿区地质环境重点治理区	香花岭、香花铺多金属矿区	临武县	153.82	加强矿山环境污染及地面变形监测，规范废渣、废水排放，加强废石综合利用，修建挡渣墙、截排水沟等保护工程，综合治理矿山环境污染，加强尾矿库安全管理与土地复垦
永兴耒永矿区、马田矿区地质环境重点治理区	新星煤矿、爱和山煤矿、芝兰冲煤矿、高泉塘煤矿、桐子山煤矿、高一煤矿、油市镇二煤矿	永兴县	275.49	加强地面变形综合治理与监测，对受损房屋进行修缮、赔偿，对危房进行搬迁避让，及时回填夯实塌陷坑、地裂缝；加强固体废弃物的综合利用，减少废石的堆放量，减轻其对环境的影响；修建沉淀池、废水中和处理池，加强矿山废水综合循环利用，减轻其对水土环境的污染，加强土地复垦
北湖石墨矿区、宜章梅田矿区地质环境重点治理区	北湖区鲁塘镇狮子口石墨矿、北湖区鲁塘镇万发石墨矿、临武县金江镇打鼓大湾煤矿、临武县金江镇杨彬煤矿、宜章县红星煤矿等	北湖区、临武县、桂阳县、宜章县	203.03	加强地面变形、泥石流、崩塌、水土污染的综合治理与监测；加强废渣、废水排放管理与综合利用，矿业废水综合处理达标排放；修建挡渣墙、拦挡坝，防止暴雨诱发泥石流；加大土地复垦力度
桂阳县宝山至黄沙坪有色矿区地质环境重点治理区	桂阳县宝山铅锌矿、湖南省黄沙坪铅锌矿、桂阳县柳塘岭铅锌矿、桂阳县上银铅锌矿、桂阳县顺发铅锌矿	桂阳县	49.02	加强地面变形、滑坡、水土污染的综合治理与监测，对受损房屋进行修缮、赔偿，对危房进行搬迁避让；加强废渣、废水排放管理与综合利用，矿业废水综合处理达标排放，加大土地复垦力度
资兴市三都煤矿区地质环境重点治理区	资兴市三都镇金鸡岭煤矿、宝源煤业北平硐井、南平硐井、湖南省资兴矿业周源山煤矿、资兴市碑记乡高桥煤矿、资兴市碑记乡瑶山煤矿	资兴市	69.25	加强地面变形综合治理与监测，对受损房屋进行修缮、赔偿，对危房进行搬迁避让，及时回填夯实塌陷坑、地裂缝，规范废渣、废水排放，加强废渣、废水综合利用，加大土地复垦力度

续表8-1

分区名称	主要矿山	所在行政区	面积/km^2	防治内容
苏仙区柿竹园、玛瑙山多金属矿区、宜章县瑶岗仙钨矿区、平和井田地质环境重点治理区	湖南省柿竹园有色金属有限公司、郴州苏仙区玛瑙山矿、苏仙区芭蕉垅有色金属矿、苏仙区枞树板铅锌矿、宜章县田尾多金属矿、宜章县平和铅锌银矿、宜章县赤石兴旺铅锌矿、湖南省有色地质勘查局一总队长城岭铅锌多金属矿	苏仙区、宜章县、资兴市	303.24	设计修建废渣、废水处理设施，防止选矿废水、废渣以及尾矿淋滤水对土地和水资源的污染；及时回填采空区，对占用破坏土地进行复垦；对废石堆和人工开采边坡进行加固，修建挡墙、护坡等挡拦工程，预防潜在废石流、滑坡、崩塌等地质灾害
宜章县骑田岭有色矿区地质环境重点治理区	宜章金子坪矿业有限公司、上洞铅锌矿、云南锡业郴州矿冶有限公司、铜眼井锡矿、郴州市北湖区灯盏窝石墨矿、清水江铅锌多金属二矿	宜章县	64.45	加强废渣、废水排放管理与综合利用，矿业废水综合处理达标排放；修建挡渣墙、拦挡坝，防止暴雨诱发泥石流；加大土地复垦力度，加强矿山环境监测
嘉禾县袁家矿区地质环境重点治理区	嘉禾县泮头乡草塘煤矿、湖南省嘉禾煤业有限责任公司浦溪井、焦冲元煤矿、罗卜安煤矿、山窝庄煤矿、行廊镇三十担煤矿等	嘉禾县	130.14	加强地面变形综合治理与监测，对受损房屋进行修缮、赔偿，对危房进行搬迁避让，及时回填夯实塌陷坑、地裂缝；兴建引水工程，解决矿区人畜饮水和灌溉用水问题；加强废渣、废水排放管理与综合利用，加大土地复垦力度

临武县三十六湾地处湘江源头，素有“湘南聚宝盆”之称。但受20世纪八九十年代“有水快流”“先上车后补票”等政策影响，长期乱挖、乱采、乱排，给矿区及下游生态环境造成了严重的污染和破坏，污染最严重时甘溪河沿岸淤积近千万立方米尾砂，砷、锌、镉、锰等重金属指标普遍超标十多倍甚至几十倍。针对三十六湾区域环境污染状况，郴州市采取了“治非、治矿、治污、治山、治水+转型”的“5+1”综合治理模式，水中重金属污染物超标倍数明显下降。对三十六湾香花岭矿区实行“休克疗法”重拳整治，共关闭非法矿点1170个，建立“政企联动、区域联防”和“属地管理、行业监管”等系列长效机制，确保矿业秩序根本好转；优化重组整合资源，将矿权资源整合，成立南方矿业有限责任公司等大公司，大力推进技术升级改造，做好矿产品精深加工，提高资源利用率，矿业开发迈上有序发展之路；科学规划治理污染，采取“砌墙挡石、拦河阻沙、清淤护堤、废水深处、覆土还绿、产业升级”综合措施进行治理，对已整合完成的合法采选企业，严格按照环保“三同时”的原则进

行设计、建设与生产；对已取缔的无证矿遗留的历史污染，由政府负责实施治理；植树育林覆土还绿，企业承担复绿主体责任，按照“宜草则草、宜林则林、乔灌结合、藤草互补”的原则，全面实施三十六湾矿区生态修复治理工程，大力推进“矿山复绿”“花园式矿山”建设。重点栽植乡土树种，先后完成封山育林 41.60 平方千米、人工造林 32.70 平方千米；综合治水改善民生，按照“固本清源、先上后下”的治理思路，一方面对河道进行清淤护堤，先后安全处置河道尾砂 1187 余万立方米，另一方面实施农田水利灌溉工程，解决了 16 个行政村 2 万多亩耕地农田的灌溉问题，先后新建集中供水工程 136 处，解决了三十六湾及周边地区 1.5 万余人的饮水安全问题。矿区经济华丽转身，一是利用三十六湾矿区风向常年稳定、风能资源丰富的特点，推动低碳可再生风力能源发展，建设了三十六湾通天山风电场；二是利用三十六湾矿区历史悠久的工矿文化，打造“赖子岭工矿遗址”旅游景区，通过政策扶持原矿山从业人员转型发展生态农业，包括种植临武柚、大冲辣椒等，共解决矿区整治后的 10 多万人的就业问题。

新田岭公司年产尾砂 130 余万吨，年消耗尾矿库库容近 100 万立方米，现有的两座尾矿库所剩库容仅能满足 5 年生产需求，为彻底解决这一制约可持续发展的难题，公司以“绿色矿山”理念为指导，全力围绕尾砂综合利用进行布局。一是“减量化”。通过将尾砂制成高浓度充填料充填井下采空区，在降低安全风险的同时还大大提高了现有的矿石回采率，真正实现“去一害而兴两利”。公司尾砂充填站采用现行成熟工艺，国内先进的自动化水平，可年充填井下采矿区 50 万立方米(合计 65 万吨)，井下采矿使用充填工艺后，预计可多回收矿石 1000 万吨，经济价值超 30 亿元。二是“资源化”。将尾矿“变废为宝”，加工为绿色建材，创造循环经济新增长动力。公司通过引进战略合作伙伴华晟创元投资建设了“60 万吨/年钨尾矿资源化综合利用项目”，其主要产品为钨尾矿细砂和微粉两种。细砂主要作为特种砂浆骨料。微粉再通过浓密、压滤、烘干等程序，作为水泥混合材和混凝土掺和料。该项目年产 44 万吨钨尾矿微粉材料和 16 万吨(干基)骨料。三是探索“高值化”。尾砂建材化虽解决了尾砂量的问题，但产品附加值低。尾矿中含有 60%的石榴子石、3%～5%的萤石，通过深度开发均可以形成单独的产品进入市场，并可在本地区衍生出下游产业链，其价值远高于建材。该公司利用磁选抛废工艺对石榴子石进行选别的技术已较为成熟，在萤石的回收方面通过与科研院所合作也取得了初步进展。

郴州市矿山总数从 496 个减少到 323 个，全市建成绿色矿山 53 个，其中，国家级绿色矿山 18 个，省级绿色矿山 35 个。国家级绿色矿山数量全省排第一位，全国排第九位，我市绿色矿山建设经验在自然资源部进行了推介，通过矿山整治整合、绿色矿山创建，全市大中型矿山 11 种主要矿种“三率”水平达标率达 95%，跨入先进行列，废石年排放量从 1780 万吨减至 920 万吨，下降 48%。

8.2.2 大气污染防治工程

郴州市委、市政府认真贯彻实施《中华人民共和国大气污染防治法》，按照《中华人民共和国大气污染防治法》《大气污染防治行动计划》《湖南省“十三五”环境保护规划》《湖南省大气污染防治专项行动方案》《湖南省污染防治攻坚战三年行动计划(2018—2020 年)》要求，在调整优化产业结构、能源结构、运输结构、用地结构，有效应对重污染天气、加强环保能力建设等方面不断努力，并取得阶段性成效。2019 年 1—12 月，郴州市城区空气质量优良天数达到 343 天，优良天数比例为 94%，与上年同期相比优良天数比例上升 1.4%，优良率全省排名第二；市城区空气质量综合指数为 3.56，在全省排名第三；六项污染指标 PM10、PM2.5、二氧化硫、二氧化氮、一氧化碳、臭氧平均浓度分别为 52 $\mu g/m^3$、30 $\mu g/m^3$、11 $\mu g/m^3$、24 $\mu g/m^3$、1.2 mg/m^3、140 $\mu g/m^3$，均达到《环境空气质量标准》(GB 3095—2012)中的二级标准。

1. 优化产业结构

一是区域产业布局调整。积极推进永兴县稀贵金属产业整合升级入园；制定《永兴县落实金银稀贵金属产业整合升级进展缓慢整改工作攻坚方案》，开展园区企业专项整治行动，全面完成非法企业的关停取缔工作。二是落后产能淘汰和过剩产能压减。严格落实国家和省级相关要求，将化解产能过剩行业产能控制工作作为郴州市产业转型升级的一项重大举措来抓；严格按照国家、湖南省相关要求开展了对违规在建项目的全面清理，凡是不符合产业政策、准入标准、环保要求的项目一律不予开工建设。三是"散乱污"企业及集群综合整治。依法整顿取缔烧结砖企业，开展了烧结砖专项整治行动，对列入关停整改、关停取缔的烧结墙体材料生产企业，实施停产、停水、停电、拆除设备、拆除厂房、拆除窑体等措施，2018 年全市关停取缔相关企业 96 家；开展造纸行业环保隐患排查整改，对非法的、没有环保设施的、证照资质不全的造纸企业，坚决予以打击，对单条 1 万吨/年及以下、以废纸为原料的制浆生产线，依法坚决予以取缔关闭。四是工业污染源达标排放整治。开展城市规划区及周边废气整治工作，出台《郴州市城市规划区及周边工业废气污染源综合整治工作方案》，对城市规划区及周边 76 家"散乱污"企业进行集中整治，取缔关闭 13 家，停产 11 家，规范整治 52 家，倒逼企业发展转型，促进企业稳定达标排放；开展全市工业污染源全面达标排放工作，对钢铁、火电、水泥、煤炭、造纸、印染、污水处理厂、垃圾焚烧厂、有色金属(含采选冶)等"第一批"9 个行业的企业开展全面排查和监测，2018 年排查发现共有 85 家企业存在问题，已全部整改到位。五是排污许可证核发。2018 年完成了 65 家企业的排污许可证核发，其中屠宰及肉类加工 39 家、有色金属铅锌冶炼 23 家、平板玻璃 1 家、淀粉及淀粉制品制造 2 家。六是重点行业污染治理升级改造。推进电力行业提标升级改造，完成华润 B 厂 2#机组超低排放改造，实现 30 万千瓦及以上所有燃煤发电机组全覆盖；完成重点工业企业无组织排放治理改造，将有色、建材、化工等相关行业无组织排放治理列入《郴州市污染防治攻坚战 2018 年工作方案》并开展整治；全面推进工业挥发性有机物综合治理，2018 年完成了 30 个挥发性有机物治理项目。

2. 调整能源结构

一是煤炭消费总量控制。严格控制新增产能，从 2016 年起，3 年内停止审批新建煤矿项目、新增产能的技术改造项目和产能核增项目，确需新建煤矿的，一律实行减量置换；加快淘汰落后产能和其他不符合产业政策的产能，"十三五"以来，全市关闭退出煤矿共 46 处，全市煤矿由 2005 年 576 处大幅缩减至 43 处(不含湘煤集团在郴煤矿)；严格控制超能力生产，督促煤矿严格按公告产能组织生产，引导企业实行减量化生产。二是燃煤锅炉综合整治。开展工业企业 10 蒸吨每小时及以下燃煤锅炉淘汰或实施清洁能源替代改造工作，2018 年淘汰及清洁能源替代改造 86 台(淘汰 20 台，清洁能源替代改造 64 台)，全面完成任务。三是提高能源利用效率。推行电力行业提标升级改造，大力推进贫困村、小城镇中心村农网改造升级，实现全市 442 个贫困村、939 个中心村农网改造升级全覆盖。四是发展清洁能源和新能源。国家干线——新疆煤制天然气外输管道工程湖南段全线贯通，郴州市民用上“管输气”；实现桂阳—郴州—资兴天然气支线管道建成投产，争取宜章截断阀室改为输气阀室，衡阳—炎陵（安仁段）、桂阳—临武、永兴天然气支线管道纳入省年度建设计划，全市天然气输气管道实现“县县通、全覆盖”的愿景指日可待；稳妥推进新能源产业发展，推进电动汽车充电基础设施建设。

3. 调整运输结构

一是货物运输结构调整。积极争取交通运输部甩挂运输试点项目，由兴义物流公司和广铁集团合作建设的大型铁路运输物流项目——郴州市槐树下铁路物流中心暨铁海联运项目已验收合格。二是车船结构升级。推广新能源公交，制定出台了《郴州市公交行业新能源车五年推广应用实施方案（2017—2021 年）》《关于贯彻落实〈郴州市支持新能源汽车产业发展的若干政策〉的通知》，2018 年市城区新能源公交车占比 100%；加快淘汰高排放车辆和老旧车辆，实施《郴州市城区高排放公交车淘汰工作实施方案》，淘汰市城区公共交通高排放车 179 辆。三是油品质量升级。2018 年全市范围内全面供应国Ⅴ标准普通柴油，城市规划区内使用的非道路移动机械使用车用柴油。四是强化移动源污染防治。实施货车禁行措施，制定并向社会公布了市城区重型货车禁行区域，实施 24 小时禁行措施；轻型货车在市城区通行必须遵守高峰期禁行相关规定。加强机动车污染源头管理，以及加强非道路移动机械和船舶污染监管。全面启动郴州市非道路移动机械排污情况调查工作。

4. 优化用地结构

一是大力推进增绿造林。积极开展“增花添彩”工作，打造特色和亮点，完成石榴湾生态公园一期花溪湖提质改造，重点突出打造特色红枫林和花溪湖建设，满足海绵城市建设的需求和“城市双修”的需求。积极治理裸露黄土，补栽补植各类苗木、花卉，多次开展“植绿护绿”行动，确保公园干净整洁，亮丽有序。二是露天矿山综合整治。印发《郴州市露天矿山专项整治行动方案》，对全市砂石黏土矿的专项整治工作作了全面具体的部署。对非法开采行为和存在违法行为的矿山，及时进行了查处。深入开展了湘江流域露天开采非金属矿专项治理工作。全市仅有的一个与禁采区有重叠的桂阳县荣华采石场已剔除了与禁采区重叠的部分，2019 年 8 月到期后不再延续登记并予以关闭。三是扬尘综合治理。开展建筑工地扬尘防控；加大道路机械化清扫，扩大道路机械化清扫和洒水范围，增加道路冲洗保洁频次，切实降低道路积尘负荷，2018 年市城区道路机械化清扫率为 58.1%，各县城市道路机械化清扫率平均达到 45%；严格规范渣土车管理。四是秸秆综合利用。开展秸秆综合利用与禁烧宣传和秸秆禁烧现场督查，加大推广秸秆综合利用力度。近年来，先后在北湖区、苏仙区、永兴县、桂东县等县市区开展了秸秆腐熟剂还田技术补贴项目，特别是在安仁县开展的秸秆板材化利用，成效显著。

5. 应对重污染天气

一是重污染天气应急联动。制定并颁布了《郴州市重污染天气应急预案》《郴州市大气污染防治特护期实施方案（2018—2020 年）》，建立健全预防、预测和预警体系，采取分级负责、属地管理的原则，加强预警，做到提前响应。二是夯实应急减排措施。完善重污染天气预警应急体系，做好重污染天气过程的趋势分析，委托第三方开展重污染天气应急预案修订，编制重污染天气应急减排清单，明确工业源、移动源、扬尘源及其他面源减排措施，切实减缓大气污染程度。

6. 加强环保能力建设

一是强化资金保障。坚持政府主导、企业主体，形成多渠道、多层次、多元化的资金保障机制。市级财政每年预算安排500万元经费用于大气污染防治，2018年又加大投入，市区财政共安排了1500余万元。全市各级财政已将大气环境监测能力建设经费纳入预算予以保障。二是完善环境监测监控网络，完善配套设施及人才储备。郴州市累计建设空气质量自动监测站15个，其中国控点5个；落实环境空气质量考评及相关管理要求，进一步规范环境空气质量监测工作，确保数据的真实性、准确性和可比性；加大自动站检查力度。三是开展大气污染防治基础研究工作。已完成郴州市大气污染源排放清单工作和PM2.5污染源解析工作。四是积极创建空气质量达标示范城市。推进控尘、控车、控烧、控煤、控排行动，以北湖区、苏仙区、郴州高新区、资兴市、永兴县、桂阳县和宜章县为重点，完善大气污染联防联控工作机制和特护期大气污染防治工作措施，完善郴州市重污染天气预报预警和应急应对体系。深化工业源大气污染治理；推动能源结构调整，加快管道燃气入郴，减少散煤使用量，推进热电联产、集中供热和工业余热利用，全面落实工业燃煤锅炉达标排放；大力整治“散乱污”涉气企业，全面实施有色、建材、焦化、火电等重点行业污染治理设施提标改造和达标排放，完成全市30万千瓦及以上燃煤发电机组的超低排放改造，推动小火电机组的超低排放改造；抓好扬尘综合防治，加强建筑施工和道路扬尘综合整治，强化工业堆场扬尘控制；抓好老旧车辆、非道路移动机械车辆的治理和淘汰工作，坚决查处违规上路的淘汰车辆、闯禁限行区的高污染车辆；大力推进生活面源污染防治；加强餐饮油烟治理，强化并推进城乡烟花爆竹禁限放管理，严禁秸秆、生活垃圾露天焚烧。

8.2.3 土壤污染防治工程

郴州有湖南“南大门”之称，虽然总面积只有1.94万平方千米，却有着储量居全国首位的钨、钕、铋和钼，储量居全国第三位和第四位的锡和锌，储量居全国第十三位的铅，因此，郴州被誉为“有色金属之乡”。但有色金属产业给郴州带来巨大财富的同时，也带来了严重的环境污染。土壤重金属污染具有隐蔽性、累积性、不可降解和长期性等特点，不仅直接导致耕地土壤退化、农产品品质及产量下降，还可通过食物链危及全球生态系统安全，已成为当前制约人类社会可持续发展并亟待解决的全球性环境问题。

根据《郴州市国家可持续发展议程创新示范区建设方案》，2019年底前，郴州应掌握有色金属冶炼和压延加工、有色金属矿采选、富锰渣冶炼、化工、焦化、电解锰、电镀、制革、危险废物经营等重点行业企业用地中的污染地块分布及其环境风险情况。按照国务院、湖南省政府的要求，定期开展土壤环境质量状况调查和重点行业、重点区域土壤污染状况调查。建立土壤环境质量监测网络和信息化管理平台。2018年底前，实现全市土壤环境质量监测点位所有县市区全覆盖，完成全市土壤环境基础数据库建立和基于大数据应用的分类、分级、分区的土壤环境信息化管理平台构建，并与省级土壤环境信息化管理平台对接，实现数据动态更新和信息共享。加大土壤污染执法监管力度。严格执行《中华人民共和国土壤污染防治法》，重点加强涉重金属行业污染防控，依法打击非法排放有毒有害污染物、违法违规存放危险化学品、非法从事危险废物经营、不正常使用污染治理设施、监测数据弄虚作假等环境违法行为。加强对土壤资源的保护和合理利用，有序实施治理修复项目。以拟开发建设居住、商业、学校、医疗、养老机构和公共服务设施等项目的污染地块，以及耕地重金属中轻度污染集中区域为重点，优先开展治理与修复。2020年前完成苏仙区观山洞街道下白水村土壤修复和安仁县平背乡农田土壤污染治理修复等项目。到2020年，受污染耕地安全利用率达到91%左右，污染地块安全利用率达到90%以上。到2030年，受污染耕地安全利用率达到95%以上，污染地块安全利用率达到95%以上。

2019年全面推进土壤污染状况详查，积极推进土壤污染综合防治先行区建设，多措推进重金属排放量核算工作，加强重点污染企业源头管控，开展重点行业企业污染地块调查工作。统筹推进涉镉污染源排查整治工作，共排查企业812家、乡镇97个，已纳入整治清单的污染源309家，目前已销号167家，完成率为54%，超额完成了年度任务。开展重点行业企业用地信息调查，共调查企业671家。目前，66家企业进入采样布点阶段。郴州市共有17个土壤污染防治专项资金支持项目、3个山水林田湖草专项资金支持项目，共获得中央、省专项资金约3.421亿元，其中3个已验收，6个已完工，2个在建，9个处于前期阶段。

1. 开展土壤污染调查，掌握土壤环境质量状况

深入开展土壤环境质量调查。按全省统一部署，在全市土壤污染状况调查、耕地土壤及农产品重金属污染调查、重金属污染场地调查等原有工作基础上，以农用地和重点行业企业用地为重点，组织各县市区开展土壤污染状况详查。2018年底前查明农用地土壤污染的面积、分布及其对农产品质量的影响；2019年底前掌握有色金属冶炼和压延加工、有色金属矿采选、富锰渣冶炼、化工、焦化、电解锰、电镀、制革、危险废物经营等重点行业企业用地中的污染地块分布及其环境风险情况。相关部门要加强技术指导、监督检查和成果审核。按照国务院、省人民政府要求，每10年开展一次全市土壤环境质量状况定期调查，每5年开展一次重点行业、重点区域土壤污染状况调查。

建设土壤环境质量监测网络。统一规划、整合优化土壤环境质量监测点位，2017年底前，完成土壤环境质量国控、省控监测点位设置，重点掌握农用地、饮用水水源地、重点行业企业用地等敏感用地土壤环境质量变化趋势。充分发挥行业监测网作用，健全土壤环境质量监测网络，重点加强市级环境监测能力建设，基本形成土壤环境监测能力。全市每年至少开展1次土壤环境监测技术人员培训。根据工作需要，补充设置监测点位，增加钒、锰、锑等特征污染物监测项目，提高监测频次。2018年底前，实现全市土壤环境质量监测点位所有县市区全覆盖。

构建土壤环境信息化管理平台。利用环境保护、农业、国土资源等部门相关数据，力争2018年底前完成全市土壤环境基础数据库的建立和基于大数据应用的分类、分级、分区的土壤环境信息化管理平台构建，并与省级土壤环境信息化管理平台对接，实现数据动态更新。加强数据共享，编制资源共享目录，明确共享权限和方式，建立市级相关职能部门和县市区二级土壤环境数据采集与共享机制，发挥土壤环境大数据在污染防治、城乡规划、土地利用、农业生产中的作用。（市环保部门牵头，市城乡规划局、市国土资源局、市

农委、市发改委、市科技局、市财政局、市林业局、市经信委、市卫生计生委等参与）

2. 强化土壤环境管理，加大土壤污染执法力度

明确土壤环境监管重点。充分利用环境监测网格，重点监管有色金属冶炼和压延加工、有色金属矿采选、富锰渣冶炼、化工、焦化、电解锰、电镀、制革、危险废物经营等重点行业，以及桂阳县、永兴县、宜章县、安仁县等产粮（油）大县、绿色食品（原料）基地、县级以上城市建成区等区域，重点监控土壤中镉、汞、砷、铅、铬、锑等重金属和多环芳烃、石油烃、卤代烃等有机污染物。加强土壤污染风险防控能力建设。

加大土壤污染执法力度。将土壤污染防治作为环境执法的重要内容，强化网格化监管，重点打击非法排放有毒有害污染物、违法违规存放危险化学品、非法从事危险废物经营、不正常使用污染治理设施、监测数据弄虚作假等环境违法行为。对重点行业企业开展专项环境执法，对严重污染土壤环境、群众反映强烈的企业进行挂牌督办。加强环境行政执法与刑事司法部门协作，健全环保行政执法与刑事司法衔接配合机制，完善案件移送、受理、立案、通报等规定，对严重违反土壤环境保护、资源利用等法律法规的行为依法进行处置。全面加强各县市区环境执法能力建设，县市区、重点乡镇（街道）及工业园区要配备必要的土壤污染快速检测等执法装备。对全市环境执法人员每3年开展1轮土壤污染防治专业技术培训。提高突发土壤环境事件应急能力，完善各级环境污染事件应急预案，加强环境应急管理、技术支撑、处置救援能力建设。

3. 实施农用地分类管理，保障农业生产环境安全

划定农用地土壤环境质量类别。以耕地为重点，系统开展农用地土壤污染状况详查工作，按污染程度将农用地划分为优先保护类、安全利用类和严格管控类，采取相应安全生产与管理措施，保障农产品质量安全。2018年6月底前，制定全市农用地土壤环境质量类别划分工作方案。以土壤污染状况详查结果为依据，开展耕地土壤和农产品协同监测与评价试点，在此基础上各县市区人民政府完成耕地土壤环境质量类别划定，建立分类清单，由市人民政府负责审核，2020年底前完成，划定结果上报省人民政府审定，数据上传全国土壤环境信息化管理平台。根据土地利用变更和土壤环境质量变化情况，及时对各类别耕地面积、分布等信息进行更新。根据全省统一部署，逐步开展林地、草地、园地等其他农用地土壤环境质量类别划定等工作。

切实加大保护力度。将符合条件的优先保护类耕地划为永久基本农田，实行严格保护，确保其面积不减少、土壤环境质量不下降，除法律规定的重点建设项目选址确实无法避让外，其他任何建设不得占用优先保护类耕地。2017年底前，桂阳县、永兴县、宜章县、安仁县等产粮（油）大县要制定土壤环境保护方案，实施农药化肥负增长行动，推行农业清洁安全生产。高标准农田建设项目向优先保护类耕地集中的地区倾斜。推行秸秆还田、种植绿肥、增施有机肥、农膜减量与回收利用等措施。农村土地流转的受让方要履行土壤保护的责任，避免因过度施肥、滥用农药等掠夺式农业生产方式造成土壤环境质量下降。市人民政府对市内优先保护类耕地面积减少或土壤环境质量下降的各县市区，采取预警提醒、约谈、环评限批、追责等措施。防控企业污染。禁止在优先保护类耕地集中区域新建有色金属冶炼和压延加工、有色金属矿采选、富锰渣冶炼、化工、焦化、电解锰、电镀、制革、危险废物经营等行业企业，已建成的相关企业应当按照有关标准、规定采取措施，防

止对耕地造成污染，2017 年底前仍不达标的，由所在县市区人民政府责令退出。

着力推进安全利用。根据土壤污染状况和农产品超标情况，对安全利用类耕地集中的县市区要结合当地主要作物品种和种植习惯，制定实施受污染耕地安全利用方案，采取农艺调控、化学阻控、替代种植等措施，降低农产品重金属超标风险。建立耕地污染治理技术及产品效果验证评价、生态风险评估制度，防止对耕地产生新的污染。加强对农民的技术指导和培训。严格执行全省受污染耕地安全利用技术规范，按照省政府下达的安全利用指标，完成轻度和中度污染耕地安全利用任务。实施重金属超标稻谷风险管控与应急处理。定期开展原粮质量检测，对安全利用类耕地开展稻米重金属超标临田检测，实施食品安全指标未达标稻谷专企收购、分类贮存和专用处理；自 2017 年底起，对安全指标未达标原粮的收储处置依据中央、省相关政策执行。

全面落实严格管控。加强对严格管控类耕地的用途管理，按照《湖南省特定农产品禁止生产区划分管理办法》和配套技术规范，依法、有序划定特定农产品禁止生产区域，严禁种植食用农产品；对威胁地下水、饮用水水源安全的，有关县市区要制定环境风险管控方案，落实有关措施；借鉴长株潭重金属污染耕地修复及农作物种植结构调整试点工作经验，制定重度污染耕地种植结构调整或休耕、退耕还林还草计划，继续开展重金属污染耕地休耕试点，争取将严格管控类耕地纳入国家新一轮退耕还林还草实施范围。按照省人民政府下达的指标，完成重度污染耕地种植结构调整或休耕、退耕还林还草任务。

加强林地草地园地土壤环境管理。严格控制林地、草地、园地的农药使用量，禁止使用高毒高残留农药。对生产、销售高毒高残留农药的行为进行打击。完善生物农药、引诱剂管理制度，加大使用推广力度。优先将重度污染的牧草地集中区域纳入禁牧休牧实施范围。加强对重度污染林地、园地产出食用农(林)产品质量检测，发现超标的，要采取种植结构调整等措施。

4. 加强建设用地准入管理，防范人居环境风险

建立调查评估制度。按照国家关于建设用地土壤环境调查评估技术规定，自 2017 年起，对拟收回土地使用权的有色金属冶炼和压延加工、有色金属矿采选、富锰渣冶炼、化工、焦化、电解锰、电镀、制革、危险废物经营等行业企业用地，以及用途拟变更为居住和商业、学校、医疗、养老机构等公共设施的上述企业用地，由土地使用权人负责开展土壤环境状况调查评估，调查评估结果向所在地县级环境保护、国土资源部门备案；已经收回的，由所在县市区人民政府负责开展调查评估。自 2018 年起，重度污染农用地转为城镇建设用地的，由所在县市区人民政府负责组织开展调查评估。调查评估结果向所在地环境保护、城乡规划、国土资源部门备案。

分用途明确管理措施。自 2017 年起，各县市区要结合土壤污染状况详查情况，根据建设用地土壤环境调查评估及现有重金属污染场地调查结果，逐步建立污染地块名录及其开发利用的负面清单，合理确定土地用途。符合相应规划用地土壤环境质量要求的地块，可进入用地程序；暂不开发利用或现阶段不具备治理修复条件的污染地块，由所在地县市区人民政府组织划定管控区域，设立标识，发布公告，开展土壤、地表水、地下水、空气环境监测；存在潜在污染扩散风险的，责令相关责任方制定环境风险管控方案；发现污染扩散的，封闭污染区域，采取污染物隔离、阻断等工程和管理措施。

落实监管责任。各级城乡规划部门要结合土壤环境质量状况，加强城乡规划论证和审批管理。各级国土资源部门要依据土地利用总体规划、城乡规划和地块土壤环境质量状况，加强土地征收、收回、收购以及转让、改变用途等环节的监管。各级环境保护部门要加强对建设用地土壤环境状况调查、风险评估和污染地块治理与修复活动的监管。建立城乡规划、国土资源、环境保护等部门间的信息沟通机制，实行联动监管。

严格用地准入。将建设用地土壤环境管理要求纳入城市规划和供地管理，土地开发利用必须符合土壤环境质量要求。各级国土资源、城乡规划等部门在编制土地利用总体规划、城市总体规划、控制性详细规划等相关规划时，应充分考虑污染地块的环境风险，合理确定土地用途。已经制定的规划应当根据土壤污染防治要求作出相应调整。

5. 强化未污染土壤保护，严控新增土壤污染

加强未利用地环境管理。按照科学有序原则开发利用未利用地，防止造成土壤污染。拟开发为农用地的，有关县市区人民政府要组织开展土壤环境质量状况评估；不符合相应标准的，不得种植食用农产品。各县市区人民政府要加强纳入耕地后备资源的未利用地保护，定期开展巡查。依法严查向滩涂、荒地等非法排污、倾倒有毒有害物质的环境违法行为。加强对矿产资源开采活动影响区域内未利用地的环境监管，发现土壤污染问题的，及时督促有关企业采取防治措施。

防范建设用地新增污染。排放重点污染物的建设项目，在开展环境影响评价时，要严格落实对土壤环境影响的评价内容，并提出防范土壤污染的具体措施；需要建设的土壤污染防治设施，要与主体工程同时设计、同时施工、同时投产使用；环境保护部门要做好有关措施落实情况的监督管理工作。自 2017 年起，有关县市区人民政府要与重点行业企业签订土壤污染防治责任书，明确相关措施和责任，责任书向社会公开。

强化空间布局管控。加强规划区划和建设项目布局论证，根据土壤等环境承载能力，合理确定区域功能定位、空间布局。鼓励工业企业集聚发展，提高土地节约集约利用水平，减少土壤污染。严格执行相关行业企业布局选址要求，禁止在商住、学校、医疗、养老机构、人口密集区和公共服务设施等周边新建有色金属冶炼和压延加工、有色金属矿采选等行业企业。结合推进新型城镇化、产业结构调整和化解过剩产能等，有序搬迁或依法关闭对土壤造成严重污染的现有企业。结合区域功能定位和土壤污染防治需要，科学布局生活垃圾处理、危险废物收集、处置与利用、废旧资源再生利用等设施和场所，合理确定畜禽养殖布局和规模，加强分区管理，加快禁养区退养步伐。

6. 强化污染源监管，遏制土壤污染扩大趋势

加强矿产资源开发污染防控。自 2017 年起，按全省的统一部署，在矿产资源开发活动集中的临武、宜章、桂阳、苏仙、永兴等县市区，执行重点污染物特别排放限值。加强对矿产资源开发利用活动的辐射安全监管，有关企业每年要对本矿区土壤进行辐射环境监测。开展尾矿库专项整治行动，按照属地管理原则，督促各县市区人民政府全面整治历史遗留尾矿库，完善覆膜、压土、排洪、堤坝加固等措施，阻断其污染扩散途径。有重点监管尾矿库的企业要开展环境风险评估，完善污染治理设施，储备应急物资。深化矿山“三废”污染治理，在部分矿山、建材开采废弃场地开展地质灾害预防与生态恢复。

严格重点企业与园区土壤环境管控。各县市区依据国家相关规定，结合重点企业分

布、规模和污染排放情况，确定本辖区土壤环境重点监管企业名单，实行动态管理，并向社会公布。列入名单的企业每年要自行对其用地土壤进行环境监测，监测结果向社会公开。环境保护部门要定期对重点监管企业和工业园区周边土壤开展监督性监测，数据及时上传到全国土壤环境信息化管理平台，监测结果作为环境执法和风险预警的重要依据。加强重点工业园区土壤与地下水污染预防预警体系建设试点，建立工业园区大气、水、土壤和地下水预防预警体系。

严格企业各类拆除活动污染防控。有色金属冶炼和压延加工、有色金属矿采选、富锰渣冶炼、化工、焦化、电解锰、电镀、制革、危险废物经营等行业企业拆除生产设施设备、构筑物和污染治理设施，要事先制定残留污染物清理和安全处置方案，并报所在地县级环保、经信部门备查；要严格按照有关规定实施安全处理处置，防范企业拆除活动污染土壤环境。

加强涉重金属行业污染防控。严格执行重金属污染物排放标准并落实相关总量控制指标，加大监督检查力度，对整改后仍不达标的企业，依法责令其停业、关闭，并将企业名单向社会公开。2020 年，临武县、宜章县、桂阳县、苏仙区、永兴县作为矿产资源开发活动集中区域，重点行业的重金属排放量要比 2013 年下降 15%；其他县市区重点行业的重金属排放量要比 2013 年下降 12%。继续淘汰涉重金属重点行业落后产能，执行重金属相关行业准入条件，禁止新建落后产能或产能严重过剩行业的建设项目，鼓励企业采用先进适用清洁生产工艺和技术。

加强工业废物处理处置。全面开展尾矿、煤矸石、工业副产石膏、粉煤灰、冶炼渣、铬渣、砷渣以及废水、废气处理产生固体废物的堆存场所排查和整治，完善防扬散、防流失、防渗漏等设施，制定完成整治方案并有序实施。规范工业废物处理处置活动。进一步健全危险废物源头管控、规范化管理和处置等工作机制，新建危险废物利用设施和企业须全部进入工业园区，现有危险废物经营企业（水泥窑协同处置企业及特别批准除外）在“十三五”期间完成搬迁入园。加强工业固体废物综合利用。对电子废物、报废汽车、废轮胎、废塑料等再生利用活动进行清理整顿，引导有关企业采用先进适用加工工艺、集聚发展，集中建设和运营污染治理设施，防止污染土壤和地下水。

防治农业面源污染。全面贯彻落实“一控两减三基本”行动。实行节水、控肥、控药，加大配方肥、有机肥、缓控释肥料、土壤调理剂、高效低毒低残留农药和现代植保机械等推广应用，大力推进测土配方施肥、农作物病虫害专业化统防统治和绿色防控。加强肥料、农药包装废弃物回收处理试点与推广应用，在产粮（油）大县和蔬菜产业重点县开展肥料、农药包装废弃物回收处理试点。到 2020 年，30% 的产粮（油）大县和所有蔬菜产业重点县开展肥料、农药包装废弃物回收处理，开展农业废弃物资源化利用试点，形成有本地特色的农业面源污染防治技术模式。因地制宜地推行农业清洁生产，在丘陵地区发展节水农业，在高效经济作物与设施农业中推广水肥一体化技术的应用。到 2020 年，全市主要农作物化肥、农药使用量实现负增长，测土配方施肥覆盖率达到 90% 以上，主要农作物肥料农药利用率提高到 40% 以上，病虫害专业化统防统治和绿色防控覆盖主要农作物面积分别达到 149 万亩和 120 万亩以上。加强废弃农膜回收利用。严厉打击违法生产和销售不合格农膜行为。建立健全废弃农膜回收贮运和综合利用网络，开展废弃农膜回收利用试点。到

2020年，废弃农膜回收率达到80%以上。强化畜禽养殖污染防治。严格规范兽药、饲料及饲料添加剂的生产和使用，逐步降低饲料、饲料添加剂中微量物质的含量，减少畜禽养殖废弃物中重金属对土壤造成的污染。加强畜禽养殖污染治理和畜禽养殖粪污综合利用的指导与服务，完善保留养殖企业的污染防治设施，加快禁养区退养步伐。探索畜禽粪便等农业废弃物综合利用模式，开展农作物秸秆、畜禽粪污资源化利用示范，推广“以种定养、种养平衡”的循环农业生产模式；在生猪养殖大县开展种养业循环发展试点，形成适合丘陵区和平原区两类种养循环农业模式，并逐步在全市推广应用。不断完善畜禽粪污处理设施设备配套建设，散养密集区要实行畜禽粪污分户收集、集中处理和综合利用。到2020年，全市畜禽规模养殖场粪污处理配套设施完善建设覆盖面达到75%以上，畜禽粪污资源化利用率达到80%。加强灌溉水水质管理。开展灌溉水水质监测，灌溉用水要符合农田灌溉水水质标准。禁止工矿企业排放废水直接用于农业灌溉。灌溉水无法达标或存在较明显环境风险的地区，及时调整种植品种，确保农产品质量安全。

减少生活污染。实行城乡环卫一体化，积极推进垃圾分类，建设覆盖城乡的垃圾收运体系和垃圾分类收集系统。整治非正规垃圾填埋场。开展农村生活垃圾5年专项治理，完善生活垃圾处理设施建设、运营和排放监管体系，加强垃圾处理监管能力。鼓励在有条件的县市区推行水泥窑协同处置或垃圾焚烧发电，加强生活垃圾处理区域统筹，努力实现生活垃圾的减量化、资源化。加快污泥处理处置设施建设，污水处理设施产生的污泥应进行稳定化、资源化和无害化处理处置。鼓励将处理达标后的污泥用于园林绿化和高效农业综合利用。开展利用建筑垃圾生产建材产品等资源化利用示范。以整县推进为主要方式，推进农村环境综合整治全市域覆盖。强化废氧化汞电池、镍镉电池、铅酸蓄电池和含汞荧光灯管、温度计等含重金属废物的安全处置。减少过度包装，鼓励使用环境标志产品。

7. 开展污染治理与修复，改善区域土壤环境质量

明确治理与修复主体。按照“谁污染、谁治理，谁受益、谁负责”原则，造成土壤污染的单位或个人要承担治理与修复的主体责任。责任主体发生变更的，由变更后继承其债权、债务的单位或个人承担相关责任；土地使用权依法转让的，由土地使用权受让人或双方约定的责任人承担相关责任。责任主体灭失或不明确的，由所在地县市区人民政府依法承担相关责任。责任主体怠于承担相关责任的，县级以上人民政府可以依法委托第三方机构代为履行，相关费用由责任主体承担。

制定治理与修复实施方案。以保障农产品质量、人居环境安全和饮用水水源地安全为出发点，以环境社会敏感性高、环境质量改善效益明显、与饮用水水源地保护密切相关的突出土壤污染问题为重点，2017年底前编制完成郴州市土壤污染治理与修复实施方案，明确重点任务、责任单位。加强项目前期工作，建立项目库，有步骤、有计划分年度实施。

有序开展治理与修复。根据城市环境质量提升和发展布局调整，结合污染地块调查及风险等级划分结果，确定修复的优先次序，以拟开发建设居住、商业、学校、医疗、养老机构和公共服务设施等项目的污染地块为重点，开展治理与修复。根据耕地土壤污染程度、环境风险及其影响范围，重点在耕地重金属中轻度污染集中区域开展治理与修复。按照省人民政府下达的治理指标，完成受污染耕地治理与修复任务。强化治理与修复工程监管。相关职能部门按照“谁实施、谁监管”的原则，对治理与修复工程进行综合监管，各县市区

负责日常具体监管。治理与修复工程原则上在原址进行，并采取必要措施防止污染土壤挖掘、堆存，以及修复过程中产生的废水、废气、固体废物等造成二次污染；需要转运污染土壤的，有关责任单位要将运输时间、方式、线路和污染土壤数量、去向、最终处置措施等，提前向所在地和接收地环境保护部门报告。工程施工期间，责任单位要设立公告牌，公开工程基本情况、环境影响及其防范措施；所在地环境保护部门要对各项环境保护措施落实情况进行检查。工程完工后，责任单位要委托第三方机构对治理与修复效果进行评估，评估结果向社会公开。

监督目标任务落实。建立工程进展调度机制，相关职能部门按照“谁实施、谁调度”的原则，对治理与修复工程进行调度，定期向所在地环境保护部门报告土壤污染治理与修复工程的进展情况。各县市区环保(分)部门定期将辖区内工作进展情况统一报市环保部门，由市环保部门定期通报全市有关情况，并会同有关部门进行督导检查。建立成效评估制度，项目建设完成后，相关职能部门督促项目建设单位委托第三方资质机构，按照国家关于土壤污染治理与修复成效评估的技术规定，对有关县市区土壤污染治理与修复成效进行综合评估，评估结果报送省生态环境厅，并向社会公开。

8. 加强科技研发和推广，提升土壤污染防治水平

加强科技支撑。配合省科技厅、省农委、省生态环境厅、省住建厅等部门做好土壤和重金属污染修复技术研发工作，争取郴州作为全省技术研发重点试验基地，开展农作物重金属低积累品种筛选与培育以及土壤污染与农产品质量、人体健康关系等方面基础研究。优先支持土壤污染风险管控、安全利用、治理修复等共性关键技术研究，加强土壤重金属治理产品的开发，综合治理技术优化集成，并开展试点与示范。在污染严重地区开展土壤污染对居民健康影响的调查试点。

加大适用技术推广力度。完善环保技术评价体系，加强环保科技成果共享平台建设，推动技术成果共享与转化。到 2020 年，全市完成 1 个土壤污染治理与修复技术应用试点项目。发挥企业的技术创新主体作用，推动土壤修复重点企业与科研院所、高等学校组建产学研技术创新战略联盟，示范推广一批易推广、成本低、效果好的适用技术。加快成果转化应用。完善土壤污染防治科技成果转化机制，支持县市区人民政府建设以环保为主导产业的高新技术产业开发区等一批成果转化平台。按国家发布的鼓励发展的土壤污染防治重大技术装备目录，进行试点应用。开展国内外合作研究与技术交流，引进消化土壤污染风险识别、土壤污染物快速检测、土壤及地下水污染阻隔等风险管控先进技术和管理经验。

推动治理与修复产业发展。放开服务性监测市场，鼓励第三方社会机构参与土壤环境监测评估等活动。发挥“互联网+”作用，加快完善覆盖土壤环境与农产品污染调查、分析测试、风险评估、安全利用、治理与修复工程设计和施工等环节的产业链，培育一批综合实力较强的土壤污染治理与修复企业。推动有条件的县市区建设产业化示范基地。建立健全监督机制，加强对土壤污染治理与修复从业单位的监管，由市环保部门将技术服务能力弱、运营管理水平低、综合信用差的从业单位名单向省生态环境厅报备，并通过企业信用信息公示系统向社会公开。

9. 发挥政府主导作用，构建土壤污染治理体系

强化政府主导。按照“国家统筹、省负总责、市县落实”原则，完善土壤环境管理体制，全面落实土壤污染防治属地责任。加大财政投入。积极争取国家、省级土壤污染防治专项资金，加大各级财政环保和农业技术服务于安全监管资金投入，整合市级污染治理资金等，设立市级土壤污染防治专项资金，用于组织实施土壤环境保护宣传培训、土壤环境调查与监测评估、监督管理、治理与修复等工作。各县市区应统筹相关财政资金，通过现有政策和资金渠道加大对土壤污染防治工作的支持，将农业综合开发、高标准农田建设、农田水利建设、耕地保护与质量提升、测土配方施肥等涉农资金，更多用于优先保护类耕地集中的地区。建立对优先保护类耕地面积较多的县市区的奖补措施。统筹相关专项资金，支持符合政策条件的企业对涉重金属落后生产工艺和设备进行技术改造。完善激励政策。各地要采取有效措施，激励相关企业参与土壤污染治理与修复。研究制定扶持有机肥生产、可降解农膜推广、废弃农膜综合利用、农药包装废弃物回收处理等企业的激励政策。在农药、化肥等行业，积极争取环保领跑者制度试点项目。

发挥市场作用。通过政府和社会资本合作(PPP)模式，发挥财政资金撬动功能，带动更多社会资本参与土壤污染防治。加大政府购买服务力度，推动受污染耕地和以政府为责任主体的污染地块治理与修复。积极发展绿色金融，发挥政策性和开发性金融机构引导作用，为重大土壤污染防治项目提供支持。探索通过发行债券推进土壤污染治理与修复。根据国家要求，有序开展有色金属冶炼和压延加工、有色金属矿采选、富锰渣冶炼、化工、焦化、电解锰、电镀、制革、危险废物经营等重点行业企业环境污染强制责任保险试点。

加强社会监督。根据土壤环境质量监测和调查结果，适时公布全市土壤环境状况。重点行业企业要依据有关规定，向社会公开其产生的污染物名称、排放方式、排放浓度、排放总量、排放去向，以及污染防治设施建设和运行情况。建立公众参与制度。健全举报制度，充分发挥“12345”“12369”环保举报热线和网络平台作用。积极搭建公众参与环境保护平台，发挥环保志愿者的作用，引导社会公众和环保公益组织参与环境事务。鼓励种粮大户、家庭农场、农民合作社以及民间环境保护机构参与土壤污染防治工作。推动公益诉讼。根据《关于印发〈湖南省生态环境损害赔偿制度改革试点工作实施方案〉的通知》(湘政办发〔2016〕90号)，积极配合、推进生态环境损害赔偿制度改革试点工作，鼓励依法对污染土壤等环境违法行为提起公益诉讼。各级人民政府和有关部门应当积极配合司法机关的相关案件办理工作和检察机关的监督工作。

开展宣传教育。编制完成全市土壤环境保护宣传教育工作方案。利用多种手段，结合“世界地球日”等主题宣传活动，普及土壤污染防治相关知识，加强法律法规政策宣传解读，营造保护土壤环境的良好社会氛围，推动形成绿色发展方式和生活方式。把土壤环境保护宣传教育融入党政机关、学校、工厂、社区、农村等的环境保护宣传和培训工作。

10. 强化目标考核，严格责任追究

强化地方政府主体责任。各县市区人民政府是实施本工作方案的主体，在2017年8月底前制定并公布本行政区域土壤污染防治工作方案，确定重点任务和工作目标，报郴州市环保局备案。各县市区人民政府对辖区土壤环境质量负总责，是落实土壤环境保护任务的主体，加强组织领导，完善政策措施，加大资金投入，创新投融资模式，强化监督管理，

细化工作安排，抓好工作落实，于2019年对工作方案实施情况进行中期评估。

加强组织领导。郴州市环境保护工作联席会议负责全市土壤污染防治工作的组织协调，定期研究解决土壤污染防治重大问题。各级各有关部门认真贯彻落实《湖南省人民政府关于印发〈湖南省环境保护工作责任规定（试行）〉的通知》精神，按照职责分工，切实做好土壤污染防治相关工作。市环保局要抓好统筹协调，加强督促检查，及时向市人民政府报告工作进展。

落实企事业单位责任。有关企业加强内部管理，将土壤污染防治纳入环境风险防控体系，严格依法依规建设和运营污染治理设施，确保重点污染物稳定达标排放，造成土壤污染的，应承担损害评估、治理与修复的法律责任。从事污染场地调查、治理与修复、环境监理的第三方企事业单位，对监测数据、治理与修复效果负责，实行土壤污染治理与修复终身责任制，逐步建立土壤污染治理与修复企业行业自律机制。

严格目标任务考核和责任追究。实行目标责任制。逐步把土壤环境质量纳入县市区人民政府环境保护责任考核范围，市人民政府与各县市区人民政府签订土壤污染防治目标责任书，分解落实目标任务，明确年度考核内容，切实落实“党政同责”“一岗双责”，并对各县市区人民政府的土壤污染防治工作进行考核，考核结果向社会公布，并作为对领导班子和领导干部综合考核评价、党政领导干部和国有企业领导人员经济责任审计、领导干部自然资源资产离任审计的重要依据。将评估和考核结果作为土壤污染防治专项资金分配的重要参考依据。审计部门对土壤污染防治专项资金的分配、管理、使用情况，污染防治项目的建设、运行情况依法实施审计监督。

对年度评估结果较差或未通过考核的县市区，提出限期整改意见，整改完成前，按照生态环境部或省人民政府意见，对有关县市区同步实施建设项目环评限批；整改不到位的，约谈有关县市区人民政府及其相关部门负责人。对土壤环境问题突出、区域土壤环境质量明显下降、防治工作不力、群众反映强烈的地区，约谈有关县市区人民政府及相关部门主要负责人。对失职渎职、弄虚作假的，区分情节轻重，予以诫勉、责令公开道歉、组织处理或党纪政纪处分；涉嫌犯罪的，移送司法机关处理；已经调离转岗、提拔或者退休的，终身追究责任。

8.2.4 工业园区污染综合防治工程

工业园区俗称工业集聚区，其指被划分用来开发给多个企业共同使用的大面积区域，企业间可共同分享一些基础设施，彼此存在着较密切的联系。郴州市拥有丰富的矿产资源，地理位置得天独厚，这为工业园区的发展提供了强有力的资源保障及便利的交通。郴州是我国的“有色金属之乡”，经过几十年的开发与建设，郴州市有色金属工业已形成采、选、冶、深加工为一体的生产体系，工业产业已成为支撑郴州经济发展的重要支柱产业和出口贸易的主导产业之一。近年来，郴州市不断完善园区配套设施建设，积极引导企业入园发展，产业园区集约水平稳步提升。目前，郴州市省级以上工业园区15个，分别是郴州高新技术产业开发区、郴州综合保税区、湖南郴州经济开发区、湖南宜章经济开发区、湖南永兴经济开发区、湖南嘉禾经济开发区、湖南临武工业园区、湖南汝城经济开发区、湖南资兴经济开发区、湖南桂阳高新技术产业开发区、苏仙工业集中区、永兴稀贵金属再生资源利用产业集中区、宜章氟化学循环工业集中区、桂东工业集中区、安仁工业集中区。“十三五”期间，全市园区主导产业主营业务收入年均增长9.9%。同时，企业的融合发展水平不断提升，成功创建了6家国家专精特新“小巨人”企业，省级“小巨人”企业达到50家，市级智能制造企业达到7家。

“十三五”以来，立足自身资源优势和产业基础，郴州市逐步形成了有色金属、石墨、矿物宝石、精细化工、装备制造、电子信息6大产业集群和9条优势产业链，并逐步确定了适合园区发展的主导产业和特色产业。郴州以高起点规划、特色发展、创新驱动、项目支撑、环境优化、改革赋能等为基本原则，不断强化园区的绿色发展理念，建立绿色低碳的园区发展经济体系，推动园区资源型产业逐步向绿色化、低碳化、安全化、循环化的产业进行转型，建设资源利用最优、产出效益最高的低碳循环园区。郴州市建立起湖南（广东）家居智造产业园、北湖区鲁塘石墨产业园、东江湖大数据产业园、资兴硅材料产业园、临武宝玉石文化产业园、嘉禾铸锻造产业园、宜章氟化学产业园、汝城广东电子智能科技产业园、永兴县新材料新能源产业园等一批专业特色园区。

1.郴州市工业园区的主要建设经验

以产业立园，促使园区产业集聚能力进一步提高。郴州市工业园区坚持产业立园理念，加快集群发展步伐，推动产业凸显优势，将郴州工业园区打造成为产业集群的基地，科技创新的平台，优先发展的区域。按照“产业做大、龙头做强、产品做优”的发展思路，郴州市将科技含量高、就业高、税收高、附加值高作为入园的产业项目标准，坚持整合、培育两手抓，加强对入园企业特别是传统产业的产业整合，将要素市场产业承接的培育与产业引导相结合，重点扶持龙头产业，逐步形成了以矿产资源采选加工为主，通信电子和机电设备制造配套，传统食品和纺织服饰制品并行发展的园区主导产业。

以开放兴园，促使园区招商引资环境进一步优化。作为一个区域的开放窗口，园区要吸引投资者的目光，就必须树立一体化的园区价值理念，不仅要有开放的政策，还必须具有与时俱进的创新思维，以打造开放的工业园区形象。郴州市政府站在推进科学跨越、加快富民强市的高度，抓园区发展，从实际出发，弱化“官”念，统筹全局，依照服务、竞争、绩效和争先四个标准，指导园区的建设与发展，通过从外地聘请专家学者授课以及组织中青年干部参观考察沿海工业园区等措施，从理论上奠定开放基础。同时，加强园区环境治理，促进投资环境的进一步优化。通过抓建制、整治等措施，促使园区的政务服务程序逐步完善，办事程序进一步简化，实行入园企业园区代办制，严厉打击阻止、妨碍入园企业建设的人和事，并在土地、税收、规划、水电等方面加大优惠力度，使入园企业充分感受到开放的郴州形象，“先行先试”政策的成功争取和实施为郴州市加快发展赢得了难得的机遇，促使郴州市工业园区主动接轨长株潭和粤港澳，积极融入长三角、珠三角区域，将郴州建设成为粤港澳的后花园。

以科技强园，促进园区发展后劲进一步增强。科技既是产业发展、企业创新的内在驱动力，也是园区发展的决定力量。园区的快速发展离不开科技进步，科技引导是园区招商引资的关键，园区产业集聚离不开科技创新，郴州市在规划园区建设时，树立科技强园理念，增大科研机构的引进数量，使园区规划逐步完善，加强对园区发展的指导。引进生态协调发展，废气废物治理得当，注重节能降耗等科技创新企业提高园区建设，不断提高入园门槛。鼓励企业加强自主创新能力，不断提高科技的应用水平，使科学技术通过规划、建设、产业、企业、园区等多个环节逐步物化为现实生产力，增强了园区的发展后劲。

以融资活园，促使园区基础设施进一步完善。园区发展的资金来源主要依靠政府向银行贷款，通过建立以举债投入为主的综合投入体制和以中小企业投融资为主的担保体系，加强对土地出让行为的规范，对项目用地范围实行严格控制，对入园项目实施低成本开发，按照“借贷建园，税收还贷”的滚动开发办法，使园区债务分期偿还体制进一步健全，促成银行债务风险的合理规避。园区政府通过采取积极有效的融资措施，进一步完善了郴州市工业园区“三通一平”(通电、通路、通水、土地平整)的基础设施。

以法律治园，促使园区和谐度进一步提高。郴州市政府贯彻依法治园的理念，规范执法行为，将疏导式教育与综合整治有机结合，对土地征用拆迁的相关政策逐步落实完善，做到“耕者有其田，居者有其房，劳者有其业，弱者有其保”。对完全失地的农民，通过从其他村组征用的措施调整土地补偿，以确保征拆范围内城乡居民的切身利益。加大对违法犯罪行为综合整治力度，重视对群众难点和热点问题的疏导教育，保证园村、园企、村企、民企之间的各自利益，促进和谐共赢、共同发展。

以科学办园，促使园区管理水平进一步提高。郴州市近几年来开始意识到生态环境的重要性，在搞好园区公共设施和企业布局的同时，逐步利用紧邻京珠高速的交通优势和自然垂直绿化优势，加大了对园区绿化建设的投入力度。在规划上遵循“低成本、高效益”的经济法则，在合理的范围内降低农田、耕地的占用率，避免大征大拆，大挖大填的情形发生，降低工程造价，减少建设成本。同时，注重权衡项目入园的产业关联程度和投资强度，通过科技引导企业入园，推动产业集聚，促使产业集聚带动关联产业发展，切实发挥群发、关联和聚集的产业优势。通过成立产业发展科等职能部门，使园区职能配置进一步完善，园区各项制度得以优化，工作调度得以加强，园区综合管理水平得以提高，推动园区向权责相称、各职其事、民主管理、有序高效的良性轨道迈进。

2. 污染防治重点

加快园区污水处理设施建设。完善省级以上工业园区污水处理设施及配套管网建设，实行自动在线监控，确保污水处理设施正常运营、园区废水经处理后达标排放。全面落实《长江经济带(湖南省)工业园区污水处理设施整治专项行动工作方案》，2019 年全市 15 个省级及以上工业园区污水管网实现全覆盖，污水集中处理设施稳定达标运行。全市各工业园区按要求完成了自查，建立了专项行动工作台账，完成了年度整改任务，并上报予以销号。新建福源桥涵洞截污管网，并引入重金属污水处理厂，对高新区企业工业废水处理工艺进行提标改造，实施临武县工业园区污水处理厂及其管网建设工程、资兴市 5 个污水处理厂、永兴县新材料新能源产业园废水集中处理站、汝城县三星工业园重金属“三废”集中处理工程等建设项目。

促进工业“三废”达标排放和资源化利用。根据《固定污染源排污许可分类管理名录(2017 年版)》，开展排污许可证专项执法检查工作和专项环境执法行动。组建郴州地区工业危险废物综合处置服务中心，重点推进嘉禾坦塘工业园区废旧金属循环改造等项目建设。对郴州 11 个县市区的脱硫石膏渣、焚烧飞灰、污酸渣与含铊废水处理污泥等工业危废进行安全填埋，对高砷烟尘、铜镉渣等综合回收处理。一期安全填埋场总库容量约 80 万立

方米，二期安全填埋场总库容量约 170 万立方米。嘉禾县坦塘工业园区废旧金属循环改造项目主要建设年回收废旧金属 50 万吨、生产铸件 30 万吨、处理再利用废渣 15 万吨的大型废旧资源循环利用项目。

8.3　生态产业和节水型社会建设行动

生态产业和节水型社会建设行动立足水环境资源保护和水生态保护倒逼机制，以创新驱动产业可持续发展为核心，把水资源可持续利用与绿色发展相结合，针对优质水资源利用率不高、水环境友好型产业占比低等问题，实施特色资源型产业高质量发展工程、传统产业绿色化改造工程、生态型产业综合开发工程、公众可持续发展素养提升工程，促进有色金属等传统产业创新升级，培育大数据产业、生态旅游、生态农业等新产业和新业态，巩固提升水生态文明城市和节水型城市创建成果，建设工业资源综合利用示范基地、水资源高值利用示范基地，努力实现“创新共山水一色，生态与产业齐飞”的人与自然和谐发展新格局，其技术路线图如图 8-5 所示。

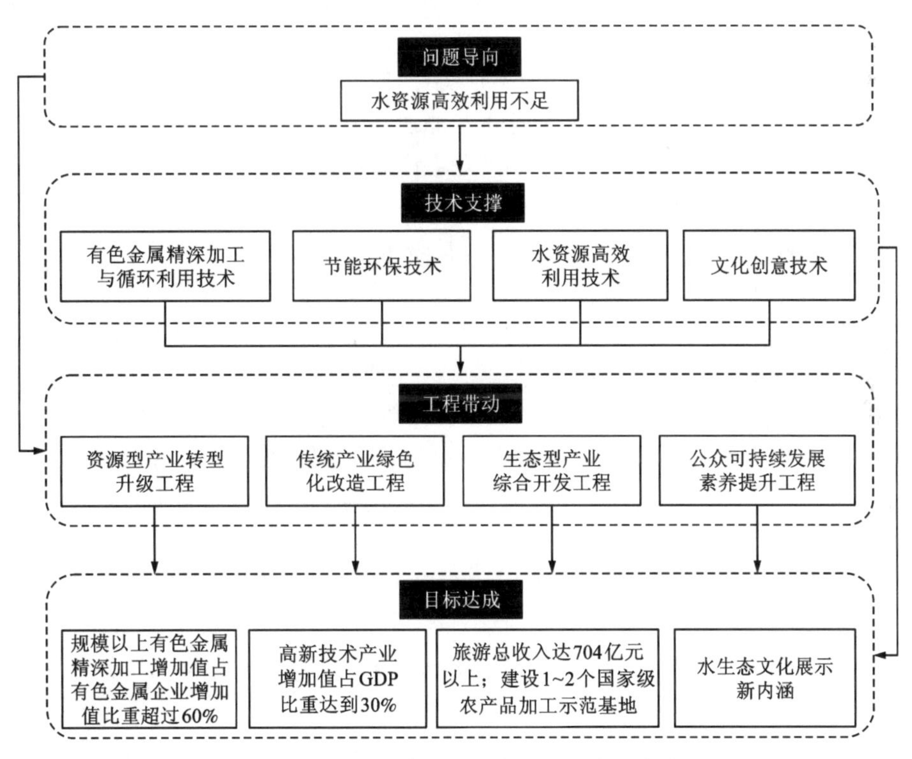

图 8-5　生态产业和节水型社会建设行动技术路线图

8.3.1　资源型产业转型升级工程

湖南省郴州市是“林中之城”，也是“有色金属之乡”。立足丰富的矿产资源，资源型产业蓬勃发展，长期以来，都是郴州的支柱产业，在创造财富、带动就业、增加税收等方面发挥了重要作用，为促推郴州市经济社会持续健康发展作出了突出贡献，但也存在产业层级低、能源消耗大、科技含量不高等问题，转型升级任务繁重。郴州市资源型产业从最初的采选业开始，不断向下游拓展，逐步向新材料精深加工领域跃进，产业结构不断优化。从2015年开始，市委、市政府持续推进《郴州市工业转型升级四年行动计划（2015—2018年）》，2018年又出台了《郴州市做强优势产业链推进工业转型升级的实施方案》，重点培育发展石墨新材料、大数据、有色金属等9大优势产业链。2020年全市规模工业增加值中，采选业占比下降至7.7%，制造业增加值占全市规模工业增加值比重的86.4%，比2015年提升了4.2个百分点。此外，新产品产值同比增长22.5%，高加工度工业和高技术制造业增加值分别增长6.4%和15.2%，工业战略性新兴产业占全部工业总产值的比重为30.4%，比湖南平均水平高出1.9个百分点，排全省第4位，过去卖原矿、卖初级产品的局面得到根本性改变。

1. 延伸有色金属加工产业链

为加快推动郴州市优势产业链发展，2018年，郴州市成立了郴州市工业优势产业链发展工作协调小组，全面负责优势产业链发展的重要事项，9大优势产业不断实现集群式、链式发展，各产业链集聚了616家规模工业企业，2020年工业产值达1918亿元，占全部工业总产值的67%以上。其中，传统资源型优势产业通过优化整合、集聚发展、技术改造，逐步提质升级，有色金属、化工等传统骨干产业链得到巩固提升，形成了从采选、冶炼到精深加工较为完整的产业体系，有色金属产业生产规模约占全省有色金属产业产值的三分之一，成为全国最大的白银、铋生产基地及湖南最大的铅锌、锡生产基地。同时，全市替代性新兴产业不断培育壮大，2020年电子信息、装备制造业增加值分别占全市规模工业的11.9%、6.7%，支柱作用逐步凸显。

支持金贵银业国家级企业技术中心、有色金属产业创新孵化基地、中国五矿钨研发中心等平台建设，加强精深加工和循环利用关键共性技术研发和成果转化应用，提升有色金属产品科技含量和附加值，推进铋、锡、钨、白银等有色金属产业链向高端制造和交易延伸。铋产业：重点发展铋医药化妆品、铋超导材料、铋化合物、纳米钛酸铋等；支持金旺铋业等龙头企业，打造含铋精矿冶炼→精铋提纯→氧化铋、铋合金和铋化合物等成品制备的铋深加工产业链。锡产业：加大勘探力度，扩大探矿成果，提高锡冶炼能力，开发和生产锡合金及锡的应用产品，提高锡的精炼生产能力，重点发展锡化工产品、锡基无铅焊料、高质量氧化锡铟粉及靶材等，发展锡产业循环经济，建立锡精深加工和循环利用产业链。钨钼产业：重点发展高纯度、高性能钨、钼合金管、棒、线、丝材制品及工具和含钨钼催化剂、钨钼靶材等；支持钻石钨、中湘钨业等本土企业，积极引进中国五矿等国有大中型企业核心技术，打造白钨矿选冶技术→APT制备工艺→蓝钨、黄钨制备工艺→碳化钨合金粉体制备工艺→硬质合金工具装备制造的钨精深加工链。白银产业：依托永兴稀贵金属再生利用高新技术产业化基地，大力发展高端银工艺品、电子银浆、高纯硝酸银、贵金属、银催化纳米材料、载银抗菌材料等；支持金贵银业等重点企业，打造白银冶炼→高纯银制备→纳米级电子银粉、银浆制备的精深加工产业链。

2. 加强稀贵金属综合回收利用

永兴稀贵金属再生利用产业发源于明末清初，迄今已有300多年历史，其发展大致分为三个阶段。第一阶段为20世纪80年代至90年代中期——粗放发展期。主要是掌握传统冶炼技术的人从全国各地把含有金银的“三废”原料买回本地，提炼金银等贵金属，从业人员达4万多人。第二阶段是20世纪90年代中末期——规范发展期。由“村村点火、户户冒烟”无序发展，通过环境整治，发展了柏林、黄泥、塘门口等初具规模的项目区。第三阶段为2000—2010年——产业发展壮大期。2006年，永兴县政府为规范稀贵金属冶炼产业发展秩序，实现稀贵金属冶炼产业的可持续发展，组织编写了《永兴县金银产业发展总体规划(2006—2020年)》(下称“金银产业规划”)。发展了永兴县国家循环经济示范园和柏林、太和、塘门口、黄泥、洞口、樟树、金龟7个项目区，共有初具规模的金银企业130余家。近年来，该县以稀贵金属再生利用产业整合升级为契机，建立“两区四园”格局，对各个园区功能进一步细化调整，明确柏林、太和工业园区为稀贵金属产业园，对全县稀贵金属企业通过重组整合、技术创新、联大靠强推进企业转型升级，对不符合安全生产、污染防治要求的企业坚决予以取缔关闭，最终整合30家入园主体企业，统一进驻柏林、太和工业园区集约化发展。永兴县形成了以有色金属工业“三废”和“城市矿产”资源综合利用、高效利用、循环利用为主要特征的“无矿开采”再生资源循环经济发展模式，被中央和地方媒体称为“没有银矿的银都”。2012年，全县加工利用来自全国各地的有色金属工业“三废”“城市矿产”等再生资源达132万吨，为全国有色工业的“三废”处理作出了重大贡献。永兴每年从全国各地收集处理各类有色金属冶炼危废物和“城市矿产”100余万吨，从中提炼金、银、钯、铋、锑、铂、铟、铑、镍、硒、碲等20余种稀贵金属及其他有色金属20万吨左右，白银产量连续15年保持全国第一，铋、碲产量几乎占全球的一半，铂、钯、铟等金属产量居全国前列。近10年来，共提炼黄金50余吨、白银18000余吨、铟450吨、铋25000吨、铂族金属30吨，其他有色金属160余万吨，相当于减少了2亿多吨高品位原矿开采量，为国家储备了大量战略矿产资源。

永兴县已形成一个在国内外有影响力、年产值超过500亿元的稀贵金属综合回收利用产业集群，是湖南省重点扶持的50大产业集群之一。加强稀贵金属综合回收利用可以依托永兴白银循环利用高新技术产业化基地，打造循环经济产业化基地，加强固废中高效提取稀贵金属关键技术研究转化，推广含砷固废和锡渣资源化处理技术、工艺和装备，提高白银、铜、锡、锑、铟、锗、镓、铼、铋、硒等稀贵金属回收利用水平。

3. 打造有色金属产业绿色园区

打造有色金属产业绿色园区需要重点加强郴州高新区稀贵金属深加工基地、永兴稀贵金属再生资源利用产业集中区、嘉禾锻铸造产业园、桂阳有色金属产业孵化基地等专业园区建设，推动有色金属企业入园发展，提高产业聚集度，加快形成产业重点明确、产业链层次清晰、内部小循环与外部大循环协调的绿色发展体系。

郴州是“有色金属之乡”，资源型产业存在的产业层级低、能源消耗大、科技含量不高等问题，资源型经济转型升级迫在眉睫。目前完成了19个重点矿区的整顿整合，矿业秩序实现优势资源向行业龙头和战略投资者集中，为安全生产、发展精深加工、形成产业集群奠定了基础。为拉长产业链，提高附加值，郴州按照一个优势矿种对接一个行业龙头企业和战略投资者的方式，先后引进中国五矿、中国建材、中化集团、云南锡业等央企和战略投资者，逐步形成以有色金属精深加工为特色的优势产业集群，涌现出一批具有竞争力的龙头企业。近年来，郴州招商引资注重建链强链补链。郴州市委、市政府主要领导带头担任产业链链长，并建立产业链长负责机制，形成了一个产业链、一套领导指挥系统、一套目标责任体系、一套考核评价体系、一套配套政策措施、一套调度运行机制。同时，各产业链链长带头开展精准招商，着眼资源型产业转型升级和替代发展，瞄准对接“三个500强”，大力推行产业链整体转移、上下游企业抱团发展的高效招商模式，让资金流、人才流、信息流等从原来“孔雀东南飞”变成“孔雀东南回”。2018年—2021年5月，郴州市新引进装备制造产业项目87个，总投资金额316.05亿元，新引进电子信息产业项目108个，总投资金额353.19亿元。建链、延链、补链、强链全面推进，产业链建设“交相辉映”“携手共进”。

面对资源型产业发展过程中的环境污染问题，郴州不断强化园区的绿色发展理念，建立绿色低碳的园区发展经济体系，推动园区资源型产业逐步向绿色化、低碳化、安全化、循环化的产业进行转型，建设资源利用最优、产出效益最高的低碳循环园区。仅2018年以来，就依法取缔证照不全、污染较大的烧结墙体材料生产企业96家；依法淘汰或改造10蒸吨以下工业燃煤锅炉86座，取缔锻铸造行业冲天炉261座；淘汰落后造纸生产线246条；取缔所有“地条钢”生产企业。“十三五”期间，全市万元规模工业增加值能耗年均下降8.5%。

嘉禾县的铸锻造行业有着1000余年的历史，是中锻协、中铸协授牌的“中国锻造之乡”和“江南铸都”。作为郴州“国家可持续发展议程创新示范区”特色产业重镇，嘉禾县肩负着践行绿色发展理念、建设“国家级绿色铸造产业集群”的重任。嘉禾县抓引导、抓园区、抓产业链、抓科技、抓环保、抓龙头，大力淘汰落后产能和工艺设备，仅2018年、2019年就依法依规关停“小散乱污”企业100多家，拆除冲天炉261座、铝壳炉102座，新上自动化生产线32条、钢壳电炉159座。建成全省唯一的铸造专业园区，成功生产出郴州市第一台高速数控冲床、全省第一台400吨压铸机，全县有20家铸造企业获得国家高新技术企业称号，引进了新兴铸管、巨人机床等龙头企业。嘉禾正在变身为没有烟囱的“绿色铸都”，其淘汰落后产能经验列入全国典型案例库。

4.大力发展新材料产业

新材料是指新近发展或正在发展的具有优异性能的结构材料或有特殊性质的功能材料。近年来，郴州全力推进新材料产业链发展，全市产业规模不断壮大，发展后劲不断增强，产业集群逐渐形成，技术水平不断提高，呈现良好发展态势。根据郴州市新材料发展主要方向和重点产品，郴州经开区精心编制发展规划，锁定电子功能新材料、有色金属新材料、石墨新材料、新型建筑新材料四个方向推动新材料全产业链发展。郴州经开区构建以着力发展新材料产业为主的特色产业体系，坚持高端发展的战略取向，依托新材料产业的资源优势和产业基础，通过产业资源的整合，重点发展电子信息、石墨、有色金属、建筑等新材料领域，推动其向高端化、精深加工方向发展。预计到2025年，新材料产业产值将超过300亿元。

联合中化蓝天，加快布局发展。加快布局发展以本地萤石资源为依托，以生产有机氟

材料为主的氟化工产业。宜章氟化学产业园是湖南省五个化工产业园之一，依托央企中化蓝天雄厚实力，已形成集资源开发、研发、生产、销售于一体的氟化工完整产业链，初步形成在全国氟化铝产业、萤石行业的龙头地位。2020 年新材料产业完成工业总产值 70.22 亿元，2021 年上半年新材料产业完成工业总产值 37.6 亿元。发展重点为以本地萤石资源为依托，补足新能源材料的电解液、二氟草酸硼酸锂等产品，拉长产业链条，打造无机氟、有机氟、氟材料、新能源材料等产业聚集的百亿产值氟化工产业园。

依托中国建材的优势，以实现石墨烯产业化为方向，组织开展锂电池新材料、高导热石墨材料、石墨烯新材料技术攻关，加快形成石墨新材料全产业链条。郴州作为全国的“石墨之乡”，拥有全国已探明微晶石墨总储量 70%以上的资源。为把这一资源优势转化为经济优势，市委、市政府出台的《关于全力把郴州打造成湖南新增长极的意见》将石墨新材料产业作为六大重点任务之一，明确提出：加强与中国建材等战略投资者的合作，突出发展高技术含量、高附加值的石墨新材料及制品，把郴州打造成为全球最大的“微晶石墨新材料产业基地”，力争到 2025 年，微晶石墨及其相关产业规模年产值超过 1000 亿元。发展的重点：一是加大石墨研发力度。支持南方石墨建设石墨研发中心，鼓励骨干企业加大研发投入，深化与科研机构合作，建立一批国家级技术研发中心、工程实验室。二是推进石墨精深加工。引进和培育一批石墨提纯和精深加工企业，重点发展高纯石墨、导热材料、核石墨、电池材料、柔性石墨等下游产业，带动发展芯片、锂电池、显示器件、航天军工等产业。推进南方石墨投资 50 亿元的石墨精深加工项目。高标准规划建设微晶石墨和石墨烯产业园，着力打造千亿石墨产业园区。三是重点发展石墨烯新材料。

加快建设硅材料产业园，重点开发硅微粉、高纯度硅基材料、光伏光电玻璃等高端产品。湖南省地质勘查院勘查结果显示，资兴市硅石储量极其丰富，品位极高，完全能满足超白玻璃、陶瓷、石英板材和电子行业的要求，是国内少见的大储量、高品位硅石矿源。同时，资兴市交通便捷、区位辐射力强，是打造湖南乃至全国硅产业集群基地的理想之地。近年来，资兴市坚守绿色发展理念，不断延长产业链条，推动硅石产业向精深加工方向提质转型，成立了发展硅材料产业链协调领导小组；淘汰关闭产能小、耗能高的“五小企业”，突出规模和集聚效应，规划了总占地面积 1176 亩的兰市硅砂、州门司硅砂硅微粉、资五硅材料三个产业园，重点发展硅砂、硅微粉和高纯度硅基材料、硅胶制品、太阳能玻璃、石英石板材、硅合金、电子显示屏、化妆品等高端产品材料，并形成产业链。

联合湖南粮食集团，加强稻草、油菜秆、小毛竹等农作物秸秆综合利用，开发零甲醛生态板材。2016 年，安仁县政府与湖南粮食集团签约，在安仁县启动秸秆“零甲醛”生态板合作投资项目。项目落户安仁县灵官工业园，规划用地 266 亩，总投资 6.5 亿元人民币，是全球首条秸秆人造连续压机生产线，2017 年正式投产。据项目评估，达产后年消耗稻草等秸秆 18 万吨，为农户增收 6480 万元；整个项目建成后将形成年产 15 万立方米裸板、200 万张贴面板及 40 万件家具的产业链，年产值可达 30 亿元。

加强全市碳酸钙资源的开发和管理，推进碳酸钙产业规模化、集约化发展，着力打造湖南以及中南地区重要的碳酸钙产业基地。临武县境内碳酸钙资源储量大、品质优，大理岩总储量超过 10 亿吨，其中粗晶方解石大理岩矿石约 2 亿吨，氧化钙（CaO）含量达到 55%，碳酸钙含量大于 97%，pH 为 9.1，105℃挥发物含量为 0.05%，盐酸不溶物含量为

0.07%，白度大于81，铁、锰质微量，是加工纳米碳酸钙的理想原料；细晶白云石大理岩矿石约8亿吨，不含有毒有害和放射性元素，光泽度在80度以上。2017年，临武县把碳酸钙产业列为六大支柱产业之一，成立了碳酸钙产业发展指挥部，并多次组织人员到广西贺州与广东连州、肇庆、江门等地考察碳酸钙产业发展情况。2017年9月，该县与深圳高视伟业创业投资有限公司就发展碳酸钙产业签订投资合作协议，计划5年投资50亿元，建成"一园三区"，即碳酸钙产业园与资源开采区、精深加工区、关联产业区。2017年12月底，高视伟业在临武县创办湖南高视伟业碳酸钙产业发展有限公司，并与宜章县玉溪石米有限公司签订了年产100万吨碳酸钙精深加工项目。2018年初，临武县制定碳酸钙产业发展5年行动计划，提出"一年打基础、两年上台阶、三年大发展、五年打造百亿产业"的发展目标，从中高端产品入手，以新技术、新工艺和先进装备，生产纳米级新材料等产品，创建国家或省级研发平台与高新技术企业，打造区域碳酸钙加工生产基地。

未来，郴州将深入落实《郴州市资源型产业转型升级示范区建设三年行动计划(2021—2023年)》，实施工业企业培育、科技创新引领、产业链精准招商、千亿园区打造、智能制造赋能、绿色发展能力提升、标准品牌创建七大计划。全力培育新材料、电子信息、装备制造三大千亿新兴产业，转型升级有色金属、节能环保、矿物宝玉石三大资源型产业，提质优化新型建材、食品医药、通航产业三大优势产业，推动形成"3+3+3"产业格局。努力实现产业结构不断优化、发展质效明显提高、科技创新能力不断增强、工业绿色低碳发展水平进一步提升、智能化发展成效显著、产业链供应链稳定性明显提高的资源型产业转型升级发展目标。

8.3.2 传统产业绿色化改造工程

郴州是著名的"有色金属之乡"，作为资源型城市，"一矿独大"的局面造成了郴州经济结构失衡。通过传统产业绿色化改造工程拉升产业链，提升附加值，完善相关配套产业来提升有色资源型资源发展的品质和可持续性，助力郴州建设现代化经济体系。

1. 加快传统制造业节能节水改造

大力推广余热余压利用、电机改造、中水回用、重金属污染减量、有毒有害原料替代、废渣综合利用等绿色工艺技术装备，切实降低制造业水资源消耗量和能耗水平。湖南柿竹园有色金属有限责任公司通过提高废水循环和资源综合利用水平，在多金属采矿场，井下废水治理与循环使用工程已经投入使用。井下涌水通过管道收集后，经污水沟流进集水池，进行沉淀就可循环使用，回用率达到了100%。还铺设了一条管道，专门为选厂用水时抽送经过沉淀的水。相比以前要从东波河里面把它引上来使用，每年可以为企业减少470万立方米的用水量。选矿车间产生的废水和尾矿废水，经过浓缩和水处理剂添加等环节，就可以直接回用于碎矿车间的除尘水和卫生水，还有就是选厂的补加水和冲洗水，每天的处理量达1万立方米，水回用率可以达到75%以上，每年可为公司减少外排水大概300万立方米。近年来，郴州市工信局大力推动企业转型发展和工业节水管理，郴州高新技术产业开发区被列入2020年度湖南省绿色制造体系创建计划。

2. 大力发展先进制造业

推进新一代信息技术与制造技术的融合创新，以郴州传统装备制造和锻铸造为基础，结合自动化控制技术及3D打印技术，开发高速精密数控机床、工业机器人等智能装备。全面推动现代农业装备制造和推广应用，支持郴州粮机、农夫机电、湖南田野等企业创新发展，研发和生产一批先进农机装备，郴州市还出台了《郴州市加快推进智能制造的若干措施(试行)》，全市装备制造产业链项目占全市重点工业建设项目的21.8%，规模以上装备制造企业106家，17个装备制造产业链项目获得省专项资金支持。嘉禾县铸锻造产业集群促进中心获全省培育发展先进制造业集群奖励。

3. 推广生态循环农业模式

加快农业灌溉设施和高效节水灌溉项目建设，开展化肥、农药零增长行动。实施农业节水行动，推进农业灌溉用水总量控制和定额管理，推广节水型设施，实施智能化标准型微灌工程，建立农业用水规模与用水效率相协调、工程措施与非工程措施相结合的农业节水体系。按照"减量化、再利用"的循环农业发展思路，推广生物肥料和生物农药，推进农业废弃物资源化利用，探索农林渔融合循环发展模式，形成秸秆饲料加工、养殖业、生物有机肥、种植业之间有机的产业。到2020年，恢复发展绿肥生产100万亩，建设50个以上种养结合农牧循环示范基地，畜禽粪便资源化利用率达到80%以上。2019年，苏仙区成为郴州市第一个、湖南省第一批通过省级技术评估和行政验收的5个县市区之一。苏仙区编制了《湖南省苏仙区节水型社会达标建设实施方案》，积极推进了农业灌溉用水和工业用水计量，工业用水计量率达到了100%，其中有12家重点取水单位安装了省控在线监测系统，重点灌区实行了用水计量。积极推进节水农业的发展，组织实施了洞尾村泉塘农场、瓦灶村果子园、大奎上村瑶岭生态农业公司、大头垅村东江生态有限公司等高效节水灌溉项目，实现了传统农业向现代高效农业转变。全面推进农业水价综合改革工作，投入资金近百万元，以柳泉灌区为试点，积极探索建立健全农业水价形成机制，推进了农业水权制度建设。

8.3.3 生态型产业综合开发工程

湖南省郴州市属于典型南方山地丘陵区，降雨丰富，全市地表、地下水资源量207亿立方米；温泉资源丰富且水质好、水温高，日流量16万立方米；森林资源丰富；有东江湖、莽山国家森林公园等知名山水，享有"中国优秀旅游城市""国家园林城市"等称号。此外，郴州良好的政策环境，优越的地理位置以及不断增强的经济实力，为生态型产业综合开发工程打下良好基础。

1. 以优质生态、产业和文化资源为依托，加快布局新型高端产业新业态

用好"冷水"资源。借助东江湖天然冷水资源，超强的电力和带宽保障，稳定的地质结构和良好的区位优势，以数据采集、存储和电信增值为基础，大力发展IaaS、PaaS、SaaS等云服务和大数据智能终端制造产业，加快建设东江湖大数据产业园，与腾讯、阿里巴巴等大数据应用企业开展合作对接，建立智慧社区、康养旅游、远程医疗等新服务模式，布局信息产业链下游，努力打造全国最节能绿色大数据产业示范基地、华南绿色数据谷、中国电信数据云基地、华中华南最大的数据灾备中心。东江湖大数据产业园吸引了湖南云巢、湖南电信、华融湘江银行、网宿科技、天翼云等一大批企业入园。2020年，东江湖大数据产业园受电服务器超过1万台，实现运营收入1.7亿元，获得"国家绿色数据中心"称号。

另外，园区沿江风光带已建成，综合能源站、大数据会展中心、创投大厦、人才公寓、酒店商场等配套设施正在全面动工，资兴大数据产业雏形已基本形成。以 LED、新型显示、消费类型整机为重点，着力把郴州建设成为湖南重点电子信息产业基地。依托华磊光电、华特光电等骨干企业重点发展 LED 外延、衬底、芯片、封装测试以及集成应用；依托晶讯光电、恒维电子、海利微电子等骨干企业全力打造全国知名的液晶显示屏及模块生产基地；利用国家大力推动 4C 融合的时机，促进高清数字家庭产品和新型消费电子产品大发展。

用好"热水"资源。立足丰富的温泉(地热)资源，做好地热资源普查勘探、合理开发和可持续利用工作，加快地热发电、直接利用和地源热泵等地热利用技术引进和研发应用，推进汝城热水温泉旅游度假区、飞天山温泉旅游文化创意产业园、郴州国际温泉城、仙岭温泉文化产业园、碧桂园龙女康养旅游特色小镇等项目建设。以温泉为依托，在传统简单的"温泉+农家乐"基础上，探索"温泉+N"模式，推动温泉与休闲旅游、康养、文化、医疗、地产等关联产业融合发展，盘活地下热水资源，延长温泉产业链，进一步提升"中国温泉之乡""中国温泉之城"品牌。

用好"净水"资源。利用郴州地表水资源富集、质量优良的优势，加大紧密关联的农副产品生产加工技术研发、品牌包装和市场营销力度，推动临武鸭、东江鱼、高山禾花鱼、啤酒、饮料、矿泉水等消费产品和关联产业精品化、高端化发展。舜华鸭业采用"牧草临武鸭绿色养殖"和"固废资源化利用"等措施，实现了舜华临武鸭产业绿色循环发展，成功开发香草鸭 4 大系列新产品销售增幅达到 40%以上，实现销售额 4600 余万元。无公害有机肥的使用也让东江湖系列农产品受到广大消费者的青睐，远销全国各地。"东江湖蜜橘""东江鱼"分别被农业农村部、国家质检总局认定为地理标志保护产品，"狗脑贡茶"获评中国驰名商标。

讲好"神农尝百草""橘井泉香"等历史典故，传承弘扬中医药和健康养生文化，大力发展现代中药、生物制品、原料药和中间体，着力把郴州建设成为湖南重要的生物医药生产供应基地。引进医疗行业龙头企业，加快发展高端医疗设备和耗材产业。发挥郴州气候、生态和中药材种植传统优势，大力发展现代中药、生物制品、原料药和中间体，着力把郴州建设成为湖南重要的生物医药生产供应基地。

2. 以国家全域旅游示范区创建为抓手，大力开发生态休闲度假旅游

重点推进东江湖风景旅游区、莽山生态文化旅游区、长鹿国际旅游休闲度假区、王仙岭旅游度假区、西瑶绿谷生态旅游区等生态休闲度假旅游项目开发以及基础设施建设，打造一批综合性和标志性的国家级旅游度假区、国家生态旅游示范区，全面创响"锦绣潇湘·别样郴州"旅游品牌。加快建设九龙江、天鹅山等一批森林康养旅游基地，加快推进齐云峰—三台山避暑度假旅游、汝城长安生态城旅游文化产业园和神农文化产业园等项目建设，推动生态康养、避暑度假等旅游业发展。建设好环东江湖生态休闲度假航空小镇、小埠运动休闲特色小镇、王仙岭文化旅游特色小镇等一批特色旅游小镇。

莽山生态文化旅游区以莽山五指峰景区为重点，保护与开发并重探索创新无障碍旅游模式，高品质建成全国首个全程无障碍山岳型旅游景区，实现全域开发、全民旅游、全程保护，达到了生态环境好、旅游人气旺、示范效应佳的效果，走出了一条观景赏花、无障碍旅游、共享旅游、人本旅游融合发展之路，2020 年全年旅游人数 17.3 万人，其中接待残疾

人9286人，60岁以上老年人5.0848万人，收入3334万元。

3. 以现代农业产业园(农业产业集聚区)建设为龙头，积极发展高效生态农业

湖南省制定并颁布了《湖南省生态农业建设规划纲要》《湖南省生态农业建设管理办法》《湖南省农业环境保护条例》等文件，研究制定了符合湖南实际的《湖南省生态农业示范县(村/户)建设标准》，为生态农业的发展提供了法律依据。

郴州加快建设安仁灵官、苏仙栖凤渡、资兴流华湾等一批现代农业示范园区，重点打造资兴市罗围、桂阳芙蓉2个百亿级农产品加工园区，重点扶持4个国家蔬菜产业重点县，4个国家柑橘优势区域重点县和4个国家、省茶叶优势区域重点县发展各自特色优势农业产业，建设富硒产业园等一批绿色生态农产品生产基地和舜华鸭业等一批农业产业化龙头企业，努力打造粤港澳大湾区优质农产品供应基地。

现代农业产业园以规模化种养基地为基础，依托农业产业化龙头企业，通过“生产+加工+科技”，聚集现代生产要素，创新体制机制，形成明确的地理界限和一定的区域范围，具有较好的辐射和带动作用，建设水平比较领先的现代农业发展平台。汝城县充分利用地理气候优势，通过“政府引导+龙头带动+基地示范+农户种植+科技支撑+金融保险双支持”开发模式，推动辣椒产业大发展，2020年全产业链产值达10.96亿元，全县种植面积从2018年的3万多亩发展到如今的12.8万亩，农户种植辣椒人均增收3500元以上。

4. 以精准脱贫、乡村振兴为目标，着力推动生态惠民富民

2018年，郴州市制定了《郴州市实施乡村振兴战略三年(2018—2020)行动方案》，该方案的目标是到2020年，乡村振兴取得重要进展，农业产业化、规模化、机械化、信息化水平大幅提高，农业综合生产能力稳步增强，农业供给体系质量持续提高；农民增收渠道进一步拓宽，2018年汝城、宜章、安仁三个贫困县全部摘帽，贫困村全部退出，2020年现行标准下农村贫困人口全部实现脱贫，农村居民人均可支配收入达到18000元；农村基础设施建设、农村规范建房、“空心房”整治和“厕所革命”深入推进，农村生态人居环境明显改善，美丽乡村建设保持全省领先；城乡基本公共服务均等化水平进一步提高，农村文化进一步繁荣兴旺，乡风更加文明；以党组织为核心的农村基层组织建设进一步加强，乡村治理体系更加完善；党的农村工作领导体制机制进一步健全，各级各部门乡村振兴的思路、举措和规划基本确立。

实施乡村振兴战略，大力发展乡村旅游和生态旅游扶贫，依托山水林田湖草等生态资源，建设一批田园综合体、高山滑雪滑草基地、旅游休闲农庄和精品民宿，创建一批特色旅游扶贫示范县，推动桂东、苏仙、资兴、宜章、汝城创建湖南省全域旅游示范县。改善农村人居环境，加强农村污水治理、垃圾治理、厕所革命、农业生产废物污染治理、村容村貌提升等工作。落实生态公益林保护和补偿制度，在集中连片特殊困难地区和国家扶贫开发工作重点县开展贫困人口生态护林员选聘工作，提高护林员待遇，增加贫困村贫困人口就业率。大力开展近自然森林经营、毛竹丰产林培育、油茶高产林培育、碳汇林经营等标准化基地建设，帮助农民稳定增收。

8.3.4　公众可持续发展素养提升工程

人类发展的本质是人的发展，是人的素质的全面提升。为了实现2030年可持续发展

目标，公众可持续发展素养提升尤为重要，郴州着力实施公众可持续发展素养提升工程，从以下三个方面提升公众素养。

积极落实国家节水行动。贯彻并坚持“节水即治污”的生产和生活理念，加大节水宣传、节水器具改造、水平衡测试奖励补助投入，落实水资源消耗总量和强度“双控”措施，坚守水资源开发利用控制、用水效率控制、水功能区限制纳污“三条红线”，巩固提升水生态文明城市和国家节水型城市创建成果，全面建设节水型社会。郴州印发《国家节水行动郴州市实施方案》，该实施方案明确了节水行动的主要目标：到2020年，万元GDP用水量、万元工业增加值用水量分别较2015年降低30.0%、30.4%以上，规模以上工业用水重复利用率达到91%以上，农田灌溉水有效利用系数提高到0.544以上，公共供水管网漏损率控制在10%以内；到2022年，万元国内生产总值用水量、万元工业增加值用水量较2015年分别降低32%、35.9%以上，农田灌溉水有效利用系数提高到0.555以上，全市用水总量控制在25.52亿立方米以内；到2035年，形成健全的节水政策法规体系和标准体系、完善的市场调节机制、先进的技术支撑体系，全市用水总量控制在26.3亿立方米以内，水资源节约和循环利用水平显著提升。

着力推进社会各界参与可持续发展。加大传统媒体宣传力度，用好用活新媒体，运用科普基地、论坛讲座等多种载体和方式，建立以新媒介为主体的多维度公众宣传参与方式，创作一批宣传可持续发展的歌曲、戏剧等群众喜闻乐见的文学艺术作品，加强示范区重大建设成果、典型案例、先进经验的宣传推介，提高公众对可持续发展的关注度和支持度，营造全民关注、参与和支持可持续发展的浓厚氛围。用好亚欧水资源研究和利用中心郴州分中心（东江湖水环境保护和利用中心）等平台资源，积极创办以“水资源可持续利用与绿色发展”为主题的水资源论坛，每年举办一次水资源可持续利用与绿色发展博览会，促进信息资源共享，宣传推介郴州可持续发展经验。郴州市可持续发展议程创新示范区志愿者协会于2021年1月正式成立。在全国六个示范区获批城市中，郴州是首个成立可持续发展议程创新示范区志愿者协会的城市。目前，协会已发展会员400余人，协会的成立对郴州经济社会发展、生态文明建设和示范区建设具有十分积极的推动作用。通过开展“示范区的青山绿水，青山绿水间的我”和“小节目里的绿色发展”文艺进公园、进社区活动，有近3000市民参与到活动中来，让更多的市民树立示范区建设观念，提高公众低碳可持续意识。

切实加强可持续发展基础教育。以青少年儿童为重点，开展可持续发展基础教育，全面推动《可持续发展教育读本》进课堂。倡导生活方式绿色节约，建设一批低碳城镇、园区、景区和社区，推动生态文明进机关、进学校、进企业、进军营、进社区、进家庭、进乡镇等活动，加快形成文明、节约、绿色、低碳的生产方式和生活方式，持续增强全民可持续发展意识。结合创建全国文明城市，积极推进城市生活垃圾分类试点等工作，培养和增强公众践行可持续发展的意识和能力。以东江湖大数据产业园、西河沙滩公园、苏仙岭万华岩风景名胜区、南岭植物园、桂阳宝山国家矿山公园、柿竹园有色金属博物馆等可持续发展典型范例为基础，建设一批可持续发展科普和宣传教育基地。加大南岭植物园专类园建设，建设面积达400亩；创建省级生态文明教育基地4个、全国生态文化村4个；积极推动全市9个县市创建省级森林县城；在400所学校实现《可持续发展教育读本》进课堂，创建生态文明乡镇(街道)88 个、村庄(社区)220 个、机关 220 个、学校 132 个、企业 88 个。

8.4 科技创新支撑行动

郴州市研发投入占 GDP 比重仅在 1.07%左右，研发经费支出占 GDP 比重低于全国、全省平均水平；高层次领军人才和高技能人才缺口较大，规模工业企业科研人数仅占规模工业从业人数的 4.8%；支撑特色资源型产业高质量发展和生态环境、民生发展的关键共性技术研发、转化和推广应用能力较弱，每万人发明专利拥有量(1.54 件)远低于全国平均水平(9.8 件)，以市场为导向、以企业为主体的技术创新体系尚未完全形成。针对郴州市创新人才不足、创新平台不优、研发能力不强等问题，把科技自立自强作为可持续发展战略的支撑，深入推进科技创新与实体经济深度融合突破行动，实施科技创新体系建设示范工程，加强可持续发展重点领域关键核心技术攻关、人才发展、可持续发展创新载体、可持续发展和碳中和创新主体等创新体系建设，有效支撑和引领水资源可持续利用与绿色发展。

在首都科技发展战略研究院和中国社会科学院城市与竞争力研究中心联袂发布的《中国城市科技创新发展报告 2020》中，郴州市科技创新发展指数为 0.3442，高于全国平均值 0.3325，全国排名第 96 位，省内排名第 4 位。郴州市在创新资源、创新环境、创新服务、创新绩效等一级指标中均高于全国平均值，对比 2020 年和 2019 年湖南省主要城市科技创新总指数及一级指标省内排名可以看出，郴州市均有提升。

8.4.1 加强可持续发展重点领域关键核心技术攻关

在“节水、治水、护水、用水”以及“碳达峰、碳中和”等方面实施一批重大科技创新项目和技术成果转移转化项目，加快推进科技成果中试试点示范建设，继续实施省“5 个 100”和市 100 个重大科技专项，助力优势产业链提升和经济社会可持续发展。加强水资源保护和高效利用技术研发与应用。加快建立和完善郴州市与中国科学院、中南大学、湖南大学、湖南有色金属研究院等知名高校和科研院所的市校、市院合作平台，采取“企业主体、政府支持、高校参与”建设模式，形成“产业+企业+创新研究院+成果转化”的科研成果转化应用格局。加速创新成果产权化，建立可持续发展领域重大经济科技活动知识产权评议机制，进一步开展专利布局和保护。

加强水资源保护科技创新，在水循环系统修复、水污染全过程治理、饮用水安全保障、生态服务功能修复等方面研发一批核心关键技术，在东江湖、湘江、珠江和赣江流域开展应用示范，形成水污染治理、水环境管理和饮用水安全保障三大技术体系。围绕水源地生态环境保护、重金属污染及源头综合治理、生态产业及节水型社会建设等方面，引导本土企业联合高校院所开展科研和成果转化，重点引进污水处理新技术，率先在资兴、宜章、汝城、桂东等环东江湖流域县市试点推广。加强与中国科学院、中国环境科学研究院等科研院所合作，发挥院士专家工作站的作用，为东江湖生态环境保护与资源开发利用提供技术支撑和政策研究。加强与生态环境部相关科研院所合作，开展流域重金属污染综合防治工作。

加强“冷水、热水、绿水、净水”等优质水资源高效开发利用技术集成与产业示范。加强“碳达峰、碳中和”关键技术研发与应用。在有色金属新材料、先进制造等产业领域，进一步加强节能减排技术、能效技术等研发与推广。加强可再生能源等技术研发与推广。有序部署碳捕集利用与封存(CCUS)技术、生物质利用与CCUS技术结合等新兴技术研发与推广，提前部署脱碳零碳技术规模化推广与商业化应用，脱碳燃料、原料和工艺全面替代，负排放技术广泛示范等。

8.4.2 构建可持续发展的人才发展模式

贯彻尊重劳动、尊重知识、尊重人才、尊重创造方针，围绕水资源可持续利用与绿色发展的科技需求，直面碳达峰碳中和人才储备方面的挑战，积极落实“林邑聚才”计划，发挥湘南学院、郴州职业技术学院等人才培育作用；用好郴州高端智库，柔性引进高层次人才，大力培养“碳达峰、碳中和”专门人才，着力培育绿色乡村振兴人才，形成可持续发展的优秀人才梯队，优化人才发展环境，激发人才创新活力，全方位培养、引进、用好人才。实施水领域科技创新人才培养和引聚工程。聚焦可持续发展重点领域、重点产业和关键核心技术，在本土选拔培养科技创新团队和科技创新人才。整合提升人才引进计划/人才集聚工程等各类人才引聚项目，引进高层次创新团队和高层次创新创业人才。实施劳动者技能素质提升工程，完善现代技工教育和职业培训体系。实施“碳达峰、碳中和”人才引进培育工程。引进培育碳市场、碳金融及由碳交易衍生的碳核查、碳会计、碳审计、碳资产管理和碳金融衍生的碳信贷、碳保险、碳债券等专业人才。根据郴州水产业需要和行业特点，以实践能力培养为重点，以产学研用结合为途径，规范开展碳排放管理员培训活动，培养高素质创新型碳排放管理人才。

深化人才引进体制机制改革。近年来，郴州市相继出台了《郴州市鼓励和推进科技研发促进成果转化的若干政策》《关于推进科技成果中间试验转化工作的意见》等一系列政策文件，对资源型产业企业科技创新和人才引进工作进行引导和支持。对接湖南省“芙蓉人才行动计划”，制定出台《湖南省郴州市国家可持续发展议程创新示范区“林邑聚才”计划》，出台相关配套措施。大力支持企业引进高层次创新人才和团队，积极宣传并认真落实《郴州市引进企业高层次人才暂行办法》(郴办发〔2017〕17号)，在企业高层次人才引进、人才来郴创新创业、人才生活发展环境营造等方面给予重点支持。积极运用人才柔性引进机制。按照“不求所有、但求所用”的原则，支持国内外著名高校、科研院所的高层次人才到郴州的企业、高校和科研院所兼职和开展项目合作，吸引更多的高层次人才为郴州的可持续发展服务。完善引进人才关爱机制，建立市领导联系关爱人才制度，重点解决其配偶工作、子女入学、住房等保障问题，在职称认定、项目申报、奖励评选中对人才给予倾斜和扶持。允许人才身份编制挂靠，具有事业单位身份高层次人才来郴企业工作的，可在郴州市应用技术开发研究院保留事业单位人员身份。建设可持续发展的人才服务平台，逐步建成市县乡三级人才数据库，实现人才动态管理。完善人才综合服务平台，在人才创新创业、生活保障方面提供“一站式”服务。

实行创新创业贷款贴息。高层次人才在郴自主创新创业的，对银行贷款按其贷款期内实际支付利息最高不超过30%的比例给予贴息。实现创新创业行政事业性收费减负。切实减轻高层次人才创办实体的各种行政事业性收费负担，除征收上缴中央、省的部分外，市及市以下部分一律免收，服务性收费减半收取。奖补优秀创新创业团队。每年遴选一批在郴优秀创新创业人才团队项目，由受益财政分别给予200万~1000万元的财政支持。郴州市积极落实资源型产业企业高新技术企业税收及奖补政策，支持鼓励32家资源型产业领域企业成功申报高新技术企业。

支持行业领军企业牵头建立产学研战略联盟，培育碳中和产业科技人才。实施绿色乡村振兴人才支持工程。围绕绿色乡村振兴和低碳乡村振兴建设，以培育培养机械化农业、绿色农业、休闲农业、农村电商等领军人才、新型职业农民、乡村实用技术技能人才、乡村基层干部、新乡贤为重点，打造一支强大的绿色乡村振兴人才队伍。积极发挥企业家的作用，对郴州勇于创新和善于创新的企业家，给予表彰和奖励，激发全社会的创新热情和积极性。大力培养乡土人才和高技能人才，完善乡土人才培养、使用和奖补制度。加快构建更高水平的终身的职业技术教育培养体系，大力弘扬“工匠精神”，培养造就一支支撑示范区建设的乡土人才和技能人才队伍。

8.4.3　打造可持续发展科技创新载体

加大郴州高新区等科技型园区建设力度，促进郴州经开区等产业园区低碳绿色发展，深入推进东江湖渔业可持续发展院士专家工作站等技术研发平台建设，大力提升孵化载体质量，建立健全基层科技服务平台，提升科技创新服务可持续发展的能力。促进园区特色化绿色化发展。发挥郴州国家高新区引领作用，奋力走在全省高水平开放、高质量发展前列，大力发展新材料、电子信息、装备制造、有色金属、矿物宝石等重点产业。支持郴州经开区、资兴经开区建设国家级经开区。加强桂阳省级高新区建设，大力发展有色金属精深加工、智能家居及食品药品等重点产业。支持宜章氟化学工业集中区做强氟化工产业链，打造氟化工特色园区。推进永兴经济开发区稀贵金属特色产业、嘉禾经开区铸锻造特色产业集聚创新发展。支持县市区的省级工业园区、工业集中区、经开区转型为省级高新区。做好“碳达峰、碳中和”工作的“领头羊”，加快郴州高新区等园区循环化改造，推进郴州经开区等园区绿色转型发展，积极打造碳中和示范园区、国家和省级绿色园区、国家大宗固废示范基地等。

加强可持续发展领域创新平台建设。依托亚欧水资源研究和利用中心，建设东江湖深水湖泊智能监测与生态修复国际合作创新服务平台，建立东江湖深水湖泊多维度智能监测体系、流域生态大数据与信息服务中心、国际湖泊技术转移转化服务中心、综合实验室等，打造具有国际影响力的涉水科研与协调机构。推进东江湖创新与可持续发展示范基地、国家超算中心郴州分中心、先进新型碳材料研究院、郴州市生态环保创新研究院等平台建设。开展水域机器人、精密机床、中高端铸锻造、光学材料、石墨烯材料等重点实验室、企业创新中心、院士专家工作站和技术创新联盟建设。加快郴州市海归创业园暨中小微企业创新创业孵化基地、御林科技创新孵化中心等创新创业孵化载体建设，为海归留学人员和中小微企业提供创新创业和高新技术孵化等多项服务。支持国家有色贵重金属质检中心、国家石墨产品质量监督检验中心等科技公共服务机构进行升级。加大科技咨询、检验检测、创业孵化、科技金融等专业服务机构引进培育力度。

8.4.4 培育可持续发展、碳中和创新主体

坚持增量崛起与存量变革并举，打造“众创空间+科技企业孵化器+产业园”的科技企业孵化链和“规模企业专利扫零+组建技术研发中心+培育国家高新技术企业”的科技企业培育链。实施“郴州市高新技术企业倍增计划”，引导企业等创新主体建立研发准备金制度，加大高新技术企业税收减免、研发经费加计扣除等鼓励创新政策的落实力度。

加强涉水产业、碳中和示范企业培育，引进领军型科技企业，壮大高新技术企业和科技型中小企业规模，培育国家级专精特新“小巨人”企业，择优支持打造细分领域“隐形冠军”，激励企业加大研发投入，实施企业碳达峰碳中和计划，促进企业可持续发展。实施企业入库双增计划。坚持增量崛起与存量变革并举，加强科技型中小企业评价，加大对专、精、特科技型中小企业的引导和支持，继续实施高新技术企业倍增计划，落实高企奖励支持政策。每年至少申报高新技术企业 100 家，科技型中小企业入库评价 200 家。实施企业碳达峰碳中和计划。充分发挥国企引领带头作用，大力压减落后产能，推广应用低碳零碳负碳技术，在郴州企业中率先实现二氧化碳排放达峰，万元产值综合能耗与碳排放强度均达到国内同行业先进水平。鼓励高新技术企业和科技型中小企业开展节能减碳技术创新、协同创新、模式创新，建立企业碳排放统计、监测、信息披露等机制。鼓励企业参与绿色信贷、绿色债券(碳中和债)、绿色基金、绿色担保、碳金融等多种绿色金融工具创新。开展碳标签探索与实践，鼓励企业主动参与认证。

第 9 章　郴州市建设国家可持续发展议程创新示范区的经验

自 2019 年 5 月 6 日，国务院正式批复同意郴州市以“水资源可持续利用与绿色发展”为主题建设国家可持续发展议程创新示范区以来，郴州市根据联合国 2030 年可持续发展议程要求，以“水资源可持续利用与绿色发展”为主题，以生态优先、绿色发展为导向，以科技创新为支撑，以可持续发展为目标，积极打造“绿水青山样板区、绿色转型示范区、普惠发展先行区”，并在护水、治水、用水、节水“四水联动”模式上进行探索，加快推进创新示范区建设，形成了全市上下合力推动创新示范区建设的氛围。

经过两年的建设，郴州市推动了一批项目落地，搭建了一批示范区平台，转化了一批技术成果，创新示范区建设高位开局、全面起势。郴州市荣获“全球绿色低碳领域先锋城市蓝天奖”，城市绿色发展综合指数稳居全省第一。全市建成绿色矿山 52 家，绿色矿山建设工作持续领跑全省，示范区建设取得了显著成效，不断探索国家可持续发展议程创新示范区的郴州经验。

示范区建设以来，全市新增人工造林 43.2 万亩，森林覆盖率达 68%；县级以上饮用水源地水质达标率 100%，城市空气质量优良天数比例达到 95.4%，畜禽养殖废弃物资源化利用率达到 92%；全体居民人均可支配收入增长 6.1%；城市绿色发展综合指数稳居全省第一。2020 年，全市 6 个国家考核断面水质达标率 100%，东江湖水质稳定保持Ⅰ类，38 个省级考核断面水质达标率 97.4%。两年来新建县城以上污水处理设施 1 个，提标改造 7 个，县城以上污水处理率达到 95.74%，有力改善近 200 万人的优质生活饮水质量。2020 年，全市规模以上工业企业用水重复利用率达到 91%。目前，全市已成功创建省级节水型单位 39 家、居民小区 22 个、企业 11 家。改造中心城区 18.6 千米老旧管网，完成 100 余个小区的监控总表安装，供水漏损率两年下降了 7 个百分点。截至目前，郴州市万元 GDP 用水量约为 84.7 立方米，农田灌溉水有效利用系数约 0.544，分别较“十三五”末降低 30%、提高 9.2%。

9.1　探索“四水联动”模式

9.1.1　常态化护水

水，是郴州亮丽的名片。呵护一城秀水，是郴州建设国家可持续发展议程创新示范区的重要举措。郴州市以河长制为抓手，保护好水资源。全市目前实现了组织体系全覆盖，保护管理全域化，社会力量全动员；建立健全了市、县、乡、村四级河长体系，有各级河长3332名。对重点河流实行一河一档案、一河一策略、一河一亮点，突出抓好小水电清理整改。欧阳海库区共清理非法围库坝228个，被作为全省河湖管护示范推介。全市12个县级以上饮用水源地共投入2000多万元，用于水源地达标建设，水质合格率达100%。郴州市河湖卫士志愿者工作站已发展注册志愿者3600余人，成为推动河湖源头治理的重要力量，2019年获湖南省"最佳志愿服务项目"称号。自2021年以来，全市各级河长已累计开展巡河69860次，解决突出问题462个，促进河湖水生态环境显著持续改善。东江湖、西河、便江、翠江、青山垅水库、永乐江、沤江、春陵江等12条(座)河(库)先后被评为全省"美丽河湖"。通过河长制深入实施，湘江保护和治理第三个"三年行动计划"扎实推进，长江禁捕退捕、小水电清理整改任务全部完成，68座退出类电站完成拆除并验收销号，改造生态流量泄放设施共1325个，安装生态流量监测设施1137个。特别是以东江湖为重点，建立"一湖一策"保护模式，东江湖91个良好湖泊治理项目通过验收，东江湖水质稳定保持Ⅰ类。

郴州市从优化水资源配置格局着手，启动了东江引水工程。东江引水一期通水后，关停市城区北湖、南湖等地下水抽取水厂。东江引水二期使桂阳县城人民2021年喝上东江水。莽山水库向宜章、临武县城供水的莽山供水工程2021年全面动工。资兴市半垅水库、资兴市杨洞水库、安仁县茶安水库等重点城乡供水工程建设正在实施，引郴入燕、东河—秧溪河水系连通工程已经建成。郴州市以科技、制度、考核来强化用水总量控制，规范取用水管理，实现水资源集约安全利用，做到管理护水。省市两级已将最严格水资源考核纳入真抓实干督查激励。全市共核查登记取水工程(设施)3015处。水资源计量监测覆盖面稳步扩大，已建自动监测站点113个。在耒水、舂陵水、武水等重要河道设立东江、欧阳海等7个控制性断面，确保河道的生态流量得以落实。全市1167处整改类小水电站安装生态流量监控装置，对生态流量和最小保证流量进行24小时自动监测。

建立东江湖"一湖一策"保护模式，实施水源涵养林建设、船舶污染防治改造、环湖污水管网、环湖餐饮住宿行业规范化整治、湖水自净提升等水资源保护工程。东江湖流域(资兴市、宜章县、汝城县、桂东县)全部实行封山育林、禁伐保护，清理拆除水产养殖网箱17.42万平方米，回收捕捞渔船1062艘，建设河湖视频监控点219个，目前东江湖水质稳定保持Ⅰ类。

9.1.2 科学化治水

在郴州，"治水"模式日臻完善。采取"矿业整治—综合治污—绿色发展"治理模式，对重金属污染矿区实行"休克疗法"，铁腕整治矿山乱象，同时坚持山水林田湖草系统治理，实施生态修复治理工程。通过全市系统综合整治，鲁塘、荷叶、太清、新田岭、三十六湾等矿区全部实现由乱到治，流经桂阳、嘉禾、临武三县的陶家河水质持续向好。两年来，全市新建县城以上污水处理设施1个，提标改造7个，现有乡镇污水处理设施54个，20吨以上的村级污水处理设施468个，县城以上污水处理率达95.74%。

以饮用水源地保护、东江湖流域生态保护、工业园区污染防治、重点流域水污染防治等为重点，以改善水环境质量为核心，以"湘江流域保护与治理三年行动计划""碧水保卫

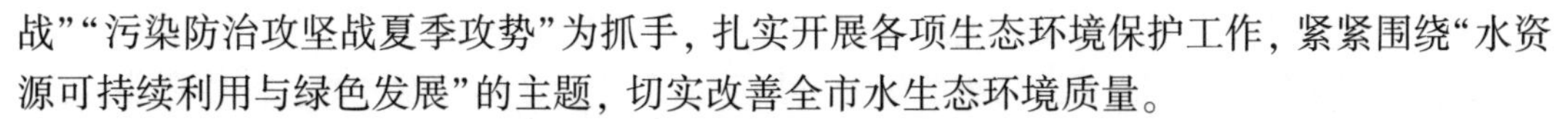

战”“污染防治攻坚战夏季攻势”为抓手，扎实开展各项生态环境保护工作，紧紧围绕“水资源可持续利用与绿色发展”的主题，切实改善全市水生态环境质量。

郴州市着力加强饮用水源地保护、东江湖保护、流域水污染治理工作与工业园区污染防治，全市水环境质量稳中向好。2020 年，全市 6 个国家考核断面水质达标率 100%，38 个省级考核断面水质达标率 97.4%，县级以上饮用水水源地水质达标率 100%；截至目前，永乐江渡口大桥、乐水河新坪山、武水河三溪桥、耒水大河滩等主要出境断面水质均达到Ⅱ类标准，东江湖入湖 7 个断面基本实现了Ⅱ类水质要求，东江湖流域头山、白廊 2 个断面长期稳定达到Ⅰ类水质要求。

9.1.3　精细化用水

在郴州，“用水”惠民取得新成效。探索“优水优用”与为民、利民、惠民相结合的水资源可持续利用模式，通过绿色生态转型倒逼机制，进一步优化经济结构调整，淘汰落后产能，并同时进行空间布局，集中在以桂阳县、嘉禾县为重点打造高端装备制造产业，集中在经开区、临武县、汝城县发展电子信息产业，集中在北湖区、宜章县发展新材料产业，分类推进“冷、热、净、绿”水产业发展，大力实施城乡供水一体化。利用资兴市小东江常年低于 13℃的自然冷水，建成能源效率指标（PUE）低于 1.2 的全国最节能、绿色的大型数据中心，相较传统数据中心节能 30%~40%；利用“热水”资源探索温泉+生态、温泉+文化旅游、温泉+康养等多种利用模式，催生了温泉休闲旅游等新潮流和新亮点；利用“净水”资源实施东江引水工程和莽山水库城乡供水一体化工程，有力改善了 200 多万人的优质生活饮水质量；利用“绿水”积极发展食品药品及生态农业，引入了青岛啤酒、华润三九制药等知名企业，打造了“东江鱼”“东江湖蜜橘”等国家地理标志保护产品，粤港澳大湾区“菜篮子”认证基地达 82 个。

郴州市于 2019 年 10 月成功申报第二批国家级工业资源综合利用基地。近年来，深入贯彻落实习近平生态文明思想，以工业绿色发展、节能降耗、固废综合利用、技术改造与先进技术应用推广等工作为重点，推进全市工业经济高质量发展。2020 年，全市规模以上工业企业用水重复利用率达 91%，工业资源综合利用率达 80%，工业固体废弃物综合利用量达 3000 万吨；工业废水、废气、余热、余压利用企业覆盖面达 70%。

9.1.4　全方位节水

在郴州，“节水”郴州样板取得新突破。国家节水型城市建设稳步推进，在全省率先组织开展建设项目节水评价，出台《郴州市城市节约用水管理办法》《郴州市城市节约用水奖惩办法》节水管理制度，对市城区使用公共供水的非居民用户实施累进加价收费制度，开展工业、农业、公共机构、社区（居民）节水探索实践。成立郴州市可持续发展志愿者协会，让更多的公众了解可持续发展、参与可持续发展。在全国率先提出把 5 月作为“可持续发展宣传月”，5 月 6 日作为“可持续发展主题日”，并面向基层、企业、机关、校园等对象开展节水、节水技术、节水型城市建设宣传。

郴州市按照习近平生态文明思想和党中央关于“节水优先”方针的重要决策部署，紧紧围绕“水资源节约和保护”主题，持续深化国家节水型城市建设，全民节水意识进一步增强。苏仙区成功创建县域节水型社会，嘉禾县已经完成技术评估，永兴、资兴、北湖、桂阳、桂东、汝城6个县(市、区)已组织编制县域节水型社会达标建设方案。鼓励企业大力开展中水利用，柿竹园矿业加大采矿和选矿废水设施建设，郴州氟化学进行节水改造及新型节水技术运用，实现工业废水“零排放”。改造中心城区18.6千米老旧管网，完成100余个小区的监控总表安装，供水漏损率两年下降了7个百分点。郴州市被住建部、国家发改委授予“第八批国家节水型城市”称号，成为湖南省第二个获此殊荣的城市，这已成为郴州的一张“金名片”。目前，全市已成功创建省级节水型单位39家、居民小区22个、企业11家。据统计，2020年市中心城区居民人均用水已降至106升/(人·天)，远低于国家标准。对市城区老旧管网进行更新和改造，城市公共供水管网漏损率持续保持在10%以下。

9.1.5 “四水联动”做好莽山水库水文章

莽山水库位于宜章县莽山瑶族乡和天塘镇境内珠江流域北江二级支流长乐水的上游，是一座以防洪、灌溉为主，兼顾城镇供水与发电等综合利用的大(Ⅱ)型水利枢纽工程。也是珠江源最大水利工程，全国172项重大水利工程、全国12个重大水利PPP(Public-Private-Partnership，政府和社会资本合作)模式试点项目之一，工程概算总投资189443万元，2015年5月21日工程建设启动。2019年3月6日正式下闸蓄水，5月18日电站首台水轮发电机组并网试运行。2020年完成395米高程正常蓄水位蓄水验收工作。作为重大水利工程PPP模式的探索范本，莽山水库带着创新和务实的基因。莽山水库在项目前期和建设过程中，中央部委、湖南省、郴州市、宜章县主要领导均多次到达现场进行指导，协助资金、政策落实，解决项目建设难题。

2013年1月，宜章县正式启动了项目法人招标工作，但由于莽山水库社会效益显著，而经济效益较差、投资回报期长，社会资本参与热情并不高，先后组织进行的4次项目法人招投标均以失败告终。之后，在莽山水库的建设、经营、移交等方面，宜章县委、县政府依法依规放宽条件，大幅增加社会资本的回报率，缩短成本回收期。2014年9月，组织第5次项目法人招投标成功，确定三家公司的联合体为社会资本方，并成立特许经营项目公司——莽山水库开发建设有限公司。2015年5月，莽山水库正式开工建设，成为2015年全国12个重大水利PPP模式试点项目中首个开工的项目。

莽山水库工程建设好后，枢纽工程部分可通过旅游开发、发电等产生效益，见效快，但是灌区骨干工程投资多却见效慢，社会资本投入积极性不高。为此，宜章县委、县政府分段确定社会资本参建模式，既保证项目建设稳步推进，又保障投资人利益。枢纽工程实行BOT(build-operate-transfer)建设模式，即“投融资—建设—经营—移交”的模式，特许经营期44年(含建设期4年)。灌区骨干工程则实行BT(build-transfer)建设模式，即“建设—移交—付款”的模式，中央、省、市资金按工程建设进度拨付到位，县财政配套资金23012万元由项目法人负责筹措到位，建设期不支付利息，项目竣工后移交政府管理，工程款由县政府分三年偿还，偿还期资金利息按8.55%计。这种分段投资建设模式，既实现了投资主体的多元化，也让社会意义重大的灌区骨干工程，从投资者眼中原来的“鸡肋”变成了“香饽饽”，确保了社会资本的顺利引进。

政府与企业合作关系建立后，如何构筑起“利益共享、风险共担、全程合作”的共同体关系，成为了双方必须面对的现实难题。由于在PPP模式下，水利工程建设项目投资主体多元化，资金来源多样化，从政府角度来看，加强监管、规避投资风险势在必行。宜章县政府充分尊重市场规则，学会和社会资本打交道，由“管理者”向“监管者、合作者、服务者”转变。

在项目建设过程中，经过不断的摸索及协商，宜章县建立了“指挥部领导下的项目法人责任制”来推进莽山水库建设，莽山水库工程建设指挥部代表县政府在一线进行监管。围绕双方共同关注的资金监管，宜章县人民政府先后出台了中央投资与地方配套、法人自有、银行贷款、征地和移民等四个资金管理办法。筹集资金统一进入公司账户集中管理，专款专用，专人管理，资金支出严格审批流程，支付实行施工单位申报、监理审核、项目公司、指挥部同意后报政府审批，再交项目公司执行，资金的透明使用让双方齐心协力共同推进项目建设。

莽山水库位置地质复杂，在主坝基础开挖及碾压上坝浇筑过程中都遇到不少难题，为保障项目正常施工，在省、市水利部门的指导下，宜章县委、县政府立足当好“后勤兵”、做好“服务员”，多次召集各参建单位制定技术施工方案，并组织人员对周边650千米范围内的10家水泥厂进行现场考察和技术交流，成功解决技术方案和原材料供应等问题。另外，组织施工单位解决了高温季节降温、低温季节保温、多雨季节施工等一系列技术难题，确保施工顺利进行。

依托水库灌区骨干工程、新开垦耕地工程、城乡供水一体化工程等三大工程项目建设，莽山水库做好山水文章，积极推进城镇供水、文化旅游、水生态文明建设及生态农业发展，在护水创品牌、治水提生态、用水求效益、节水提效率等方面取得了显著成效。

护水创品牌。莽山水库总库容1.33亿立方米，防洪库容0.24亿立方米，灌溉、供水及下游用水库容0.93亿立方米，调节库容1.05亿立方米。工程竣工后，在保障长乐水中下游人民群众生命财产安全，缓解广东北江抗旱防洪压力等方面起到了积极作用。强化了重点水源保护、水源涵养林建设，为莽山国家森林公园、莽山国家级自然保护区添加了美丽的景点，有力地推动了莽山创建国家5A级景区的建设。

治水提生态。依托莽山水资源大力发展绿色生态农业，大力发展脐橙、茶叶、油茶等重点优势产业，2020年新增脐橙种植面积2.6万亩、茶叶0.1万亩、油茶0.45万亩，促进全县脐橙种植面积达27.8万亩、茶叶10万亩、油茶11万亩、油菜10万亩。积极推进“莽山红茶”区域公共品牌和地理标志产品建设。

用水求效益。莽山水库水电站装机容量为1.8万千瓦，多年平均发电量达0.448亿度。莽山水库灌区工程建成后可新增灌溉面积20.34万亩、增加保灌面积8.25万亩、改善灌溉面积2.61万亩，每年平均可新增粮食5万吨，年均灌溉效益达8030万元，可巩固提升宜章全国粮食生产大县、国家新增粮食产能核心县地位。莽山水库城乡供水一体化工程规划设计日供水14.82万立方米，供水人口102.75万人，其中宜章日供8万吨、临武县5万吨、广东省乐昌市坪石镇预留1万吨。

节水提效率。莽山水库灌区工程建设后，将逐步发挥莽山水资源的灌溉效益。计划开展莽山水库灌区内高标准农田项目建设8万~10万亩，同时原已建高标准农田项目与莽山水库灌区骨干工程有序对接。可新开垦耕地5000亩，目前已累计完成投资6293万元，项目一期1500亩新开垦耕地已基本完工。同时，大力发展高效节水农业，提高灌溉水利用系数，提高农田灌溉保证率。

9.2 打造绿水青山样板区

让生态优势成为永恒优势，这是国家可持续发展议程创新示范区建设"郴州样板"给出的生动启示。郴州，林中之城，生态是最大的资源，也是最大的优势。创新示范区建设以来，郴州始终坚持"绿水青山就是金山银山"理念，把生态文明建设融入经济社会的各个方面，牢牢守住生态红线，切实加强生态保护，有力促进全市经济社会的持续高质量发展。

把山水林田湖草细化为一块块"责任田"，"四水联动"推进水资源可持续利用和绿色发展，推进"一湖两河三江"生态综合治理，一大批制约水资源可持续利用瓶颈问题得到有效破解，一大批群众关心的突出生态环境问题得到有效解决，生态优势不断转化成为发展优势。

自示范区建设以来，郴州新增人工造林面积43.2万亩，森林覆盖率达68%，县级以上饮用水源地水质达标率100%，城市空气质量优良天数比例从89.8%增长到95.4%，畜禽养殖废弃物资源化利用率从70%增长到92%；荣获"全球绿色低碳领域先锋城市蓝天奖"，城市绿色发展指数居全省第一。

9.2.1 资兴市东江湖水资源保护和利用

东江湖，湖泊水面积160平方千米，正常蓄水量81.2亿立方米，是郴州主要饮用水源地和湖南省战略水源地，也是湘江流域重要的饮用水源、生态补水、防洪调峰、保护生物多样性的战略水资源。然而，长期以来，在"靠山吃山、靠水吃水"观念影响下，东江湖周边挖矿、伐木、网箱养殖等产业过度开发，严重影响了东江湖的水生态保护。作为国家可持续发展实验区，资兴市把水资源可持续利用与绿色发展作为示范主题，像爱护眼睛一样保护东江湖，着力破解保护难题，打造绿水碧波美景。

落实保护条例。编制实施《湖南省东江湖水环境保护条例》等一系列保护优先政策制度，东江湖成为全国首个受专门立法保护的大型水库。设立东江湖环境问题整改工作领导小组、东江湖环境资源法庭、东江湖生态保护检察局，为东江湖水环境保护工作保驾护航。

建设技术平台。资兴市建立院士工作站1家、省级研发机构4家、省级科技公共服务平台1家，搭建了科学利用水资源科研平台，为东江湖生态环境保护与资源开发利用、区域生态文明建设提供技术及智力支撑。

保护湖区生态。东江湖流域内124.69万亩林地实行全面封山育林、禁伐保护，占全市林地总面积的59.4%。对湖泊岸线、流域通道可视天然林和非公益林实施五年禁伐涵养水源。实施生态移民工程，减少人为因素对生态环境的破坏。

综合整治环境。大力实施环境综合整治，实施治理项目66个；取缔关闭了湖区所有非法采选，对27家有证矿山全部实行保护性退出。实施东江湖网箱退水上岸工程、东江湖沿岸畜禽养殖场退养政策，加强和保护东江湖饮用水源地水环境，排除网箱养鱼业给东江湖水质保护带来的污染隐患。2020年4月，继网箱退水上岸第一轮工作之后，启动第二轮网箱退水上岸集中攻坚行动。实施营运船舶污水上岸处置。2019 年全国首艘天然气清洁燃料动力客船在东江湖启航，基本实现湖区畜禽养殖污染和旅游营运船舶污水零排放。

守护绿水青山，打造金山银山。对东江湖全方位、全流域、全过程的保护，取得了良好的效果。首先是生态环境明显改善。东江湖网箱全部退出，共清退涉及网箱退水上岸任务的 5 个乡镇 222 户养殖户共 17.885 万平方米。东江湖水质明显改善，东江湖出湖水质稳定保持在地表水Ⅰ类标准，且各项主要水质指标进一步优化，成为重要水塔。其次是生态农业和全域旅游取得成效。资兴市利用东江湖独特的富氧环境和气候禀赋，在东江湖周边大力发展无公害、绿色、有机农业，构建了完善的生态农业标准化体系。全面实施"旅游+"工程，资兴旅游实现区域旅游向全域旅游、单一观光旅游向生态度假旅游转变，资兴全域旅游成为郴州乃至全国旅游产业的一块"金字招牌"。再次是产业发展不断做大做强。建设了东江湖大数据产业园，充分利用东江湖冷水资源和华润鲤电余热资源，引进先进技术实施冷热联供项目，为城市终端(办公楼、厂房、商场、民宅等)常年提供冷、热气资源和生活热水，打造全球首座"水冷空调城"。依托东江湖优质的水资源，建设东江罗围食品工业园，做大做强与水密切相关的青岛啤酒、浩源食品、东江湖生态渔业等食品饮料企业，不断延伸食品工业产业链。

9.2.2 陶家河(嘉禾段)综合治理

陶家河，湘江二级支流，发源于临武县三十六湾，流经临武、嘉禾、桂阳三县。其中，陶家河(嘉禾段)全长 17.59 千米。陶家河是沿河两岸群众人饮、灌溉、选矿和发电用水的主要水源。然而，受上游三十六湾矿山私采滥采，大量选矿废石、尾砂淤积在陶家河上游河道，并伴洪水向河道下游倾泻的影响，陶家河流域河道淤塞，沿岸大量农田被尾砂覆盖，生态环境遭受严重毁坏。以观音山水库为例，水库位于陶家河(嘉禾段)中段，由于陶家河上游尾砂年复一年向下游倾泻，造成观音山水库尾砂淤积。

自创新示范区建设以来，嘉禾县牢固树立"绿水青山就是金山银山"理念，按照陶家河流域"治水与治污并重、突出治水为主"的总体治理原则，以高度的政治担当，强力推进陶家河(嘉禾段)综合治理工程，通过河岸护坡、河道疏浚、尾砂清理等项目，着力把陶家河治理项目打造成为郴州创新示范区建设的典范和全省重金属污染治理项目的标杆。

加强领导，科学调度。陶家河(嘉禾段)综合治理工程分为五个标段进行，治理措施以河道疏浚、衬砌为主，同时结合对河道的尾砂进行覆盖、隔离和清理等措施进行环保治理，减轻流域内生态环境污染和洪涝灾害危害。为确保治理效果，嘉禾县对工程进展情况实行"一周一总结、一周一调度"制度，定期通报项目责任目标完成情况、项目重大进展和其他事项。

加强检查，分类指导。加强项目监督检查，开展分类指导，及时总结经验，对组织领导不到位、工作进展缓慢的问题提出整改要求，重点督查，限期整改，确保陶家河治理工作达到预期目标。

优化方案，严控质量。在治理中，严控环境风险，努力确保治理之后尾砂基本稳定，不再受水流扰动，河水不再与尾砂直接接触，水质进一步改善。申请郴州国家可持续发展议程创新示范区建设专项资金，与湘潭大学合作，对观音山水库及上游河道深部尾砂安全清淤，以及生态修复关键技术的研发和示范展开研究。

2019 年 12 月，陶家河(嘉禾段)综合治理工程顺利完工，完成河道治理 17.59 千米，其中河道疏浚 4.3 千米、河道衬砌 4.62 千米、砌石挡墙 2.91 千米；完成尾砂清理 13.7 万立方米；完成总投资约 11422 万元。通过实施综合治理，陶家河(嘉禾段)经济效益、社会效益、生态效益明显提高，进一步筑牢湘江生态屏障。一是陶家河沿线防洪以及抗冲能力有效提高，耕地得到有效保护，群众生产生活环境有效改善。比如位于陶家河下游的普满乡陶家、康里等村原来年年受洪灾影响，项目治理后，这两个村在 2019 年 10 月以后的数次暴雨过程中都没有发生洪涝灾害。二是陶家河流域重金属废渣对水质的污染有效减轻，从一定程度上保证了陶家河流域人民群众的生产、生活用水及农业灌溉水的安全。根据郴州市嘉禾县生态环境分局在 2019 年 10 月至 2020 年 5 月对陶家河调塘电站拦河坝出口检测反馈情况，陶家河(嘉禾段)水质达到了Ⅲ类水，生态环境治理效果非常明显。三是河道堆积尾砂的扬尘污染有效减轻，两岸尾砂有效固结，同时通过衬砌河道，使设计标准内的洪水及平时的河水从衬砌河道内通过，不对现有尾砂造成冲击，尾砂不再向下游推移，不会再污染下游河水。

9.2.3 北湖区仰天湖草原生态修复

仰天湖为第四纪冰川期馈赠的一个死火山口，被自由旅人作家誉为地球上(北江之源)的一滴眼泪。仰天湖大草原位于南岭北麓骑田岭山系之巅中枢地段，平均海拔 1000 米以上，为高山湿地草原，西河发源地，面积约 40 平方千米，有仰天巨佛、天湖草原、安源石林、十里杜鹃、通天洞峡等景观，是南方最大的高山草原，草原内有自然水泊面积 20 余亩，更是悬系于长江、珠江分水线与京珠高速十字交点旁的一颗璀璨明珠。

长期以来，仰天湖草原坐拥“宝山”却过着“苦日子”。由于体制机制没有理顺，旅游发展粗放经营，景区无序开发和放牧，导致仰天湖草原生态保护区水土流失、土地沙化、植被损毁严重，生态破坏严重。加上旅游经营管理混乱，旅游配套设施不全，景点环境卫生差，旅游服务意识不强，游客体验感不佳。为了解决这一困扰，北湖区委、区政府贯彻落实“绿水青山就是金山银山”的理念，坚持大保护，不搞大开发，实行“三步走”，使仰天湖草原重现美景。

强执法，理顺体制机制。为理顺仰天湖体制机制，北湖区政府向法院提起诉讼，要求收回景区管理权，前后历时一年半，经初、中、高三级人民法院判决胜诉。2020 年 4 月 29 日，根据法院判决结果，多部门联合执法对原经营人进行了强制执法，收回了仰天湖景区的管理权。

重保护，封育禁游复绿。在通往保育区的路口进行设卡防止牛马进入，组织巡逻队在保育区巡逻，对散养牛马进行处置。从 2020 年 4 月 26 日至 8 月 16 日，全天候对来仰天湖景区游客进行劝返。统筹推进景区配套设施建设和生态修复，对核心景区实施围栏管控，安装围栏 5 万多米；对仰天湖进行清淤，使仰天湖水面面积由原来的 20 多亩增加至近 70 亩；对裸露草地、水土流失地块进行植绿复绿，植绿复绿面积 15 万多平方米；投入巨资修筑大坝，解决秋冬季草地灌溉问题。邀请专家教授对景区土壤、植物进行现场勘测，探索“水肥调控”工作，利用蓄水池收集并利用废水，进行草场灌溉，做到循环使用。

再开发，着力科学规划。对全乡马匹进行了摸底，指导成立顺风跑马牧业农民专业合作社，设置5个圈养点，规范牧马行为。完成景区违法建筑拆除工作，共拆除违章建筑2万余平方米，拆除196根废旧电杆。做好景区开发过程中矛盾纠纷调解工作，妥善处理遗留问题。积极调处土地权属争议，完成核心景区内1279.5亩林权重叠部分的确权工作。

仰天湖草原的生态治理成为践行“绿水青山就是金山银山”这一理念的生动写照。仰天湖草原生态得到有效恢复，草原覆盖率从2019年的64%提高到现在的85%。涉及周边4个行政村245匹马匹减少至102匹，大大减轻草原生态承载能力。仰天湖草原旅游美誉度不断提高，游客满意度显著增加。2020年十一期间试营业，日均入园游客达到3000余人次；2021年五一期间，景区日均入园游客达到6000人次，其中5月2日一天高达10020人次。旅游业极大推动乡村振兴，有效带动当地种植业、养殖业、特色农业的发展。目前，当地村民近110人在景区就业，其中15%是已经脱贫的贫困户，年人均增收300元以上。

9.3　建设绿色转型示范区

冷水资源孵出火热产业，传统铸造转型“精铸小镇”，“废弃之地”蝶变“文旅宝地”。让绿色发展成为永恒主题，这是郴州市国家可持续发展议程创新示范区给出的有力证明。郴州属典型的资源型城市。然而，长期以来，资源路径依赖重，产业结构不优，发展质量不高，转变发展方式、优化产业结构迫在眉睫。

创新示范区建设以来，郴州坚持“新理念引领、可持续发展”理念，把绿色发展放在突出重要位置，围绕“一主线三同时”（河流上所有工程的运行以生态调度为主线，经济布局和经济结构调整要同时，生产和生活方式调整要同时，生态环境的修复和恢复要同时），将经济增长方式转变与经济结构调整、经济布局调整有机结合起来，着力推动传统产业转型升级，使资源优势不断转化成为经济发展优势。2020年，郴州筛选145个绿色产业项目，总投资277.9亿元。

绿色转型发展，创新是最大动力。郴州聚焦战略性、基础性、前沿性产业，大力实施科技创新行动，着力培育创新型企业，推进创新成果转化，加强创新平台建设，通过创新驱动不断为传统产业转型赋能，有力推进传统产业新型化、新兴产业集群化、特色产业品牌化，打造一批具有核心竞争力的生态型绿色产业体系。发展特色产业，壮大绿色经济，郴州不断探索生态补偿、污染防治、绿色发展的机制模式，推动生产生活方式绿色转变，走出了一条资源型城市产业可持续发展道路。

为探索建立“跨界共治”生态补偿机制，郴州市专门针对东江湖流域建立了断面考核和补偿机制，由市本级加4个县共同组建一个基金池来进行奖励和处罚，目前已兑现1500余万元。同时，与衡阳市签订了流域跨界断面考核补偿协议，与韶关市、赣州市签订三市跨区域水环境应急管理协议；苏仙区、资兴市、永兴县等7个县市区建立了河段保洁联动机制。

此外，郴州探索建立“共建共享”的全民参与机制，成立了郴州市国家可持续发展议程创新示范区志愿者协会，已注册会员186名。2020年成功举办“第四届亚欧城市水管理研讨会暨湖南（郴州）水资源可持续利用与绿色发展博览会”等一系列国际国内活动，加大国际交流。

郴州按照《郴州市重点流域水生态环境保护“十四五”规划》《东江湖流域水环境保护规划(2020—2030 年)》等要求，积极推进生态修复、环境治理项目，并以创建可持续发展议程创新示范区为契机，建立完善流域横向生态补偿机制，着力解决三十六湾及周边区域污染问题，争取更多国家和省污染资金支持和治理技术力量支持，切实解决人民群众关心的重点、难点问题，不断提高人民群众对美好生态环境的获得感、幸福感。

苏仙区西河沙滩公园是湘江流域(西河)重金属污染治理项目的重要组成部分，项目占地面积 0.35 平方千米，总投资 1.3 亿元。20 世纪 90 年代因大量无序开采有色金属，造成选矿尾渣堆积在西河流域两岸。2011 年以来，苏仙区在原尾砂矿闭库区域进行生态修复，还修建了 2 个休闲健身广场、2 个沙滩游乐区、游道 8 千米，栽种灌木 10 万平方米等，实现了有序利用和可持续发展。西河沙滩公园因此获评“中国人居环境范例奖”，这是中国人居环境建设领域的最高奖项。

郴州还重点建立市场化、多元化东江湖生态保护补偿机制，实施东江湖流域主要污染物溯源解析及防治对策研究项目，加快新能源船舶推广。如推进“千吨万人”集中式饮用水水源地问题清理整治，全面完成东江引水二期工程，加快推进郴资桂、莽山水库、安仁县城乡供水一体化工程以及桂阳县“一园两镇”供水工程等重大城乡供水项目。

9.3.1 资兴市发展东江湖大数据产业

资兴市依托丰富煤炭资源，曾长期立身湖南县域经济第一方阵。但是，煤炭资源日益枯竭，如何实现从“黑色经济”向“绿色经济”转型发展，成为近年来资兴发展面临的新课题。

2015 年，我国发布《促进大数据发展行动纲要》，启动“数据强国”战略。而资兴东江湖有着天然的冷水资源，从湖底流出的冷水年径流量达 15 亿立方米，水温常年保持在 8~13℃，用冷水资源发展大数据产业正当其时。瞄准这一机遇，资兴提出打造绿色“数据谷”，于 2016 年初完成《资兴发展大数据产业的可行性研究报告》和《东江湖大数据产业园总体规划》。很快，东江湾北岸，占地 4500 亩，总投资 500 亿元，可容纳 10~20 家大数据中心、20 万个机架、500 万台服务器的东江湖大数据产业园区规划出台。

打造赶超世界先进水平的大数据中心，就必须有高科技手段的支撑，将冷却技术的系统集成、产品技术、工程实施做到极致，确保设备安全、高效、环保运行。据统计，数据中心每宕机一次，造成的损失赔偿平均价格达 240 万美元。在数据中心的运营过程中，确保数据安全是第一要务。用东江湖冷水为数据中心的设备“退烧”散热，原理听起来很简单，但实际上非常复杂。为确保数据中心设备不中断运行，东江湖大数据中心的冷却技术实施方为项目设计了蓄电池组和柴油机发电两套电力备用系统，准备了湖水直供和集中式冷冻水两套制冷系统，确保在停电、停水时瞬时启动备用设施。同时，项目实施团队将航空航天的热管技术“移植”到数据中心，利用微通道热管的高效潜热换热进行机柜冷却，实现常年无动力运行，无冷冻水进入机房，做到高效、节能、安全三不误。

为了高位推动大数据产业园建设，资兴市不断完善园区基础设施，增强政策支撑。储备了充足的土地，完成 1500 亩土地储备的三通一平，路、网、信、电和城市休闲公园等基础设施已十分完备，项目可即入即建即用，并在园区周边房地产土地开发达到260万元每亩的背景下，数据中心项目用地实际价格仍控制在16万元每亩左右。通过实施增量配电改革试点，优惠电价保障。目前，该市成立了东江湖大数据产业园电力有限公司，取得了配(售)电业务许可，已于2019年7月19日正式运营，可以满足入园重点数据中心电价方面的成本控制要求。完善了配套服务设施，园区建设有会展中心、创投大厦、人才公寓、高端酒店、商场等生活配套设施。三大运营商宽带直连国家骨干节点，出口带宽随时可以按需增加，还可根据需要开通价格优惠的直连港澳带宽。

此外，资兴市还出台了《东江湖大数据产业园招商引智优惠政策》《资兴市企业高层次人才管理服务暂行办法》等文件政策，并提供最优服务，同时享受国家、省、郴相关政策。自2017年以来，资兴市每年举办"中国·东江湖绿色数据谷高峰论坛暨大数据招商推介会"，积极参加上海大数据专场招商、深圳大数据招商推介会等节会活动，还通过小分队、产业链、园中园等多种形式开展精准招商，全方位推介东江湖大数据产业。

四年多来，东江湖大数据中心采用东江水的冷源降温，PUE(数据中心总设备能耗/IT设备能耗)值始终保持在1.2以下。其中，数据中心瞬时能源使用效率低值达1.049，创下国内最低值，也刷新了世界大数据中心的节能指标纪录。目前，东江湖大数据中心年均节约能耗可以达到30%，每年可节约电量2000万度左右。据测算，东江湖大数据中心满负荷运行后，每年可以节约标准煤1.5万吨，减少二氧化碳排放量4.6万吨。

大数据产业这种节能又环保的可持续发展模式，正成为撬动资兴绿色发展的新动能。目前，东江湖大数据产业园吸引了湖南云巢、湖南电信等一大批企业入园。2020年，东江湖大数据产业园受电服务器超过1万台，实现租赁收入0.5亿元、宽带收入1.2亿元。东江湖大数据中心因为节能减排效果明显，入驻大数据中心的客户也迅速增加。目前湖南省电子政务云异地灾备、长沙政务云灾备、警务云灾备、长沙银行、华融湘江银行、网宿科技、淘宝、阿里(三线机房)、爱数、天翼云、唯一网络等50多家客户已入园，总投资预计达280亿元。数据存储业务形成政务、金融、互联网三大板块，资兴大数据产业雏形已基本形成。2021年以来，资兴市加快了数据中心的建设。易信科技数据中心、资兴城投数据中心正在加紧建设。其中，资兴城投数据中心总建筑面积1.2万平方米，设计机架2888个。目前，城投数据中心已经建到三楼。同时，资兴市已经在东江湾边上规划4500亩土地，建设东江湖大数据产业园。按小东江水体流量计算，东江湾区域的冷源可容纳20万个机架、500万台服务器。相比采用电力制冷，水冷制冷经济效益和社会效益都非常明显。

东江湖大数据产业园以其绿色节能、独特区位优势，得到了各级领导的高度认可和大力支持。湖南省人民政府将东江湖大数据产业发展纳入郴州国家可持续发展议程创新示范区建设、湘南湘西承接产业转移示范区建设等重要内容，出台《关于支持郴州市建设国家可持续发展议程创新示范区的若干政策措施》(湘政办发〔2019〕46号)，明确湖南省大数据灾备中心、省政务数据中心和省新建设数据中心优先入园，每年从制造强省、互联网产业发展专项资金给予大数据产业园2000万元资金支持。郴州市政府将大数据产业链纳入全市9大产业链之首强力推进，并列为郴州电子信息产业发展规划重要发展板块，相继出台了《促进大数据产业发展应用若干政策》《关于引导全市数据汇聚郴州大数据中心的通知》等政策，引导全市数据汇聚园区，加快智慧郴州、数字郴州建设，推进郴州大数据产业发展，倾力打造全国唯一全自然冷却数据中心示范基地。

9.3.2 嘉禾县打造没有烟囱的"精铸小镇"

嘉禾"精铸小镇"，是湖南省委原书记许达哲亲自命名的。开国上将萧克曾经说："嘉禾人是打铁的，也是铁打的。"嘉禾，神农作耜，铸锻造产业历史悠久，至今已有1000多年历史，素有"中国铸造之乡""江南铸都"之美誉。然而，长期以来，嘉禾传统铸造产业家家点火，户户冒烟，粉尘满天，气味刺鼻……高能耗、高排放、散小黑粗的粗放式生产方式，严重阻碍了铸锻造产业的高质量可持续发展。怎么告别"冲天炉"，抖落"一身灰"？在"生态优先、绿色发展"理念的引领下，嘉禾铸锻造产业开启了涅槃重生之路。

针对传统铸锻造产业散小黑粗的痛点，嘉禾县委、县政府始终坚持"生态优先、绿色发展"理念，坚定不移地把铸锻造产业作为首要产业，按照"技改提升一批，整合入园一批，关停淘汰一批，招商引进一批"思路，通过加强政策引领、加快平台建设、加大创新力度，出台《嘉禾县铸造产业发展中长期规划(2017—2025年)》《嘉禾县铸造产业转型升级三年行动计划(2019—2021年)》等系列政策文件，不断推动铸锻造产业由"要我转型"向"我要转型"转变。

技改提升一批。要求拟保留铸造企业均按"一企一策"提交整改方案。经中铸协专家组分3个批次评审，已有131家企业通过了"一企一策"方案的技术评审，将组织部门会审。全县铸造企业加快了"机器换人"步伐，消失模铸造工艺、V法铸造工艺和自动化生产线等智能铸造的先进生产工艺和技术在铸造企业中得到广泛运用。

整合入园一批。明确了"一园两片区"的产业空间布局，坦塘工业园所属坦塘片区因靠近城区，考虑环境承载力的问题，定位为发展机械装备制造产业；行廊片区定位为发展智能铸造产业。目前，行廊片区已有7家企业与新兴铸管绿色智能铸造产业园签订入园协议，其中2家已动工建设。新兴铸管年产5万吨的铸造厂也已开工，于2021年11月底以前建成投产。

关停淘汰一批。自2017年以来，借助中央环保督察东风，以铁腕手段开展"小散乱污"铸造企业整治，铸造企业由256家整合到156家，拆除冲天炉261座，拆除铝壳炉102座，铸造产业产能、产值、税收等均不降反增，淘汰落后产能工作获省政府真抓实干表扬激励，并被工信部纳入全国典型案例库。

招商引进一批。在大力转型升级的同时，制定《嘉禾县产业链精准招商方案》，抢抓京津冀、珠三角等地企业加速内移的黄金期，成功引进新兴铸管、鼎新铸造、华湘智控、巨人集团等一大批战略投资者，推动县内30余家重点铸锻造企业与三一集团等长株潭企业实现产销对接，加快推进"嘉禾铸造"向"嘉禾制造"和"嘉禾智造"转变。

通过推进绿色"精铸小镇"建设，加快产业全面转型升级步伐，嘉禾铸锻造产业实现了三大转变，铸锻造产业的硬实力与影响力显著提升。2020年，嘉禾克服新型冠状病毒肺炎疫情带来的不利影响，全年铸造产品产量161.41万吨，占全省铸件产量的三分之一以上；产值134.76亿元；入库税收1.71亿元，新型冠状病毒肺炎疫情之下同比仍增长9.8%。

企业布局由散到聚。科学定位"一园两片"功能，其中坦塘片区定位为发展机械装备制造产业，行廊片区定位为发展绿色智能铸造产业。目前，坦塘片区已建成投产铸造企业51

家、在建铸造企业3家。行廊片区成功引进世界500强新兴铸管集团，已完成征地及土地报批500多亩，累计完成投资4.59亿元，意向签订入园企业7家，其中在建2家。

发展动能由弱到强。企业转型升级步伐加快，加强与长株潭地区工程机械、轨道交通等装备制造产业的对接，以工业互联网建设为重点，加快引进智能化、自动化生产线，加大高新技术在产品研发、工艺改进、生产制造等关键环节的应用，目前新上自动化、半自动化生产线36条。铸造产业转型升级工作被工信部列入全国典型案例库。

企业创新由少到多。截至目前，全县26家铸造企业获得国家高新技术企业称号，铸造企业共获得国家专利316项，高新技术产业增加值占GDP比重的20%以上。2019年，园区被评为全省铸锻造特色产业园、省级新型工业化产业示范基地。

9.3.3 苏仙区西河治理打造文旅融合新名片

西河(又名秧溪河)，发源于苏仙区五盖山北麓，入郴江，注耒水，全流域面积149平方千米，是郴江一级支流、湘江的三级支流。20世纪八九十年代，采矿选矿企业遍布西河流域，鼎盛时期有采矿企业162家、选矿企业89家，众多采选矿生产很不规范，尾矿库垮坝事件时有发生。尾砂矿随着涨涨落落的西河，日夜冲刷着西河流域，致使流域生态环境被严重破坏，水体、土壤重金属严重超标，沿线人民群众生产生活受到严重影响。苏仙区坚持“生态优先、绿色发展”理念，实施西河流域重金属污染治理及生态修复，推动企业由采矿到文旅转型发展，使“废地”变“宝地”。通过绿色转型，郴州长卷打造了郴州文旅融合发展的新名片。

重拳治污治水。苏仙区按照“源头治理、标本兼治，以人为本、科技创新，绿色和可持续发展”的总体原则和“规划先行、重拳整治、精准治理”的实施方案，制定了西河流域重金属污染治理总体规划，开展了流域内环境转型整治行动，先后关闭了流域范围所有的采选矿企业，并加快了一大批项目的落地实施。该区通过争取专项治理资金和本区配套资金共5.6亿元，主要是将重金属尾砂及重度污染土壤开挖、转运至废弃矿洞周边临时堆场，加入拌和水、水泥等稳定材料充分搅拌形成胶体后管道泵入废弃矿洞进行固化安全处置；轻度重金属污染土壤通过对土壤受污染情况现场检测和分析、专门配置稳定化药剂，采取土壤、稳定剂现场充分搅拌、养护后再进行回填处理；对受重金属污染区域通过覆盖合格土壤、撒播草籽覆绿进行生态恢复。实施西河流域重金属污染综合治理一期工程、西河(大壁口—红卫桥段)河道底泥清理工程、观山洞东湖东侧尾砂及土壤治理修复等工程。

产业转型发展。面对矿产资源的日益枯竭，有着20年采矿史的郴州长卷，把绿色发展放在首位，果断开启从采矿业到特色文旅产业的第二次产业转型。他们坚持文化与旅游融合发展，扎根深厚历史土壤，通过对项目地进行尾砂综合治理，建设郴州长卷大型文旅综合体项目，致力打造“湘粤迎宾门、郴州会客厅”。郴州长卷在开发建设过程中禁止大开大挖，共计保护名木古树149棵。坚持水资源综合利用开发，通过综合利用地表渗水及山体冲沟水资源循环利用，打造生动有趣的文旅商街水景。郴州长卷项目由林邑仙都(历史人文卷)、奇趣仙谷(生态发展卷)、天下湘村(田园农耕卷)三大特色文旅篇章组成，总占地面积1300亩，概算总投资42亿元。其中，林邑仙都以传承文化引领郴州文旅产业可持续性发展，通过对生态资源的保护性开发，集中再现郴州历史人文建筑。奇趣仙谷以“转型发展，废旧采坑再利用”为理念，以自然山水、废旧矿洞为依托，着力建设“废旧采坑再利用”的主题公园群，将打造成为生态转型可持续发展文旅模板。天下湘村以原观山洞古村落旧址为保护核心，利用田塘河滩的优美环境、丰茂的水生植物，在保护中开发，将打造成为山水田园美丽画卷。

西河流域重金属污染治理及郴州长卷特色文旅项目，是郴州建设国家可持续发展议程创新示范区的典范，经济效益、社会效益、民生效益、生态效益日渐显现，真正实现了“废地”变“绿地”，“绿地”变“宝地”的变化。目前，西河中上游水质由原来的劣Ⅴ类变为如今的Ⅲ类，并于2020年入选湖南省“美丽河湖”。郴州长卷通过转型发展，实现可持续发展。截至2021年6月，累计完成投资13亿元，共解决就业近3000人，接待游客60余万人次；被评为“全国优选旅游项目”，并纳入省、市、区重点建设工程，以及郴州市国家可持续性发展议程创新示范区建设重点文旅项目。九街十八巷、橘井留香、义帝阁、十八福泉、仙都福泉、公和药店……郴州长卷，郴州版的“宽窄巷子”，是郴城“活”的历史，美得像幅山水画，郴城那些被慢慢淡忘的古老历史，正穿越时空隧道，在人们的眼前“活”了起来。

9.4 推进普惠发展先行区

让共建共享成为永恒目标，这是郴州市国家可持续发展议程创新示范区建设的生动诠释。创新示范区建设以来，郴州把以人民为中心的发展思想落实到示范区建设各个环节，以水为媒、四水联动，大力推进生产方式和生活方式转变，确保让创新示范区建设成果更多更公平地惠及全市人民。

为做好水的利用文章，加快全市产业转型升级和促推经济高质量发展，构建全国普惠发展先行区，郴州利用绿色生态转型倒逼机制，进一步优化经济结构调整，淘汰落后产能，并同时进行空间布局，使“用水”惠民取得新成效。

该市以桂阳县、嘉禾县为重点打造高端装备制造产业，集中在经开区、临武县、汝城县发展电子信息产业，集中在北湖区、宜章县发展新材料产业，进一步探索“优水优用”与为民、利民、惠民相结合的水资源可持续利用模式，分类推进“冷、热、净、绿”水产业发展，大力实施城乡供水一体化，东江引水二期、莽山水库引水工程等一批工程项目加快推进，有力改善近200万人的优质生活饮水质量。

同时，积极发展食品药品加工业及生态农业，引入了浩源食品、华润三九制药等知名企业，粤港澳大湾区“菜篮子”认证基地达到82个；探索“温泉+康养”“温泉+文旅”“温泉+地产”等多种利用模式，罗泉温泉等一批项目竣工，催生了温泉休闲旅游等新潮流和新亮点。

9.4.1 实施东江引水工程

郴州市地形地貌以山地丘陵为主，是典型的水源性缺水城市，供水矛盾突出。目前，郴州市城区最高日用水量为32万吨，而市自来水公司部分水厂地下水面临枯竭，城市供水能力严重不足。经反复论证，郴州市决定从东江湖库区引水入郴。东江湖水库总库容量达到81亿立方米，每年平均来水量达到44.8亿立方米，水质达到Ⅱ类标准。东江引水工程是省市重点建设工程、郴州市重大民生工程，总投资预计28亿元。按照项目总体规划，东江引水工程分近期(一期)、远期(二期)、远景(三期)建设，由郴电国际下属企业郴州市自来水有限责任公司负责实施，建成后可满足城市100万人口的用水需求。

2010年，郴州市启动东江引水工程项目可行性研究，项目于2013年获湖南省发改委立项批复，2014年完成初步设计，同年9月底正式动工。东江引水工程一期工程总投资11.99亿元，按每天30万吨设计。建设内容包括取水口及引水隧洞、净水厂和输水管道三部分。工程从东江湖库区开凿隧道，直通东江湖，清水采用重力直流方式输送到郴州市城区，历经4年多的艰苦努力，于2018年11月28日竣工通水，水质达国家Ⅰ级饮用水标准的东江湖湖水流进了千家万户，不但解决了城区供水紧张的状况，还让郴州城区市民喝上了盼望已久的东江水，使得碧波万顷、景象万千的东江湖发挥出更大效益。

2019年12月16日，东江引水二期工程开工。包括新建一座净水厂，修建71.4千米输水干管及3座调节水池、2座加压泵站。东江引水二期工程和一期工程一样，供水按30万吨/天设计。二期主要是为郴州大道、郴永大道沿线城镇和桂阳县城区供水。桂阳是郴州人口最多的县，仅县城的城市人口就达到了30万人，但用水只能靠周边的两座中型水库提供，供水十分紧张。为了解决桂阳县城用水难的问题，东江引水二期工程的供水终端就是桂阳县城。二期工程通水后，不仅能“解渴”郴州，确保郴州大道沿线和桂阳县78万人口的用水需求，有效改善供水区域的水质、水量、水压状况，还与一期工程管道实现多处连通，使郴资桂城镇群拥有两条大口径供水主管道，为郴州可持续发展提供坚实的水资源支撑。据测算，东江引水工程一、二期全部完成后，每年可为北湖、苏仙、桂阳等地增加优质水源供水2亿吨，相当于不占一寸土地就为郴州增添了一座中型水库。

9.4.2　苏仙区东田金湾建设节水型居民小区

郴州地处南岭山脉与罗霄山脉交会、长江水系与珠江水系分流的地带，是湘江、北江、赣江三大流域的源头之一，水资源总量丰富。但受地形、气候等因素影响，全市降水时空分布不均，季节性、区域性缺水现象时有发生。特别是由于城区周边无大江大河，且随着城市化步伐加快，城区居民用水供需矛盾日益紧张。郴州通过开展节水型小区建设，推广使用节水器具，实施中水回用系统、雨水积蓄系统等工程建设，使节水不断融入居民生活，有力推进水资源的可持续利用，促进人们生活方式的改变。

苏仙区东田金湾小区就是郴州节水型小区建设的缩影，通过水资源循环利用，小区每年可节约自来水用水7000~8000吨，节约自来水用水费用近40万元。创新示范区建设以来，东田金湾小区认真贯彻落实“节水优先、空间均衡、系统治理、两手发力”治水思路，积极响应郴州市创建节水型城市的号召和苏仙区节水型社会达标建设工作，着力创建节水型居民小区，逐步提高东田金湾小区居民节水意识和水资源的可持续利用，使居民的生活方式发生转变，节水成为居民的自觉行动，节水工作不断制度化、规范化、科学化。

景观园林用水实现循环利用。小区因地制宜，建设水循环系统收集利用山溪水、雨水、废水解决景观、绿化用水，成为郴州市节水工作的示范样板。引进对面郴州自来水厂排放的中级水及小区收集的雨水，将水引到小区雨水、中级水收集处，分流到人工湖内，然后从人工湖取水作为整个小区的景观、园林绿化、清洗路面等方面的用水。目前，小区园林绿化、道路清洗已实现自来水用水为“0”的目标。

游泳池水实现循环利用。东田金湾小区的游泳池面积为2436平方米，游泳池是露天场所，本身就是天然的雨水收集池。在建设初期就考虑到了节水的问题，特意建设了室外景观泳池水循环净化系统，在设备上选用了玻璃纤维过滤沙缸，水通过循环过滤、净化消毒后可以再次使用，有效节约了水资源。

对跑冒滴漏坚决说“不”。小区每天会对公共区域进行巡查，如发现水龙头、水阀门等有漏水、生锈、裂纹等情况，及时进行更换处理，保障用水器具处于良好状态，做到使用正常，有效杜绝用水器具出现跑、冒、滴、漏现象。2020年，居民用水器具漏水率为0，节水器具普及率达100%，户人均月用水量为1.88吨，户人均月用水量比上年减少0.58吨。

9.4.3 “温泉+*N*”模式开发利用地热资源

作为被中国矿业联合会命名的“中国温泉之乡”和被原国土资源部授予的“中国温泉之城”，郴州温泉资源十分丰富，全市已发现地下热泉35处，占全省已发现温泉点总数(88处)的38.64%。35处温泉中，低、中、高温均有。其中，23~40℃的低温热泉21处，41~60℃的中温热泉13处，61~100℃的高温热泉1处。郴州的温泉具有点多面广、流量大、水质优的特点，全市11个县市区都有温泉资源分布，潜在地热水资源总量为16.07万立方米。每天，日可采总量为6.15万立方米，富含偏硅酸、钠、钾、钙、锂、锶、锌、镍、钼、钴、氟、氡等多种有益人体健康的微量元素，是华南地热资源最丰富的地区之一。

虽然资源天赋异禀，但郴州的温泉开发利用还存在水平不高、档次较低、资源浪费较大、产品同质化、温泉文化内涵挖掘不够、品牌形象不够突出等不足，温泉产业发展尚不充分、不平衡。郴州以建设国家可持续发展议程创新示范区为契机，在保护温泉资源的前提下，科学、有序、高效地开发利用，积极探索“温泉+*N*”开发利用模式，推动温泉与休闲旅游、地产、康养、文化、医疗等关联产业融合发展，盘活地下热水资源，做优温泉“水”文章，延长温泉产业链。

一是温泉+生态模式。汝城暖水温泉为出水水温50℃的中温温泉，温泉水日自涌出量3400吨，属低矿化度低钠含偏硅酸和锶的重碳酸钙型优质矿泉水，具有天然自涌、水质上佳、冷热双泉、水源地自然环境良好等独有特色。暖水温泉还是世界上为数不多的可以直接饮用的温泉之一。从规划设计之初，暖水温泉就按照国家AAAA级旅游景区以上标准建设，全方位挖掘山地、洞穴、可直饮温泉的资源价值，走可持续、差异化、特色化、生态化、多元化发展路线，引进希尔顿惠庭国际酒店管理品牌和碧桂园五星级管理团队等，打造森林洞穴温泉、情景式温泉街、山地生态公园、梦幻水乐园、户外拓展基地、溶洞探险观光和生态度假居所等产品体系，致力建设成为“中国首席洞穴温泉养生基地”“湘东南文化精品展示及旅游集散地”“湘粤赣温泉休养及乡村体验目的地”。暖水温泉项目占地3000亩，总投资20亿元，分三期建设。截至目前，项目一期已投资人民币3亿元，除员工宿舍和酒店装修外主体已竣工，并于2020年10月1日开始试运营，预计2021年10月一期建设将全面完工。暖水温泉建成后，年可接待游客60万人次。

二是温泉+文旅模式。苏仙区许家洞镇，郴州人记忆中的天堂温泉正在蝶变——一个占地约8000亩，预计总投资达100亿元的温泉综合开发项目正在如火如荼建设中。这个名为“十畝(亩)·泉生活”的温泉综合开发项目，由广东天泰控股集团倾力打造，是目前湖南省最大的文旅项目，致力于打造世界级的温泉文化旅游博览胜地。十畝(亩)·泉生活系统整合区域旅游资源，以“一带五园”布局功能区块，通过高效利用与可持续开发地热资源，打造集温泉养生、农业观光、休闲度假、非遗文化传承、女排精神传扬基地于一体的国际温泉城，营造世界温泉秘境。“一带”指十里郴江风光带。以“十里郴江”景观带为项目的贯穿线索，蓄水造景，打造类似乌镇的沿河商业，积极开展水上的游览路线和水上文化活动，建设郴州最具代表性的景观文化长廊。“五园”分别指原山·十畝(亩)欧陆温泉文化园，充分体验与享受真山真水，返璞归真的大自然温泉，共分为欧式社区、清迈社区、巴塞罗社区等三个社区；喜心·十畝(亩)健康温泉养生园，内有各种不同功能疗效的中药温泉、名贵老树，还可品尝产自十畝(亩)茶园的茶叶；乐野·十畝(亩)东南亚田园风情温泉园，以东南亚风格为主题的商业片区、葡萄园生态区、东南亚特色温泉；蔚然·十畝(亩)宋韵古风温泉文化园，围绕健康、养生、禅文化、趣味性与观赏性五大主题进行功能片区布局，以天池公园为核心，集温泉沐场、健康疗养、膳食会务、休闲娱乐、瑜伽中心、禅修中心、禅意温泉馆、禅修素食馆等服务项目于一体；大美·十畝(亩)现代创意温泉体验园，结合老街区风貌，打造以温泉、音乐和婚纱为主题的现代化宜居小区。目前，十畝(亩)·泉生活已经完成了对天堂温泉的全面改造，建设了天堂温泉度假酒店，并于2020年10月重新营业，运营情况良好。2021年2月，天堂温泉获评国家AAAA级景区。另外，爱琴海浪漫风情温泉文化园一期工程已封顶，女排纪念馆、女排体育文化公园设计方案已完成。

三是温泉+康养模式。郴州正在推动碧桂园龙女康养旅游特色小镇建设，由湖南碧桂园龙女建设开发有限公司开发，项目位于下湄桥街道，建设用地约1700亩，总建筑面积约180万平方米，主要规划建设温泉度假村、养老公寓、游客集散中心、龙女商业综合体、碧桂园中英文学校、商业住宅等。其中，温泉度假村占地面积42亩，将建设度假别墅、酒店、室内恒温泳馆、室内网球场，开辟各类温泉泡池、按摩池、温泉海浪浴池、温泉漂流河、温泉SPA等温泉产品。同时与郴州市第一人民医院(市康养中心)合作，充分利用其医疗技术优势，打造健康、养生、养老、休闲、旅游等为一体的特色小镇。小镇项目已征地249亩，预计今年将正式动工建设。

除此之外，郴州还在推进云海居生态温泉康旅基地(福泉三期)、汝城长安生态城旅游文化产业园等温泉项目的建设。这些高品质、高品位、富有特色的温泉项目的打造，将助力郴州温泉产品迭代升级，进一步提升郴州“中国温泉之乡”和“中国温泉之城”品牌，让郴州这张蓝色名片更加闪亮。

参考文献

[1] 改变我们的世界：2030 年可持续发展议程[N]. 中华人民共和国外交部, 2016-1-13.

[2] 联合国第三次发展筹资问题国际会议成功达成成果文件《亚的斯亚贝巴行动议程》[N]. 联合国新闻中心, 2015-07-16.

[3] 落实 2030 年可持续发展议程中方立场文件[N]. 中华人民共和国外交部, 2016-04-22.

[4] 欧委会发布“欧洲绿色协议”[N]. 中华人民共和国商务部新闻, 2019-12-20.

[5] The Sustainable Development Goals (SDGs) [N]. United Nations Department of Economic and Social Affairs, 2021.

[6] 无论风云如何变换欧盟、中国誓言坚守气候变化承诺(8：21)[N]. 联合国新闻, 2017-03-30.

[7] Secretary-General Progress Report 2020 | Department of Economic and Social Affairs https：//sdgs. un. org/publications/secretary-general-progress-report-2020-25191.

[8] 彭刚. 在可持续发展目标下推进“一带一路”绿色发展[J]. 区域经济评论, 2017(6)：2-5.

[9] 正确认识“一带一路”[N]. 人民网, 2018-02-26.

[10] 我国已签署共建“一带一路”合作文件 205 份[N]. 一带一路网, 2021-1-30.

[11] “一带一路”的含义及时代背景[N]. 新华网, 2017-4-25.

[12] 亚投行成立 5 周年成绩斐然 为发展中国家注入新动力[N]. 央广网, 2020-12-25.

[13] 中国落实 2030 年可持续发展议程国别方案[N]. 中华人民共和国外交部, 2017-4-14.

[14] 中国落实 2030 年可持续发展议程国别自愿陈述报告[N]. 中华人民共和国外交部, 2021-7-14.

[15] 鲜祖德, 巴运红, 成金璟. 联合国 2030 年可持续发展目标指标及其政策关联研究[J]. 统计研究, 2021, 38(1)：4-14.

[16] 中国落实 2030 年可持续发展议程创新示范区建设方案[J]. 科技创新与生产力, 2017(2)：2.

[17] 国家可持续发展议程创新示范区如何建设[N]. 光明日报, 2018-3-24(3).

[18] 首批国家可持续发展议程创新示范区建设启动[N]. 人民日报, 2018-3-24(3).

[19] 中国落实 2030 年可持续发展议程创新示范区建设方案[N]. 国务院, 2016-12-13.

[20] 桂林市推进国家可持续发展议程创新示范区建设[N]. 南宁新闻网, 2019-8-29.

[21] 实施“4+2”方案 深圳稳步推进“国家可持续发展议程创新示范区”建设[N]. 潇湘晨报, 2020-5-1.

[22] 太原市建设国家可持续发展议程创新示范区推进会举行[N]. 中国科学技术部, 2018-4-27.

[23] 太原启动建设国家可持续发展议程创新示范区[N]. 人民网, 2018-4-25.

[24] 太原, 创建国家可持续发展议程创新示范区[N]. 太原市政府, 2018-4-4.

[25] “犇”向未来——郴州市建设国家可持续发展议程创新示范区纪实[N]. 郴州市发展和改革委员会, 2021-7-16.

[26] 临沧市稳步推进国家可持续发展示范区建设[N]. 临沧日报, 2021-7-14.

[27] 承德加快建设国家可持续发展议程创新示范区[N]. 人民日报, 2021-3-6.

[28] 郴政发〔2021〕4 号-郴州市“十四五”规划纲要定稿[N]. 郴州市人民政府, 2021-5-18.

[29] 陈希, 邓斌, 周维成, 等. 浅谈东江湖生态环境现状及其改进办法的研究[J]. 农村经济与科技,

2018, 29(4): 25.
[30] 王圣瑞. 东江湖水环境[M]. 北京: 科学出版社, 2018.
[31] 黄春梅. 关于网箱退水上岸和生猪退养后如何保护东江湖生态水资源的思考[J]. 农技服务, 2017, 34(14): 127.
[32] 治水“学霸”东江湖: 多措并举, 全力以赴守护一湖碧水[N]. 红网, 2020-9-2.
[33] 资兴市 1500 万元实施东江湖周边畜禽规模养殖场退养工作[N]. 湖南省财政厅, 2015-3-24.
[34] 彭雪梅, 朱雅玲. 资兴市退耕还林的实践与思考[J]. 湖南农业科学, 2006(4): 12-13.
[35] 资兴之路: 资源枯竭型城市的绿色蜕变[N]. 新华网, 2018-08-02.
[36] 郴州: 紧密结合国家可持续发展议程创新示范区建设 全力推进河长制有力有效[N]. 红网, 2020-12-11.
[37] 东江湖大数据中心正式启用 致力打造“绿色数据谷”[N]. 红网, 2017-6-27.
[38] 陈媛, 尹知生, 蒋艳萍. 东江湖水质营养状态的监测评价及预测[J]. 中国资源综合利用, 2021, 39(2): 140-142.
[39] 2021 年 3 月资兴市环境质量状况通报[N]. 郴州市生态环境局资兴分局, 2021-4-21.
[40] 傅建平, 邹滔阳. 环洞庭湖生态文明治理的路径探讨[J]. 山东农业工程学院学报, 2020(37): 107-110.
[41] 付广义, 邱亚群, 宋博宇, 等. 东江湖铅锌矿渣堆场优势植物重金属富集特征[J]. 中南林业科技大学学报, 2019, 39(4): 117-122.
[42] 张进, 戴友芝, 成应向, 等. 东江湖铅锌矿渣堆场土壤重金属污染调查[J]. 环境化学, 2015, 34(4): 801-802.
[43] 保护东江湖水环境刻不容缓[N]. 湖南日报, 2014-6-5.
[44] 卢佳宇. 湖南省郴州市水生态文明建设模式研究[D]. 长沙: 湖南农业大学, 2017.
[45] 郴州市湘江流域重金属污染治理实施进展情况汇报[N]. 郴州市发改委, 2011-6-27.
[46] 郴州市环境空气质量达标规划(2019—2025 年)[N]. 郴州市人民政府, 2020-4-17.
[47] 尹骄. 浅谈清水产流机制修复理念在抚仙湖入湖河道综合整治中的运用[J]. 水能经济, 2016(2): 147-147.
[48] 金相灿, 胡小贞. 湖泊流域清水产流机制修复方法及其修复策略[J]. 中国环境科学, 2010, 30(3): 374-379.
[49] 郴州市土壤污染治理与修复成效综合评估报告(公示版)[N]. 郴州市生态环境局, 2021-7-16.
[50] 郴州市人民政府关于印发《郴州市土壤污染防治工作方案》的通知[N]. 郴州市人民政府, 2017-6-27.
[51] 郴州市 2019 年(1—12 月)污染防治工作落实情况[N]. 郴州市人民政府, 2020-1-22.
[52] 戴佳. 中小城市工业园区发展研究: 以郴州市为例[D]. 长沙: 湖南农业大学, 2012.
[53] 转型释放新活力——我市资源型产业转型升级示范区建设工作综述[N]. 郴州新闻网, 2021-6-23.
[54] 冯蕾. 永兴县成为国家稀贵金属再生利用产业化基地[J]. 中国金属通报, 2010(6): 8.
[55] 永兴县财政局支持稀贵金属再生利用产业发展情况调研报告[N]. 湖南省财政厅, 2019-4-12.
[56] “矿都洼地”崛起“产业高地”——郴州资源型产业转型升级示范区建设纪实[N]. 湖南日报, 2021-7-14.
[57] 把石墨新材料产业打造成郴州千亿产业[N]. 郴州市工业和信息化局, 2016-5-13.
[58] 书记市长当推介员 28 亿资金助推资兴硅材料产业[N]. 郴州市工业和信息化局, 2016-4-5.
[59] 临武: 打造百亿碳酸钙产业 计划 5 年投资 50 亿元建成“一园三区”[N]. 湖南日报, 2018-5-15.
[60] 郴州市苏仙区获评为全省第一批节水型社会建设达标县[N]. 红网, 2019-10-30.

[61] 打造国家重要先进制造业高地 湖南各地有主攻[N]. 凤凰网湖南, 2021-6-23.

[62] 黄俊杰. 湖南省郴州市生态农业模式发展研究：以宜章县为例[D]. 长沙：中南林业科技大学, 2018.

[63]《郴州市可持续发展规划(2018—2030年)》和《郴州市国家可持续发展议程创新示范区建设方案(2018—2020年)》向社会公开征求意见[N]. 郴州市人民政府, 2019-1-5.

[64] 贺遵庆. 郴州：打造水资源可持续利用与绿色发展样板[J]. 可持续发展经济导刊, 2021(S2): 81-82.

[65] 何湘波. 构筑人才高地 推进郴州经济实现跨越式发展[J]. 湖南行政学院学报, 2004(5): 46-48.

[66] 秦诗立. 推动形成浙江优势互补区域经济布局[J]. 浙江经济, 2019(19): 26-27.

[67] 王伟. 对接粤港澳大湾区 加快郴州发展[J]. 产业创新研究, 2019(11): 33-34.

[68] 黄承梁. 中国共产党领导新中国70年生态文明建设历程[J]. 党的文献, 2019(5): 49-56.

[69] 孙金龙, 黄润秋. 回顾光辉历程 汲取奋进力量 建设人与自然和谐共生的美丽中国[J]. 环境保护, 2021, 49(12): 8-10.

[70] 生态环境部党组理论学习中心组. 推动经济社会发展全面绿色转型[N]. 人民日报, 2021-4-23(009).

[71] 国务院. 国务院关于同意郴州市建设国家可持续发展议程创新示范区的批复[J]. 中华人民共和国国务院公报, 2019(15): 40-41.

[72] 国务院. 国务院关于同意临沧市建设国家可持续发展议程创新示范区的批复[J]. 中华人民共和国国务院公报, 2019(15): 41-42.

[73] 国务院. 国务院关于同意承德市建设国家可持续发展议程创新示范区的批复[J]. 中华人民共和国国务院公报, 2019(15): 42-43.

[74] 临沧国家可持续发展议程创新示范区建设方案(2018—2020年)[N]. 临沧市人民政府, 2019.

[75] 承德国家可持续发展议程创新示范区建设方案(2018—2020年)[N]. 承德市人民政府, 2019.

[76] 黄婧雯. 郴州建设国家可持续发展议程创新示范区新闻发布会答记者问实录[N]. 郴州日报, 2021-6-19(3).

[77] 深圳市人民政府关于印发深圳市可持续发展规划(2017—2030年)及相关方案的通知[N]. 深圳市人民政府, 2020.

[78] 汪涛, 张家明, 禹湘, 等. 资源型城市的可持续发展路径：以太原市创建国家可持续发展议程示范区为例[J]. 中国人口·资源与环境, 2021, 31(3): 24-32.

[79] RUAN F L, YAN L, WANG D. The complexity for the resource-based cities in China on creating sustainable development[J]. Cities, 2020, 97: 102571.

[80] 太原市人民政府.《太原市国家可持续发展议程创新示范区发展规划(2017—2030年)》和《太原市国家可持续发展议程创新示范区建设方案(2017—2020年)》向社会公开征求意见[N].

[81] 仲伟俊, 梅姝娥. 协同推进 多类创新：太原推进国家可持续发展议程创新示范区建设经验与启示[J]. 可持续发展经济导刊, 2020(4): 52-54.

[82] 邵超峰. 桂林景观资源可持续利用面临的挑战和对策[J]. 可持续发展经济导刊, 2020(7): 41-43.

[83] 郝亮, 陈劭锋, 刘扬. 治理视角下中国可持续发展面临的问题与对策研究：基于深圳、桂林、苏北、太原四地可持续发展议程创新示范区建设方案的分析[J]. 生态经济, 2019, 35(1): 173-179.

[84] 杜娟. 深圳再出发：国家可持续发展议程创新示范区的推进[J]. 可持续发展经济导刊, 2019(S1): 72-74.

[85] 王维. 走创新驱动的可持续发展之路[J]. 中国发展观察, 2021(24): 74-75.

[86] 郭士刚. 承德：打造城市群水源涵养功能区可持续发展典范[J]. 可持续发展经济导刊, 2021(S2): 86-87.